国家社会科学基金重点项目（10ATQ004）研究成果

互联网群体协作理论与应用研究

朱庆华　赵宇翔　余译青　吴克文　杨梦晴　著

科学出版社

北　京

内 容 简 介

本书通过对互联网群体协作进行概念溯源、解析及理论探讨，并且选择互联网群体协作应用中的典型领域，包括用户角色建模、冲突影响及特征、网络学习、网络口碑及网络舆情等方面，作为主要研究内容，系统性地对互联网群体协作的理论和应用进行论述。本书有助于发现群体协作在多个领域的潜在应用价值，在微观层面提升互联网用户的知识积累和使用体验，帮助平台运营商明晰市场定位、运营模式和发展方向；在宏观层面构建积极向上、和谐平等的互联网应用生态环境。

本书可供以下人员阅读参考：公共管理、信息资源管理和管理科学与工程领域的研究者；互联网群体协作平台、非营利性组织、图书馆、博物馆、档案馆等文化记忆机构的从业人员；政府网络环境监管部门的工作人员。

图书在版编目（CIP）数据

互联网群体协作理论与应用研究 / 朱庆华等著. —北京：科学出版社，2019.11

ISBN 978-7-03-062872-5

Ⅰ. ①互⋯ Ⅱ. ①朱⋯ Ⅲ. ①互联网络-计算机网络管理-研究 Ⅳ. ①TP393.4

中国版本图书馆 CIP 数据核字（2019）第 242431 号

责任编辑：惠　雪　石宏杰 / 责任校对：杨聪敏
责任印制：徐晓晨 / 封面设计：许　瑞

科 学 出 版 社 出版

北京东黄城根北街 16 号
邮政编码：100717
http://www.sciencep.com

北京凌奇印刷有限责任公司印刷
科学出版社发行　各地新华书店经销

*

2019 年 11 月第　一　版　开本：720 × 1000　1/16
2025 年 1 月第三次印刷　印张：19
字数：383 000

定价：99.00 元

（如有印装质量问题，我社负责调换）

一 前 言 一

　　互联网群体协作是指在互联网环境下，分散、独立、不同背景的参与方受到特定组织或个人的开放式召集，依靠共同的兴趣和认知自愿地组成网络团队，以网络平台，尤其是社会化软件为工具，显性或隐性地通过自组织方式协作完成高质量、高复杂性的团队作品。协作过程以多对多的交流模式为基础，以团队理念为导向，融合自底向上和自顶向下的架构模式。团队的物质性和非物质性成果能够有所侧重地被所有参与方及广大的社会公众所共享。目前国际上针对群体协作已经开展了一系列相关研究，而国内还鲜有系统性的学术专著就此课题进行深入探讨。鉴于此，本书对互联网群体协作的理论和应用进行论述，主要内容包括：互联网群体协作的溯源、互联网群体协作的概念解析及理论探索、互联网群体协作中用户角色及建模、互联网群体协作中冲突影响及特征、基于互联网群体协作的网络学习、基于互联网群体协作的网络口碑、基于互联网群体协作的网络舆情等方面。

　　在理论价值方面，本书有助于完善网络信息资源管理的理论基础，丰富互联网用户信息行为、网络信息传播等领域的研究成果，为虚拟社区的管理提供有益的理论参考。首先，通过使用系统性的文献分析方法总结群体协作的定义和特点，不仅能够丰富现有研究成果，而且对未来研究工作的开展具有规范和指导意义。其次，通过分析相关理论的适用性，拓宽研究视野，锚定理论边界及理论适配。最后，在群体协作背景下评估冲突的影响，丰富现有的冲突管理理论和组织行为理论的成果。在实践价值方面，近年来频发的网络群体性事件引起了社会的高度关注，网民已不再是孤立的个体，各种虚拟社群广泛存在于当前 Web2.0 网络环境中，强化了民众之间的联系与集体行动。但是网络群体性事件中反映出的非理性情绪和在该类突发事件管理中的得失经验共同反映了一个迫切需求，即深入理解网络用户群体协作的行为模式。因此，本书有助于挖掘构建健康网络秩序的内部驱动力，预警与遏制"群体极化"现象，探索网络群体性事件的管理模式，为国家相关部门或组织开展互联网监管工作提供参考依据；同时有助于促进互联网用户信息素养的培育，提升群体协作的效果，营造和谐的网络文化环境。

本书得到国家社会科学基金重点项目"互联网用户群体协作行为模式的理论与应用研究"（编号：10ATQ004）的资助，特此致谢。

互联网群体协作的理论体系尚处于探索阶段，我们竭力搜集整理国内外互联网群体协作的理论与应用成果，并尝试通过实证和实验研究构建互联网群体协作的内容体系，但限于精力与学识，书中难免存在不足之处，恳请专家与读者批评指正。

朱庆华

2019 年 3 月于南京大学

目 录

1 | 绪 论

群体协作（mass collaboration）可以被视为追求群体智慧过程中的合作与竞争，是一种普遍存在的协作方式。群体协作的运作方式已经使得目前互联网的许多应用取得了成功，如维基百科、地图导航、在线英语学习和翻译等。本章从互联网群体协作的相关背景、关键问题和研究现状三个方面对互联网群体协作进行具体论述，为读者快速熟悉本书的研究内容和研究思路提供帮助。

1.1 互联网群体协作的相关背景

★ 1.1.1 互联网中的群体协作

如果说群体智慧（collective intelligence）是指许多的个体合作与竞争中所显现出来的共享的或团体的智慧[1]，那么群体协作可以被视为追求群体智慧过程中的合作与竞争。群体协作是一种在大自然中普遍存在的协作方式，广泛分布在生物（如蚁群）、社会（如选举）、商业（如开放式创新）、计算机（如分布式计算）、传媒（如舆情）等各个领域。

随着信息通信技术的高速发展，人们使用信息通信工具进行交互、分享或者合作的成本越来越低，渠道也日益宽泛。信息技术不断地改变着人们的生产和生活方式。自 21 世纪初互联网进入 Web2.0 时代以来，不断涌现的新型社会化应用或商业模式逐渐渗透到互联网用户日常生活的各个方面。例如，团购模式（如

Groupon、拉手网）作为厂商和顾客的中介，不仅能够帮助顾客以非常低廉的价格获得产品或服务，也能帮助厂商打破传统销售渠道拓展的限制，在短时间内汇集足够数量的目标客户，完成营销目标（如提高品牌认知度、降低库存等），而这对于刚起步的中小微型厂商显得尤为重要；再如社交网站（如 Facebook、人人网）将现实环境中的人际关系较好地迁移至虚拟环境中，以人与人之间的关系为中心（而不是传统的以网站、内容为中心），逐步建立了具有交友、日志、游戏、工具、购物等功能的新型网络生态圈。其他的 Web2.0 的典型应用还有博客（Blog）、内容源（RSS）、维基（Wiki）、在线收藏（Delicious）、照片分享（Flickr）、微博（Microblogging）、基于位置信息的服务（Location-based Service）、新闻（Digg）等。在诸多新型社会化应用中，以维基百科（Wikipedia）为代表的互联网群体协作（以下简称群体协作）平台可以被视为出现最早、种类最多、最为典型的应用集合。

1.1.2 互联网群体协作的特点

互联网应用运营模式的不断革新（如 Web1.0 发展至 Web2.0 阶段）给予了群体协作广阔的发展空间。与传统的虚拟协作相比，群体协作同样是"一部分地理上分隔的人使用信息通信技术完成某种特定任务[2]"的协作方式，但是目前的群体协作应用普遍具有如下区别性的特点[3-6]。

1）参与成员——大量且异质

进入 Web2.0 时代以来，互联网各类应用平台的可用性和易用性日益提升。以用户注册和登录流程为例，目前主流的设计方式为：用户输入注册邮箱（或用户名）和密码之后，如果是新用户，则系统自动生成注册信息并登录，如果是老用户，系统进入登录后界面。更有许多应用平台采取合作网站账户直接登录方式，即用户使用同一用户名密码登录多个网站，典型的平台如知乎、新浪微博等。而传统的注册与登录模块是相互独立的。正是这些人性化的设计改进使得更多的互联网用户能够方便参与到群体协作过程中，他们通常只需几步即可完成某种知识分享的过程，这在早期的虚拟协作系统中通常是难以办到的。

群体协作的参与者来自全球各地，知识背景各异，他们通过显性或者隐性方式组建团队。这种团队的规模往往包含数十到数千位用户不等，但是团队结构相当不稳定，成员流动性高，团队扁平化程度高。而在传统虚拟协作中，团队成员的选择往往是依据一定的匹配规则，如任务技能、计算机操作技能、沟通技巧等。同时，团队成员往往受制于薪酬、部门等组织制度而无法在团队之间自由流动[7]。

2）参与方式——免费、自愿、对等、自组织

目前各类基于用户贡献的互联网平台中的大部分功能均是免费使用的，同样，用户对于这类平台的内容贡献也是免费的（存在使用虚拟积分进行用户激励的情况）。由于遵循的是用户生成内容（user generated content，UGC）模式，群体协作平台内的用户参与通常为自愿且自组织的（传统虚拟协作的参与通常是"被安排"的）。许多研究已经发现[8]，群体协作参与者的贡献行为一般遵循"长尾定律"，即大部分内容是由少量用户贡献的，而大部分用户的个人贡献量非常低。虽然每位参与者的参与动机并不完全一致，但是其目的均为显性或者隐性地改善群体协作团队作品（除了恶意用户）。相对于具有等级结构的传统虚拟协作团队来说，这样的扁平式参与方式往往显得更有效率。

3）协作方式——多对多

群体协作中的协作方式（多对多，many-to-many）不同于传统即时通信式的一对一（one-to-one）和邮件列表式的一对多（one-to-many）协作模式，多对多的方式至少有两个优势特点。第一，参与者之间交流的中介为内容本身，因此他们的竞争与合作主要集中于任务内容，人际因素对任务的影响较少。第二，任何人都可以对任何内容进行贡献或者提出修改，"给予足够多的眼球，所有的错误都是肤浅的"[9]，因此协作成果的质量能够有所提升。

4）协作成果——共享

群体协作的成果一般是共享的，甚至是对公众开放的。虽然这个过程饱受知识产权保护者的质疑，但是共享更有利于创新扩散和持续的质量改进[10]。传统虚拟协作的成果通常只在组织内部小规模共享，并不对公众开放。

1.1.3 互联网群体协作的成功案例

群体协作的运作方式目前已经使得互联网的许多应用取得了成功，如维基百科、地图导航、在线外语学习和翻译等。下面仅选取几个例子进行介绍。

1. 维基百科

维基百科是维基（Wiki）技术在百科全书领域的一个具体应用，同时，维基百科也被视为除开源软件（如 Linux、Apache、Mozilla）之外最具代表性的群体协作的应用[5, 11-15]。自 2001 年诞生以来，维基百科通过聚集大众智慧已经快速发展成为最大的在线免费百科全书，其英文版所包含的内容超过 62 倍于其商业化竞争对手——《不列颠百科全书》（*Encyclopedia Britannica*），但其严重错误率却与后者相似[16]，这充分说明维基百科的编辑质量并不比《不列颠百科全书》差。除此之外，维基百科具有惊人的自我修复能力，研究发现其内部 42%的恶意内容破坏能够立刻被修复[17, 18]。

维基百科依靠其开放、对等、共享的社区文化吸引着来自全世界各地的用户进行贡献[19]。根据其站内统计，截至 2016 年 7 月 26 日，维基百科已经有超过 292 种语言的分支版本，其英文版包含 5202678 篇文章，39834897 个页面。用户编辑（贡献）总数为 840697053 次，上传的文件数为 851091 个。注册用户总数共 28728882 位，其中包括 1297 位管理员。如此庞大的用户数和贡献规模是其他互联网平台难以企及的。由于维基百科不以营利为目的，也不放置广告，其运营主要依赖于用户捐款，以 2014～2015 财政年度为例，维基百科共收到约 7550 万美元的捐款。

2. 地图导航

随着城市化进程的加速，城市开发和道路建设的速度越来越快。路况、公交线路、商业网点等信息经常处于变化之中，因此地图导航类应用必须实时更新才能保证最大精确度。在 Web2.0 环境下，地图导航服务商引入群体协作的方式为用户提供更高质量的服务体验。

Waze 是一个基于 GPS 的导航移动软件应用程序，该软件在 2013 年的全球移动通信大会上赢得了最佳整体移动应用程序奖。截至 2013 年 Waze 的用户已经遍布全球大约 190 个国家和地区。Google 在 2013 年 6 月完成了对 Waze 的收购以强化其社交移动业务。在此之前，Waze 已经完成了三轮融资，分别是 2008 年获得 1200 万美元，2010 年获得 2500 万美元，以及 2011 年获得 3000 万美元，这三轮融资代表了风险投资商对于 Waze 运营模式的肯定。

传统的 GPS 导航软件，用户与软件的交互是单向的，即用户只能通过客户端提交查询，被动地接收信息，信息是否准确、更新是否及时等问题完全依赖于导航软件团队能否及时更新数据库。如果驾驶过程中路况发生变化（如交通事故、路面损毁等），用户是无法通过导航软件立即感知并做出相应决策的。Waze 与上述传统导航软件存在的主要区别是：Waze 的数据系统是由一个拥有 7 万多名会员的 Waze 社区驱动的，软件与用户的交互是双向的。一方面，用户可以使用软件搜索目的地信息、路线等内容（这与传统导航软件相同）；另一方面，该软件能够收集包括用户 GPS 数据在内的驾驶（交通流量）信息，并据此向驾驶员提供更优化的行车路线。同时，Waze 允许社区会员编辑地图并添加细节信息，如交通事故、交通堵塞、交通测速、加油站、门牌号码、地标、道路等。有统计显示，Waze 用户平均每 4.2 秒报告一则堵车信息，每 44 秒报告一则交通事故信息[20]。

3. 在线外语学习和翻译

Duolingo 是一个免费外语学习和大众翻译平台，该平台于 2012 年 6 月正式上线。2012 年平台网站每周的活跃用户数达到了 25 万，人均每天停留半小时以上，并且越来越多的用户正在加入网站学习外语。该平台于正式开通三个月后获得 1500 万美元的融资[21]。

Duolingo 提供了包括法语、德语、意大利语、西班牙语和葡萄牙语在内的多种外语课程。起初的学习模式和普通的外语学习网站没有太大差别，网站通过提供图片、重复学习单词等方法帮助用户学习外语。用户的外语水平达到一定等级以后，网站会向用户提供真实的文本进行翻译，这些文本包括新闻、小说等网页内容。这一举措可以帮助学习者在真实的语言环境中学习，但它有一个更重要的功能，即通过人工方式而非机器来免费翻译互联网上的信息，为消除网页内容的语言障碍做出贡献。网站可以收集大量用户对于同一语句的翻译，用户也可以对其他用户的翻译进行打分，最终可以确定对于该语句的最佳翻译。该网站还可以提取用户的学习曲线和翻译习惯等信息，这些数据可以用来修正机器自动翻译不尽如人意的地方，也可以指导语言教育者改进语言教学方法。用户还可以把自己需要翻译的语句上传到网站上，以付费的方式让其他用户帮助翻译。

类似的平台还有 Flitto。Flitto 成立于 2012 年，支持英语、中文（简体）、中文（繁体）、日语、韩语、法语、西班牙语等 18 种语言。该平台鼓励用户通过文字、图片、语言等任一方式发起提问，并在问题后附上赏金。平台金币与现金可以互换，以此激励用户回答问题[22]。

4. 社会化问答社区

国内外代表性的社会化问答社区有 Quora、AardVark、知乎、果壳网等，这些平台具有模式社会化、用户精英化、话题专业化、答案原创化的特征[23]。

近年来，社会化问答社区的发展十分迅速。以知乎为例，知乎的目标是"与世界分享你的知识、经验和见解"，用户在社区内不仅可以提问或回答，还可以关注其他用户、问题和话题，从不同维度发现优质内容。知乎于 2011 年 1 月获得由创新工场投资的数百万元人民币天使轮融资；2012 年 1 月获得启明创投投资的数百万美元 A 轮融资；2014 年 6 月获得赛富基金和启明创投的 2200 万美元 B 轮融资；2015 年 9 月获得 C 轮融资，投资方为腾讯和搜狗等；2017 年 1 月，知乎完成 D 轮 1 亿美元融资，投资方为今日资本、腾讯、创新工场等。

截至 2018 年 11 月底，知乎用户数破 2.2 亿，同比增长 102%，其问题数超过 3000 万，回答数超过 1.3 亿[24]。

5. 科研众包

科研众包是科研活动的一种新型方式，它主要通过互联网汇集网络大众智慧，聚集全球科研人员的智慧和科研力量，以分布式协作的方式进行科研活动，共同完成科研和技术创新活动。

Evolution MegaLab 项目就是一个典型案例。该项目发起于 2009 年，是为了纪念英国生物学家、进化论的奠基人查尔斯·达尔文 200 周年诞辰而开展的公众科学项目。该项目广泛征募欧洲地区的公众，通过公众对其所在地附近带状蜗牛的数量、外貌特征、受环境影响的程度等信息进行采集，并将公众提交的数据和信息进行整合、分析，根据带状蜗牛的生存及变化状况来对生物进化课题进行研究，目前已有很多国家的公众参与者参与到 Evolution MegaLab 项目中[25]。

Zooniverse 项目也是通过众包的模式，利用来自全球各地的 85 万名志愿者的力量，对天文图像进行人工识别和分类，有效解决了天文学家无法在短时间内处理数以百万计的星系图片的问题[26]。

1.2   互联网群体协作的关键问题

⭐ 1.2.1   概念特征的归纳

群体协作这一概念的英文可检索词首次出现的年份为 2001 年[27]，到现在已经超过了十年时间。在学界，目前虽然已经有一定数量的文献直接或间接研究群体协作的理论和应用，但是群体协作的概念或定义尚未得到统一，而研究中的描述也各有侧重。例如，在对群体协作的早期论述中，Ramakrishnan 认为群体协作是"一种面向大规模知识共享的 P2P（个人对个人，peer-to-peer）模式"[27]，作者使用一种概念（P2P）来描述另一种概念（群体协作），并不能让读者确切了解到新概念的全部特征。而在随后的研究中，群体协作又被 Tapscott 和 Williams 描述为"成千上万的个体或小生产者共同创作产品，以完成过去只有大型企业才能进行的市场推广或服务"[6]，该描述虽然更为详细，但还是不能让读者了解到群体协作的内在特征，存在如"个体和小生产者具有什么门槛""什么样的产品是过去只有大型企业才能进行的"等疑问。此外，部分文献甚至直接使用群体协作这个概念而完全不加以介绍[28]。

除了群体协作的概念模糊以外，学界和业界涌现出的越来越多的新概念也经常与群体协作互相替代使用而不加区分，如开放式创新（open innovation）、群体参与（mass participation）、对等生产（peer production）等。这些概念虽然互有交叉，但不加区分地使用容易引起读者概念混淆，产生概念误用，甚至在研究过程中套用不适宜的理论。

因此，本书设定第一个研究关键问题：对群体协作的定义和特征进行清晰总结。

1.2.2 适用理论的分析

目前直接针对群体协作的研究较少，主要原因可以归结为两点：①概念较新、概念界定并不明确；②群体协作概念下的具体应用平台类型较多，每种平台均有各自的特点，研究过程、方法和结论的统一具有难度。现有研究多是针对具体平台的某些侧重点的实证性分析，并没有形成一个统一的理论体系。现有研究侧重点主要包括：用户参与动机研究（如 Ross 等将性格理论应用于Facebook 的个体使用差异研究[29]）、平台内部机制设计（如 Gross 和 Acquisti 针对在线社会网络平台的隐私保护研究[30]）以及平台内部信息资源分布（如针对雅虎知识堂的元数据统计分析[8]）等。此外，鉴于群体协作平台的新特点，需要进一步评估现有理论的适用性。

因此，本书设定第二个研究关键问题：探讨现有相关理论在群体协作领域的适用性。

1.2.3 使用对象的细分

群体协作在孕育诸多成功应用的同时，也产生了许多问题。第一，内容质量问题。以维基百科为例，虽然研究发现其部分词条的质量可以媲美《不列颠百科全书》，但是绝大部分词条仍然存在瑕疵[31, 32]。造成这一问题的原因首先是维基百科缺乏传统出版和知识传播过程中的质量把控这一关键的步骤，更为重要的是其内容的创造者几乎是普通的大众，而他们的知识水平良莠不齐[33]。第二，冲突问题。互联网群体协作的一个特点是其团队成员大多是分散在各地的，在相互协作之前大多并不认识，只是由于相同的兴趣或目标而形成的一个关系松散或临时的协作团体。这些成员往往在知识背景、文化和价值观念方面有较大差异，因此在协作过程中往往产生冲突[34]。而这种冲突往往对创造内容的数量和质量都有较大影响，甚至影响到整个项目的成败[35, 36]。第三，破坏行为问题。在群体协作的过程中，有这样一部分用户，他们往往怀着恶意或是其他目的对协作项目进行直接破坏，或者其行为间接地阻碍了协作项目的开展。例如，在维基百科中，部分用户进行恶意删除、添加广告或虚假内容等破坏行为[17]，这些行为严重地损害了词条的质量。Potthast 研究发现在维基百科所有的编辑行为中，大约有 7%的编辑行为都属于破坏性行为[37]。第四，贡献率下降和贡献分布不均的问题。互联网群体协作过程中，所有用户都是自我组织和自我管理的。虽然用户贡献行为也受到个体内外诸多因素的影响，但其并没有像在正式工作中必须要完成任务的压力。研究发现，无论是在开源网络社区还是在维基百科中，用户的贡献率都呈现出下降趋势。具体表现为用户用于与其他用户交流和处理系统事务的时间和精力在增加，而用于内容创造和项目实施的时间和精力却在下降[38, 39]。这一问题如果得不到改善，将影响协作平台的持续发展。此外就是用户贡献的不均匀分布，即大部分内容和价值只由小部分的用户创造。

从以上分析可以得知，目前互联网群体协作在其光芒背后仍然存在许多亟待解决的问题。这些问题如果得不到改善，将影响互联网群体协作成果的质量和项目的成功。而解决这些问题的关键就是要对互联网群体协作中的用户有着非常好的认识和理解，具体包括对用户类型的分类和识别、用户动因和贡献影响因素的研究，然后才能在此基础上对互联网群体协作平台进行优化设计、制定合适的激励政策和运营策略。

因此，本书设定第三个研究关键问题：细分群体协作的用户类型。

1.2.4 典型现象的评估

尽管群体协作是一种新的互联网应用模式，但是也不能脱离其"协作"的本质。所谓协作，是一种共同创作（shared creation）的过程：两个或两个以上具有互补技能的人经过互动产生出一种前所未有的、不能单纯依靠个体而产生的共同理解（shared understanding），该过程同时产生一种对于过程、产品和事件的共同意义（shared meaning）[2]。但是，在协作过程中，由于文化背景、教育水平、操作技能、任务安排、利益分配等诸多方面的差异，协作成员之间常常会产生观点上的不一致（即冲突现象），具体表现形式如对操作流程或任务决策的意见不一致、对其他成员在人际关系的不认同感等。这种不一致可能会对群体协作产生负面影响。

互联网环境下的群体协作虽然属于虚拟协作的一种，但是具有区别于传统虚拟协作的独特模式。从实际协作过程中看，如果群体协作团队成员之间产生冲突，可能（但不限于）发生如下情形：①吸引新的成员加入，如当一个潜在成员在浏览团队作品时发现存在瑕疵，则其有可能会加入群体协作团队中并且改正该错误（贡献）；②现有成员离开，如当一个成员的贡献被其他人修改或者删除时，他可能会觉得情绪受到压抑，不能够接受，进而停止贡献，离开团队；③成员互相攻击，如当多个成员针对某一子任务均坚持自己的观点时，不断修改对方的观点；④成员寻求共识，如当多个成员针对某一子任务持有不同的观点时，他们可能会通过讨论等方式以达成共识。

从网络结构的角度来看，团队成员在产生冲突，协调、化解冲突的过程中会形成一系列的交互模式，如两两冲突（即两个成员之间的冲突）、多方冲突（即多个成员之间的冲突，可能具有派别）、自我冲突（即受到各种因素的影响某位成员前后观点矛盾）等。但是，现有研究大多关注的是成员个体如何解决冲突及团队如何应对冲突，并没有关注冲突过程中形成的各类交互模式，以及这些模式所产生的影响。而该类模式的发现与影响评估，对于冲突应对方案的制定非常重要。例如，在设计自动化的冲突预警模块时，如果成员的冲突交互模式与现有模型相匹配，则该模块能依照既定规则给出相应的预警，以保证团队能够及时发现冲突，并将其危害降到最低。

因此，本书设定第四个研究关键问题：评估群体协作中的冲突普遍性及其影响。

⭐ 1.2.5 应用领域的探讨

受制于营利模式或者运营策略的限制，目前互联网中的群体协作平台的作用范围主要集中于娱乐、休闲等领域，覆盖领域较少。但是，由于这种协作模式的原理是汇集大众智慧、群策群力，在诸多领域应当具有广阔的发展潜力和为社会大众服务的价值。

因此，本书设定第五个研究关键问题：选定若干个领域，探讨群体协作的适用性。

Web2.0将传统被动接受信息的获取方式转变为由用户主动生产、组织和利用信息的 UGC 模式，Web2.0 环境下的互联网群体协作也因此在成员结构、协作方式和协作手段上变得更加复杂。同时，维基模式的高质量百科全书、IBM 和宝洁的开放式创新等成功案例也令社会感受到了集体智慧的魅力。因此，从群体协作的过程角度深入分析群体协作行为模式具有重要意义。本书有助于完善用户激励理论，拓宽组织行为理论的应用范围，丰富信息行为、信息认知等领域的研究成果，为虚拟社区的管理提供有益的理论参考。

具体而言：①通过使用系统性的文献分析方法总结群体协作的定义和特点，不仅能够丰富现有研究成果，而且能够对未来研究工作的开展具有规范和指导意义；②通过分析相关理论的适用性，可以拓宽研究视野，识别研究空白；③在群体协作背景下评估冲突的影响，能够丰富现有的冲突管理理论和组织行为理论的成果。

深入理解群体协作的模式和应用具有多重实践意义。第一，近年来频发的网络群体性事件引起了社会的高度关注。网民已不再是孤立的个体，各种虚拟社群广泛存在于当前 Web2.0 网络环境中，强化了线上民众之间的联系与集体行动。但是，"躲猫猫"等网络群体性事件反映出的非理性情绪和在该类突发事件管理中的得失经验共同反映出一个迫切需求，即深入理解网络用户群体协作的行为模式。因此，本书的研究有助于挖掘构建健康网络秩序的内部驱动力，预警与遏制"群体极化"现象，探寻网络群体性事件的管理模式，为国家相关部门或组织开展互联网监管工作提供参考依据，同时，促进用户信息素养的培育，提升群体协作的效果，营造和谐的网络文化环境。第二，目前的互联网群体协作的应用尚存在应用领域较窄等问题，因此在教育、商业、文化等多个领域存在扩展的空间，本书的研究有助于发现群体协作在多个领域的潜在应用价值，在微观层面提升互联网用户的知识积累和使用体验，帮助平台运营商清晰市场定位、运营模式和发展方向，在宏观层面构建积极向上、和谐的互联网应用生态系统。

1.3 互联网群体协作的研究现状

◆ 1.3.1 互联网群体协作研究进展

为从宏观上把握互联网群体协作研究现状，以 ISI 的引文数据库 Web of Science 和 CNKI 的中国期刊全文数据库为主要数据来源，将"Internet""online""mass""group""collaboration""cooperation""互联网""网络""大众""群体""协作""合作"等词进行组合，作为主题、题名或关键词进行检索，并去除"合作网络""协作网络"等易混淆概念的主题词，时间跨度为 1991～2018 年。外文来源为 Web of Science 核心合集、BIOSIS Citation Index 和中国科学引文数据库，中文来源为中文核心期刊、中文社会科学引文索引（CSSCI）、中国科学引文数据库（CSCD）所收录期刊，检索时间为 2019 年 1 月。对检索结果进行清洗，去除重复文献、新闻报道类文章和计算机科学技术类研究成果（如算法、机制等），并严格控制其相关度，同时利用所得数据中高被引文献的引文进行数据集的扩充（引文也需为中外文核心期刊收录文献），最终得外文数据 1382 条，中文数据 181 条数据。总体发文量统计见表 1.1 和图 1.1。

表 1.1 国内外年度发文量比较 （单位：篇）

年份	国内	国外	年份	国内	国外
1991	0	1	2005	1	41
1992	0	0	2006	4	44
1993	0	0	2007	6	38
1994	0	0	2008	6	61
1995	0	0	2009	5	81
1996	0	3	2010	8	62
1997	0	3	2011	5	94
1998	2	3	2012	16	88
1999	2	13	2013	13	94
2000	3	23	2014	21	96
2001	1	19	2015	7	119
2002	0	26	2016	27	141
2003	2	20	2017	25	131
2004	2	32	2018	25	149

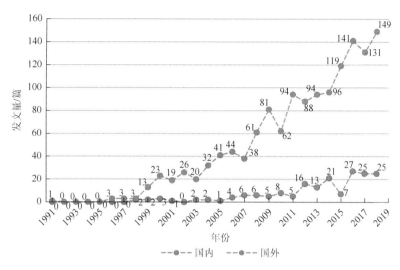

图 1.1 国内外发文量对比折线图

20 世纪 80 年代后期，国外开始出现与互联网群体协作密切相关的计算机支持协同工作（computer supported cooperative work，CSCW）概念，1991 年，国外发表了首篇互联网群体协作研究文献。1998 年，中文核心期刊首次出现"网络协作"这一术语[40]，2001 年，互联网群体协作观点开始应用于网络教育[41]，并逐渐扩展到冲突与学习、数字图书馆、虚拟社区、知识构建等领域。总体来看，国外研究一直处于波动状态，在 2013～2015 年发文量出现了迅猛增长，研究发展势头强劲。1998～2005 年，国内对互联网群体协作的研究处于萌芽阶段，发展较为缓慢，研究主题集中于冲突与学习和虚拟团队建设。2006～2009 年，国内研究进入第一个平缓上升阶段，研究广度也有所拓展，涉及的主题增加了角色、口碑、舆情、网络版权等方面。经过 2010 年的下滑，2011 年开始步入第二个迅速发展阶段，除冲突与学习、舆情、口碑等领域的研究继续深入以外，也出现关于众包、隐私等主题的探讨。总的来看，虽然国外该领域的起步早于国内，但两者均处于发展的初期阶段，研究深度与广度有待拓展。

⭐ 1.3.2 互联网群体协作领域引文分析

1. 国外互联网群体协作研究的演进路径和知识基础分析

将数据导入 CiteSpace 软件，节点类型（Node Types）选择为"参考文献（Cited

References）"，并将阈值设置为"Top 30%"，运行软件，生成如图 1.2 所示的知识图谱，共有 632 个节点和 1466 条连线。每个节点代表一篇文献，节点越大表示该文献的被引频次越多；节点间的连线代表文献间的引用，连线越粗表示共引次数越多，文献间的关系就越紧密，研究主题也越相近。

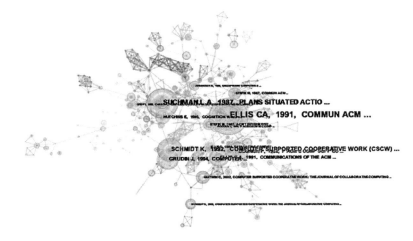

图 1.2　国外文献共被引知识图谱

统计共被引频次，排名前 5 的节点信息如表 1.2 所示，这些高共被引文献构成了互联网群体协作领域的知识基础。由图 1.2 和表 1.2 可知，关键节点文献有：①Ellis 的 *Groupware-some issues and experiences*，这篇文章指出群件反映了在信息时代，人们从用计算机解决问题到用计算机构建人与人之间的交互行为的转变，讨论了一些有关群件的研究议题及案例。②Suchman 的 *Book review-understanding computers and cognition：A new foundation for design* 是一篇书评，该书评重点关注了原著中计算机系统设计对于社会生活和人际交往的影响。该书评为互联网群体协作的研究提供了基础和丰富的扩展。

表 1.2　国外高共被引知识基础文献

题名	作者	共被引频次	年份
Groupware-some issues and experiences	Ellis C A	44	1991
Book review-understanding computers and cognition：A new foundation for design	Suchman L A	35	1987
The concept of 'work' in CSCW	Schmidt K	28	1992
Computer-supported cooperative work-history and focus	Grudin J	25	1994
CSCW as opportunity for business process reengineering	Hutchison A	18	1995

通过以上节点文献的研究内容可知，大部分文献较多讨论了 CSCW 的概念、起源及发展历程、基础应用，可见对互联网群体协作的研究大多是基于这些内容进行的。

2. 国外高被引文献分析

国外研究成果中被引频次大于 100 的文献信息见表 1.3。被引频次最高的是 Grudin 的 *Computer-supported cooperative work-history and focus*，该文阐述了 CSCW 研究的起源和发展历程，提出了在 CSCW 和群件环境下小型和大型协作系统的不同活动假设，并指出作为将研究者和开发者汇集进行协作、共享信息的场所，CSCW 必须克服在多学科交互活动中的一些不足。其次是 Faraj 的 *Knowledge collaboration in online communities*，该文阐述了在线社区成员之间的知识协作，强调了在线社区提供协作的基本特征是流动性。Carroll 的 *Notification and awareness: Synchronizing task-oriented collaborative activity* 也是高被引文献，该文讨论了个体在进行协作活动时对其他个体或群体行为、结果的意识，强调了诸如计划、协调等活动环境因素的重要性，同时，该文给出了能够更好支持协作活动的通知系统的设计策略。*Computer supported argumentation and collaborative decision making: The HERMES system* 等文献的被引频次依次居后，内容涉及群体决策、互联网群体协作面临的技术挑战、基于角色的合作机制等研究领域。

表 1.3　国外高被引文献

题名	作者	被引频次	年份
Computer-supported cooperative work-history and focus	Grudin J	253	1994
Knowledge collaboration in online communities	Faraj S	229	2011
Notification and awareness: Synchronizing task-oriented collaborative activity	Carroll J M	162	2003
Computer supported argumentation and collaborative decision making: The HERMES system	Karacapilidis N and Papadias D	160	2001
The intellectual challenge of CSCW: The gap between social requirements and technical feasibility	Ackerman M S	174	2000
Role-based collaboration and its kernel mechanisms	Zhu H B and Zhou M C	110	2006

3. 国内高被引文献分析

国内被引频次排名前 5 的文献信息见表 1.4。被引频次最高的为《用户生成内容（UGC）概念解析及研究进展》，该文对国内外相关研究文献进行了检索和梳理，在类型理论基础上提出了 UGC 的概念分析框架。甘永成和祝智庭的《虚拟学习社区知识建构和集体智慧发展的学习框架》从系统的整体性、智能的整体性和动态性、学习模式、知识管理这四个维度，来构建虚拟学习社区知识建构和集体智慧发展的学习构架。胡勇和王陆的《异步网络协作学习中知识建构的内容分析和社会网络分析》一文，通过对某学习论坛用户发帖内容的分析，指出用户停留于知识共享和观点比较阶段，知识构建层次不高[42]。倪强和朱光喜的《计算机支持下的协同工作的研究现状综述》总结了国际国内 CSCW 研究工作，并对 CSCW 的模型、通信协议、协作机制的实现方法、同步机制、人机交互接口和 CSCW 的应用等方面的主要内容和研究现状做了较为全面的综述[43]。

表 1.4　国内高被引文献（被引频次≥100）

题名	作者	被引频次	年份
用户生成内容（UGC）概念解析及研究进展	赵宇翔等	270	2012
虚拟学习社区知识建构和集体智慧发展的学习框架	甘永成和祝智庭	120	2006
异步网络协作学习中知识建构的内容分析和社会网络分析	胡勇和王陆	110	2006
计算机支持下的协同工作的研究现状综述	倪强和朱光喜	104	2000
突发事件网络舆情"片面化呈现"的形成机理——基于网民的视角	方付建等	103	2010

⭐ 1.3.3　互联网群体协作领域热点分析

尽管学界对于互联网群体协作的研究有很强烈的跨学科、跨领域特性，但仍有许多研究焦点是大家所共同关注的。本节拟通过对关键词的分析来挖掘互联网群体协作领域的研究热点。

1. 国外研究热点

使用 CiteSpace 运行国外数据，生成图 1.3 所示共词图谱，关键词中的高频词汇见表 1.5。图中形成了"CSCW""collaboration""computer supported collaborative work" "crowdsoursing""model"等关键节点，与"network public opinion""groupware" "online privacy"等节点共同构成热点领域。热门研究主题主要包括 CSCW 理论与

应用、协作活动理论、众包基础理论与框架、网络隐私问题、网络舆情与网络口碑（internat word of mouth，IWOM）等。

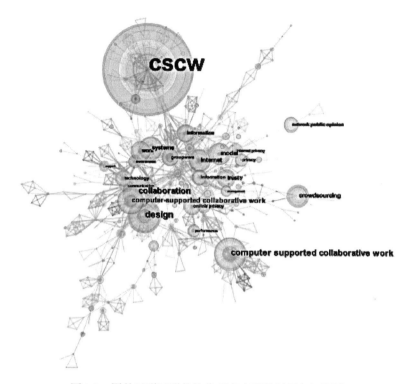

图 1.3　国外互联网群体协作研究高频关键词知识图谱

表 1.5　国外文献中的高频主题词

关键词	词频	占百分比/%	关键词	词频	占百分比/%
CSCW	103	6.61	network public opinion	18	1.16
computer supported collaborative work	67	4.30	information privacy	18	1.16
collaboration	35	2.44	behavior	17	1.09
crowdsourcing	26	1.73	internet privacy	17	1.09
model	25	1.67	communication	15	0.96
internet	25	1.60	awareness	15	0.96
information	21	1.48	privacy	15	0.96
trust	21	1.35	performance	15	0.96
online privacy	20	1.35	management	13	0.83
groupware	20	1.28	knowledge	12	0.77

通过分析上述研究热点，可以将上述关键词聚类为 4 个类别：①定义层，即涉及互联网群体协作的概念层面的焦点，如"collaboration""online community"等，主要作为研究的平台和背景出现；②应用层，即互联网群体协作所涉及的具体的功能性应用，如"crowdsourcing""groupware""CSCW"等；③学科领域层，即某些学科针对互联网群体协作的研究及互联网群体协作在其他学科领域的具体应用探讨，如"network public opinion""online privacy"等；④实体层，即互联网群体协作涉及的实体产品或产品型应用，如"Facebook""Twitter""Wikipedia"等。

2. 国内研究热点

图 1.4 显示了国内互联网群体协作研究热点主题，将关键词进行清洗和合并，得到表 1.6 所示的高频主题词统计表。由于互联网群体协作涵盖范围之广，故知识图谱中并未反映出关键节点，只显示出出现频次较高的关键词，如"协作（协同）学习""远程教育""社会网络分析""维基百科"等，分别属于学习与教育、冲突等方面，并揭示了现阶段互联网群体协作领域的主要研究方法。另外，"社交网络""Web2.0""网络反腐""网络舆情（舆论）"等关键词也具有较高的出现频率，涉及互联网群体协作的平台，以及舆情和隐私主题。

图 1.4　国内互联网群体协作研究高频关键词知识图谱

表 1.6 国内文献中的高频主题词

关键词	词频	占百分比/%	关键词	词频	占百分比/%
协作（协同）学习	13	11.40	人肉搜索	4	1.25
远程（网络）教育	10	2.63	网络舆情（舆论）	4	1.13
Web 2.0	7	2.51	自主学习	3	1.13
维基百科	6	2.26	群体协作	3	1.13
网络环境	6	2.01	课程设计	3	1.00
社交网络	5	1.88	网络反腐	3	1.00
计算机支持的协同工作	5	1.88	大学生	3	1.00
虚拟学习社区	4	1.50	知识管理	3	0.88
教师专业发展	4	1.50	制度创新	3	0.88
影响因素	4	1.38			

对比国内外研究热点，可得以下结论：

（1）整体而言，高频主题词中都包含"CSCW""collaboration""network public opinion""knowledge""management"，其中"network public opinion""knowledge"和"management"占百分比类似，代表了国内外研究的交集，体现了主流研究方向。

（2）国内外研究依然存在较多差异。一方面，二者出现了各自不同的研究热点，如国外的"trust""behavior""awareness""performance"等，在国内高频词中都没有出现，其反映了国外对互联网中的感知和用户行为的研究热度大于国内；而国内的"协作学习""远程教育""虚拟学习社区""维基百科"等高频主题词在国外文献中未出现，体现了国内对网络教育学习和具体平台的研究热度。另一方面，国内外对同样热点的重视程度有所差异。例如，国内对CSCW 的基础知识研究较之国外仍显不足，网络隐私方面的研究也集中于考察"人肉搜索"这一特殊案例。

（3）对国内外文献关键词分析归类后，发现互联网群体协作研究主要集中在以下 3 个类别：①概念层，包括"CSCW""网络""Web2.0""虚拟学习社区"等与互联网群体协作密切相关的概念，是本领域的背景知识和基础；②方法机制层，包括"模型""影响因素""用户行为""知识管理"等；③应用层面，包括"网络舆情""网络隐私""远程（网络）教育""交流沟通""社交网络"等。

1.3.4 互联网群体协作领域的分析单元和视角

芬兰学者恩格斯托姆（Engeström）于 1983 年提出了活动理论（activity theory）模型[44]，活动理论以"活动"为逻辑起点和中心范畴来研究和解释人的心理的发生发展问题。按照活动理论对人类活动结构的解析，活动系统包括三个核心要素（主体、客体、社群）和三个次要成分（工具、规则和角色），其"三角模型"如图 1.5 所示。

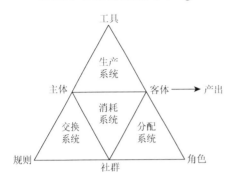

图 1.5 Engeström 活动理论"三角模型"

基于活动理论框架，并结合互联网群体协作的特征，我们将分析单元归纳为以下三大元素。

（1）用户。活动理论中的主体是指活动的执行者，主体是一个活动系统中最基本的要素，驱动系统完成其目标。在互联网群体协作中，主体特指参与内容生产与共享的单个互联网用户。用户可以是内容生产者，也可以是内容消费者。

（2）内容。活动理论中的客体是主体意图影响或改变的东西，既具有自然属性，又具有社会文化性，客体的变化带来的是某种结果，蕴含着某种目标[45]。客体通常是未完成的初始或中间产品，经过群体共同努力，逐渐转化为结果。结果又会有反馈信息给主体和群体，以判断是否满足群体目标，否则继续进行生产和协作活动。在互联网群体协作中，客体指用户群体协作生产的内容，从研究热点中可以发现，内容主要包括网络舆情、网络口碑等。

（3）群体（社群）。群体是活动主体构成的集合，也称为共同体，在活动系统的三角模型中特指除了活动主体之外社群中其他成员的集合。群体是活动的发起方和完成者，这里指参与内容生产与共享的互联网用户群体。

这些分析单元分别突出了互联网群体协作研究中不同研究者的切入点和分析单元，如有些研究主要从用户角度探讨互联网群体协作中不同参与者所扮演的角色，有些研究则主要从内容的角度挖掘协作过程中产生的信息资源，还有些研究从群体的角度分析协作的模式、协作中的交互行为等。不同分析单元的各要素之间存在着紧密的联系和协同关系。

通过对上述分析单元的挖掘，并结合 1.3.3 节对研究热点的分析，我们提炼出互联网群体协作研究的 4 种视角，分别是：角色视角、冲突视角、网络口碑视角、网络舆情视角。其中，角色视角主要对应用户单元和群体单元，角色将用户和群体联系起来，实现了群体内部为完成某种任务而采取的组织管理策略；冲突视角主要对应群体单元，在群体协作过程中，当团队成员由于不兼容的目的或者兴趣而陷入与他人显性或者隐性的争议时，冲突便由此产生[46]；学界对互联网群体协作产生内容的分析多集中于网络口碑和网络舆情两个点上，因而内容单元主要包括网络口碑视角和网络舆情视角，口碑和舆情是用户在互联网环境下进行群体协作的主要生产内容。研究视角和分析单元的对应关系具体如图 1.6 所示。

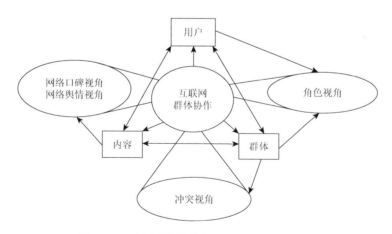

图 1.6　互联网群体协作的研究视角和分析单元

1.3.5　互联网群体协作领域前沿分析

利用 CiteSpace 软件提供的突变测探（burst detection）技术和算法，以合适阈值运行软件，得到如图 1.7 所示的研究前沿时区知识图谱。

分析各个时间节点的突变词及图谱的走势，发现 2010～2011 年，突变词以"design""online privacy""internet privacy""risk"等为代表，说明学界开始更

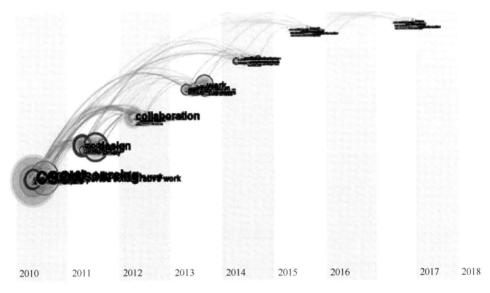

图 1.7　国外互联网群体协作研究前沿时区知识图谱

多关注到互联网群体协作活动中的隐私问题，活动过程中的个人隐私安全、风险问题有待进一步研究。2012～2013 年，以"social media""awareness""public""content analysis""network public opinion""infrastructure""framework""groupware""distance education"等为主的突变词，一方面代表了对群体协作的活动平台深入挖掘的趋势，社交平台的普遍使用使得互联网群体协作产生了大量非结构化数据和更深层次的隐性内容，因而对活动中网络口碑、网络舆情的挖掘和分析将成为重要研究内容；另一方面表明对互联网群体协作的机制、理论框架的研究将继续深入。2014～2015 年，突变词以"communities""interaction""meta-analysis""conflict""Facebook""personal information""emergency management"等为代表，进一步探讨了群体的组织环境、交互行为，以及群体协作中的冲突问题，并继续深入研究互联网群体协作活动中的个人信息安全及隐私问题，且研究中多以社交平台 Facebook 为例进行挖掘分析。

1.4　本书的内容架构

互联网群体协作从首次提出到现在已经超过了十年的时间。在这期间，互联网的信息资源组织模式发生了重大改变，随着 Web2.0 时代的到来和 UGC 模式的应用，用户在内容生产或创作的过程中发挥着举足轻重的作用。Wikipedia、Facebook、Delicious 等多种依靠海量用户贡献、汇集大众智慧而发展起来的群体协作平台背后的协作模式，也逐渐引起了学界越来越多的关注。

除了群体协作的概念模糊以外，学界和业界涌现出越来越多的新概念也经常与群体协作互相替代使用，如开放式创新（open innovation）、对等生产（peer production）、群体参与（mass participation）、协同创作（co-creation）。这些概念虽然互有交叉，但不加区分地使用容易引起读者概念混淆，产生概念误用，甚至在研究过程中套用不适宜的理论。因此，全面、系统地总结群体协作的特征及定义十分必要。

通过上述对研究目的的阐述，本书拟按照以下思路展开：

（1）为了详细了解群体协作的概念和特点，本书使用内容分析法对现有相关研究进行梳理，试图通过总结与辨析方式完成群体协作概念框架的构建。

（2）为了明确现有相关理论的适用性，本书对多个相关理论进行要素、主体、结构等多个角度的深入剖析，探讨这些理论在群体协作微观、中观和宏观三个层面的作用范围，并指出其潜在研究方向。

（3）为了深入理解群体协作参与者的特征，本书使用基于时间序列的聚类等方法对真实数据集进行分析，并基于理论对群体协作参与者进行细分，指出不同类型的参与者在使用目的、动机、行为表现等方面的区别。

（4）为了深入了解群体协作中的典型现象——"冲突"，本书基于文献构建理论模型，并使用结构方程模型等分析方法对真实数据进行分析，完成模型验证，总结出群体协作中冲突的特征和影响，并指出利用或者化解冲突的对策。

（5）为了探索群体协作应用在多个领域的适用性，本书选取网络学习、网络口碑和网络舆情三个领域，利用多种研究方法和手段（如问卷调查、对照实验、模拟仿真等）进行评估总结。

具体章节和内容安排如图 1.8 所示。

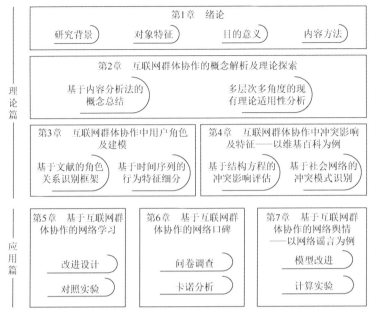

图1.8　全书研究内容架构

根据研究思路，本书主要采取以下几种研究方法。

1）内容分析法

内容分析法主要用于对概念特征和理论的抽取或梳理。与本书相关的文献主要集中于图书情报学、计算机科学、社会心理学、组织行为学、信息系统等学科。以第2章概念特征归纳为例，在内容分析法的使用上，本书拟：①使用（但不限于）"mass collaboration""mass virtual collaboration"等关键词对现有成果进行广泛收集；②依照研究框架对文献中内容进行分类抽取；③根据分类抽取结果进行特征总结、相近概念对比、案例映射及研究趋势分析等。

2）社会网络分析法

社会网络分析法（social network analysis，SNA）将用户个体定义为节点，将用户之间的关系定义为边，以构建网络，从结构角度观察网络的特点，并得到相应研究结论。反映社会网络特点的常用指标如节点入度/出度、网络密度、网络中心性（点度中心性、中介中心性和接近中心性）、结构洞、聚集系数等。这些指标从不同侧面、不同层次（宏观、微观）反映社会网络的特征。

3）问卷调查法

问卷调查法是社会科学领域的一种典型研究方法，其一般步骤为对现有理论进行梳理、提炼理论模型（构建假设）、设计问卷、分发问卷、回收问卷并处理，运用结构方程模型或路径分析、方差分析（analysis of variance，ANOVA）等进行问卷分析，最后得出研究结论。本书主要运用问卷调查法对用户在使用群体协作平台过程中的典型影响因素进行研究，挖掘这些因素之间的相互关系，以便进一步提出实践指导。该方法可以和实验研究方法相结合使用。

4）实验室实验法

实验室实验（lab experiment）法是与现场实验（field experiment）法相对应的实验研究方法。实验室实验法是在确定研究目的（如测试新设计应用前和应用后的效果）以后，由研究人员自主搭建研究平台（如本书选用开源软件——维基进行），在受控环境下（如要求匿名），组织一定数量（如 30～200 人）的志愿者（如学生）进行平台使用（分组或者不分组），运用多种数据收集方法（如问卷调查、程序日志记录等方式）收集志愿者的使用信息，运用数学统计方法（如 ANOVA、结构方程模型）进行对照实验，该方法的好处是可以排除复杂现实因素对于用户的影响，定向观察设计改进前后的反差，是一种低成本的解决方案。

5）计算实验法

目前社会科学中的计算实验（computational experiments）法主要是基于传统计算机科学领域的多主体（multi-agent）仿真方法，结合现实社会中的真实社会现象，对现象的发展过程进行解释和预测。相关研究已经应用在食品安全、供应链等多个领域[47]。本书将会以网络舆情的演化为研究对象，通过改进经典的仿真模型，解释服务提供商、传播媒介、用户（信息源、接受者、转发者、编辑者）等不同主体行为对网络舆情演化的影响。

参 考 文 献

[1]   Russell P，Febcuson M. The Global Brain Awakens：Our Next Evolutionary Leap[M]. Palo Alto，CA：Global Brain，1995.

[2]   Townsend A M，DeMarie S M，Hendrickson A R. Virtual teams：Technology and the workplace of the future[J].

The Academy of Management Executive，1998，12（3）：17-29.

[3] Wu K W，Zhu Q H，Vassileva J，et al. Does conflict matter in the success of mass collaboration? Investigating antecedents and consequence of conflict in Wikipedia[J]. Chinese Journal of Library and Information Science，2012，5（1）：34-50.

[4] Crowston K，Fagnot I. The motivational arc of massive virtual collaboration[C]//Proceedings of the IFIP WG 9.5 Working Conference on Virtuality and Society：Massive Virtual Communities，2008.

[5] Zammuto R F，Griffith T L，Majchrzak A，et al. Information technology and the changing fabric of organization[J]. Organization Science，2007，18（5）：749-762.

[6] Tapscott D，Williams A D. Wikinomics：How Mass Collaboration Changes Everything[M]. Fuchs：Penguin Group，2007.

[7] Moorcroft R. Leadershift reinventing leadership for the age of mass collaboration[J]. Manager：British Journal of Administrative Management，2010，69：33.

[8] 吴克文，赵宇翔，朱庆华. 社会化问答网站使用模式分析——以雅虎知识堂为例[J]. 现代图书情报技术，2009，（12）：57-63.

[9] McConnell S. Open-source methodology：Ready for prime time[J]. IEEE Software，1999，16（4）：6-8.

[10] Chesbrough H，Vanhaverbeke W，West J. Open Innovation：Researching A New Paradigm[M]. Oxford：Oxford University Press，2006.

[11] Elliott M A. Stigmergic collaboration：A theoretical framework for mass collaboration[D]. Melbourne：Victorian College of the Arts，The University of Melbourne，2007.

[12] Kim D，Lee S S，Maeng S，et al. Developing Idea Generation for the Interface Design Process with Mass Collaboration System Design，User Experience，and Usability[C]//Marcus A. Theory，Methods，Tools and Practice. Heidelberg：Springer Berlin，2011：69-76.

[13] Tkacz N. Wikipedia and the politics of mass collaboration[J]. Journal of Media and Communication，2010，2（2）：40-53.

[14] Fathianathan M，Panchal J H，Nee A Y C. A platform for facilitating mass collaborative product realization[J]. CIRP Annals-Manufacturing Technology，2009，58（1）：127-130.

[15] Panchal J H，Fathianathan M. Product Realization in the Age of Mass Collaboration[C]//ASME 2008 International Design Engineering Technical Conferences & Computers and Information in Engineering Conference. New York：IEEE，2008.

[16] Giles J. Internet encyclopaedias go head to head[J]. Nature，2005，438（7070）：900-901.

[17] Viégas F B，Wattenberg M，Dave K. Studying cooperation and conflict between authors with history flow visualizations[C]//Proceedings of the SIGCHI Conference on Human Factors in Computing Systems. New York：ACM，2004：575-582.

[18] Priedhorsky R，Chen J，Lam S T K，et al. Creating，destroying，and restoring value in Wikipedia[C]//Proceedings of the 2007 international ACM conference on supporting group work. Florida：ACM，2007：259-268.

[19] Broughton J. Wikipedia：The Missing Manual[M]. Sebastopol：O'Reilly Media，2008.

[20] Tech2ipo. 社交化地图导航公司 Waze 融资 3000 万美元[EB/OL]. http://tech2ipo.com/30829/[2015-08-20].

[21] 腾讯科技. 所译即所学的 DuoLingo 获1500 万美元融资[EB/OL]. http://tech.qq.com/a/20120920/000135.htm[2015-12-20].

[22] 36kr. Flitto：做一个不仅有趣，还能解决实际问题的真人语言翻译助手[EB/OL]. https://36kr.com/p/533666.html[2015-06-08].

[23] 刘雨农，刘敏榕. 社会化问答平台的社区网络形态与意见领袖特征——以知乎网为例[J]. 情报资料工作，

2017，（2）：112.

[24] 搜狐. 知乎官宣用户数突破 2.2 亿，同比增长 102%，商业化或加速[EB/OL]. http://www.sohu.com/a/281596300_100191066[2018-12-13].

[25] 牛毅冲，赵宇翔，朱庆华. 基于科研众包模式的公众科学项目运作机制初探——以 Evolution MegaLab 为例[J]. 图书情报工作，2017，（1）：5-13.

[26] 卫垌圻，姜涛，陶斯宇，等. 科研众包——科研合作的新模式[J]. 科学管理研究，2015，33（2）：16-19.

[27] Ramakrishnan R. Mass collaboration and data mining[C]//Proceedings of the seventh ACM SIGKDD international conference on Knowledge discovery and data mining. New York：ACM，2001：4.

[28] Richardson M，Aggrawal R，Domingos P. Building the Semantic Web by mass collaboration[C]//The Twelfth International World Wide Web Conference. New York：ACM，2003.

[29] Ross C，Orr E S，Sisic M，et al. Personality and motivations associated with Facebook use[J]. Computers in Human Behavior，2009，25（2）：578-586.

[30] Gross R，Acquisti A. Information revelation and privacy in online social networks[C]//Proceedings of the 2005 ACM workshop on Privacy in the electronic society. New York：ACM，2005：71-80.

[31] 黄令贺，朱庆华. 百科词条特征及用户贡献行为研究——以百度百科为例[J]. 中国图书馆学报，2013，39（1）：79-88.

[32] Anderka M，Stein B. A breakdown of quality flaws in Wikipedia[C]//Proceedings of the 2nd Joint Wicow/Air Web Workshop on Web Quality. New York：ACM，2012：11-18.

[33] Stvilia B，Twidale M B，Gasser L，et al. Information quality discussions in Wikipedia[C]//Proceedings of the 2005 International Conference on Knowledge Management. Bremen：Springer，2005：101-113.

[34] Furst S，Blackburn R，Rosen B. Virtual team effectiveness：A proposed reseach agenda[J]. Information Systems Journal，1999，9（4）：249-269.

[35] Ransbotham S，Kane G，Gerald C. Membership turnover and collaboration success in online communities：Explaining rises and falls from grace in Wikipedia[J]. MIS Quarterly，2011，35（3）：613-627.

[36] Midha V，Palvia P. Factors affecting the success of Open Source Software[J]. Journal of Systems and Software，2012，85（4）：895-905.

[37] Potthast M. Crowdsourcing a wikipedia vandalism corpus[C]//Proceedings of the 33rd International ACM SIGIR Conference on Research and Development in Information Retrieval. New York：ACM，2010：789-790.

[38] Suh B，Convertino G，Chi E H，et al. The singularity is not near：Slowing growth of Wikipedia[C]//Proceedings of the 5th International Symposium on Wikis and Open Collaboration. New York：ACM，2009.

[39] Fosfuri A，Giarratana M S，Luzzi A. The penguin has entered the building：The commercialization of open source software products[J]. Organization Science，2008，19（2）：292-305.

[40] 张彦玲. 网络协作与群体契约[J]. 中国职业技术教育，1998，（2）：35-36.

[41] 史兴松. 网络教育利弊观[J]. 外语电化教学，2001，（3）：9-13.

[42] 胡勇，王陆. 异步网络协作学习中知识建构的内容分析和社会网络分析[J]. 电化教育研究，2006，（11）：30-35.

[43] 倪强，朱光喜. 计算机支持下的协同工作的研究现状综述[J]. 计算机工程与应用，2000，（4）：5-7，21.

[44] Engeström Y. Learning By Expanding: An Activity-theoretical Approach to Developmental research[M]. Helsinki：Orienta-Konsultit，1987.

[45] 刘黄玲子，黄荣怀，樊磊，等. CSCL 交互研究的理论模型[J]. 中国电化教育，2005，（4）：18-23.

[46] Schmidt S M，Kochan T A. Conflict：Toward conceptual clarity[J]. Administrative Science Quarterly，1972：359-370.

[47] 刘小峰，陈国华，盛昭瀚. 不同供需关系下的食品安全与政府监管策略分析[J]. 中国管理科学，2010，18（2）：143-150.

| 2 | 互联网群体协作的概念解析及理论探索

本章的主要工作是采用内容分析法探讨群体协作的概念，在此基础上对活动理论、CSCW 理论、协调理论以及社会行动理论在群体协作中的应用进行阐述，最后基于活动理论对开放式群体协作系统进行深入阐释。

2.1 互联网群体协作的概念解析及理论探索问题的提出

信息技术的发展使得网络的接入成本不断降低，令个体用户有能力将其掌握的各类信息资源传递给更广大的用户群体。更重要的是，随着 Web2.0 时代的到来和用户生成内容模式的应用，个体用户在内容生产或创作的过程中起到了重要的作用。Wikipedia、Facebook、Delicious 等多种依赖于海量用户贡献、汇集群体智慧（the wisdom of crowds）而发展起来的群体协作平台逐渐得到社会公众的广泛关注，同时，这类平台背后的协作模式，也促使了许多著名公司在产品研发流程，甚至是组织结构上产生改变（如宝洁、IBM）[1]。互联网研究专家克莱·舍基（Clay Shirky）在其 2009 年出版的著作 *Here Comes Everybody*：*The power of organizing without organization*（《未来是湿的：无组织的组织力量》）中提出一个互联网时代最为普遍且本质的问题，即一群人如何有效地完成一件事情，或者一群人通过何种方式完成事情[2]。舍基认为，新一代互联网环境下，随着沟通的复杂度、协调的成本及利益相关体的增长，传统的"科层组织"或者"金字塔组织"遭遇到了巨大的发展瓶颈，试图借助市场契约来解决"协作有效性"的问题,在互联网大环境下往往显得机械呆板,很难适应无组织、无边界的新兴规则。该思想又被称为"舍基原则",该原则很好地诠释了互联网开发、自由、多元、复杂的精髓,并在各类互联网应用模式中得到不同程度的体现[3]。

从学术研究的角度,目前群体协作的概念或定义尚未得到统一,而研究中的描述也各有侧重。同时,较多的文献甚至直接使用群体协作这个概念而完全不加以介绍[4]。鉴于理论的严谨性和规范性考虑,本章拟对互联网群体协作的概念和理论进行系统探索。

本章的主要工作是运用内容分析法对现有文献中有关群体协作特征的描述进行汇总分析,并将抽取的关键词映射到与群体协作输入—处理—输出(input—process—output,IPO)相关的 9 个方面,由此得到群体协作全方位的特征描述,并总结出群体协作较为规范、全面的定义,在此基础上再探讨互联网群体协作的理论基础以及现有理论的适用性。接着,基于活动理论对开放式群体协作系统的元素、结构、功能和模块进行深入阐释,从静态和动态两个角度刻画出互联网群体协作系统的要素模型和演化模型。最后,本章还将概述性地介绍几类互联网群体协作的典型应用。典型应用平台的特征被映射于特征描述的各个方面,不仅有助于明确目前的平台分类,而且可以验证定义的准确性和理论框架的完整性。

2.2 互联网群体协作的概念解析

从理论研究的角度,对术语进行界定和阐释有助于提升研究自身的科学性、严谨性和权威性。互联网群体协作的说法从提出至今已有十多年,国内外的学者和业界人士都对此耳熟能详,并将其运用于各类研究论文、商业报告及政府文书中。然而目前针对群体协作这一概念缺乏有效的界定和论证,这在一定程度上混淆了学术观点和思路,模糊了互联网组织的边界,并泛化了各类互联网应用的属性和适用范围。鉴于此,本节将通过内容分析的方法梳理并组织互联网群体协作的概念,试图厘清相关概念的内涵和外延。

⭐ 2.2.1 概念解析的方法

群体协作定义的归纳主要分为四个阶段：第一，对数据库进行关键字搜索，整理得到待研究的文献池；第二，通过内容分析，析出每篇文献中对于群体协作的定义或特征描述部分，进行归类；第三，整合群体协作的定义，并将群体协作的定义、特征与相似概念进行比较，分析这些概念之间的区别；第四，将现有典型应用映射于群体协作的定义，验证定义的有效性。

文献收集步骤遵循系统化综述（systematic review）过程中的文献收集方法[5]。在选定数据库和初步查询条件（关键词、查询区域等）的基础上，收集具有直接定义的文献并得到初级文献池。随后进行扩展查询，整理出发文频率和被引次数较高的作者名，对这些作者的研究成果进行追踪查询，补充并整理文献池。

由于本书还涉及比较相似概念之间的区别，因此需要建立相似概念集合。首先，快速浏览"群体协作"的文献池中的文献，重点关注摘要、关键词、研究背景和文献综述部分，得到相似概念集合。随后，因为 Wikipedia 词条中通常有"See Also"章节（内容是相近词条），所以可以在 Wikipedia 中查找相似概念，对相似概念集合进行补充和完善。

文献搜集工作进行的时间为 2018 年 3 月至 4 月。选定的查询数据库为 EBSCO、Elsevier、JSTOR、ProQuest、SAGE、Springer、Wiley、Emerald、IEEE 和 ACM 等典型英文数据库，同时使用 Google Scholar 搜索引擎进行补充。使用的初始查询关键词为 mass collaboration 和 massive virtual collaboration，查询区域均为全区域查询（包括题目、摘要、关键词、正文等）。文献搜集未选取中文数据库的主要原因是语言问题，如 the wisdom of crowds 和 collective intelligence 的中文翻译均为群体智慧（为方便区分，下文将分别翻译为大众智慧和集体智慧），再如 mass collaboration 和 group collaboration 的中文翻译均为群体协作（为方便区分，下文将分别翻译为群体协作和团队协作）。翻译上的不一致或者不统一将会导致在概念特征判别上的错误。

文献搜集步骤共获得与群体协作相关的文献 31 篇，包括期刊文献 16 篇、学位论文 2 篇、会议论文 9 篇、图书章节 4 篇。实际检索获得的相似概念超过 50 个，但大多数为通俗提法，被研究型文献使用的次数较少，如 group mind 等。经合并、精简后得到相似概念 14 个，分别是开放式创新（open innovation）、众包（crowd sourcing）、对等生产（peer production）、共同对等生产（commons-based peer production）、群体参与（mass participation）、用户生成内容（user generated content）、分布式协作（distributed collaboration）、集体行动（collective action）、虚拟协作（virtual collaboration）、虚拟团队（virtual team/group）、大众智慧（the wisdom of crowds）、团队协作（group collaboration）、社会化媒体（social media）和集体智慧（collective intelligence）。获得相关概念的文献 156 篇（仅用于概念比较，不用于内容分析）。

特征归纳步骤采取的是关键词提取法。首先，将不同文献中对某一概念描述性的语句进行关键词抽取；其次，将描述同一属性（如人物、行动等）的关键词进行聚合，得到针对该属性的特征；最后，将所有属性进行汇总，即可得到该概念的完整特征描述（如谁、在什么时间、做了什么）。需要指出的是，特征归纳必须具有案例独立性，即文献中的概念描述性语句不能是仅针对某个案例的特征描述。

初步整理后得到有关于"mass collaboration"描述的最常提到的关键词"mass/people""participate/join"和"artifact/output 等"，可以认为"mass collaboration"为一个描述过程的名词。随后的分析将遵循描述过程的通用输入—过程—输出模式（即 IPO 模式）[6]。其中，"输入"部分具体分为：参与方、发起方和召集方式。"过程"部分具体分为：协作媒介、过程类型和任务目标。"输出"部分具体分为：参与方回报、发起方回报和公众回报。

定义的总结主要在概念的完整特征描述上进行。同时，将群体协作与相似概念进行比较，以明确二者之间的区别与联系。由于概念之间经常存在交叉的情况，因此，只有最为典型的特征才被列出进行比较，以帮助研究人员明确区别。为了验证定义的有效性，典型应用将会被映射于该定义上[7]。

⭐ 2.2.2　概念抽取与总结

1）参与方特征

关于群体协作大部分的定义或描述中均有针对参与方特征的介绍，包括参与方的类型、参与方之间的关系、参与方数量、角色，以及具备的技能等。描述用语的汇总情况如表 2.1 所示。

表 2.1　群体协作中参与方特征相关描述

属性	描述
类型	志愿者（volunteers）[1]，贡献者（contributors）[1-4]，人（people）[5,6]，群众（masses）[2,5,7]，协作者（collaborators）[5]，个体（individuals）[7]，成员（members）[7]，参与者（participants）[7-10]，用户（users）[11-13]，集体（collective）[14]，平民（citizen）[15]，人类（human）[13]
数量	大量（a large number of/large numbers of/a great number of/a mass of）[1-4, 9, 11, 13, 16]，任意的大量（an arbitrarily large number of）[1]，许多（many/a multitude of）[2, 13]，大规模（large-scale）[15]，潜在的大量（potentially unlimited）[17]
关系	具有公共兴趣（communal interests）[7]，不认识（not recognizable/unknown）[5,8]，独立的（independently）[2, 3]，分散的（decentralized/distributed）[4, 6, 11, 15, 18]，共同的理念（shared ideology）[4]
背景	多样的知识（diverse knowledgeable）[11]，多样的专业知识（diverse expertise）[9]，多样的技能（a variety of skills）[6]，知识（knowledge）[4, 13]，多样的（diverse）[10]，异质的（heterogeneous）[10]
角色	个体角色不重要（individual's role is less important）[5]、扮演不同角色（enact diverse roles/adopting different roles）[5, 7]，不同等级（different levels of）[4]，涌现的角色（emergent states of roles）[11]，没有层次结构（structural layers of a hierarchy are removed）[7]

　　注：表中内容分析法所使用文献编号见附录1，表 2.2～表 2.9 同。

综上所述，群体协作的参与方具有如下特征：①为群体协作系统的使用者，不区分社会地位和知识背景；②参与方之间一般互不熟悉、分散且互相独立，但对于群体协作任务具有共同的兴趣和认知；③参与方具有多样化的背景知识；④角色定义模糊，水平分工，成员流动性高，但随着协作的不断深入，会涌现出多样的团队领袖。

2）发起方特征

关于群体协作的定义或描述中对于发起方特征的介绍较为模糊。描述用语的汇总情况如表 2.2 所示。

表 2.2　群体协作中发起方特征的相关描述

属性	描述
直接描述	工具（tools）[14]，组织（organization）[5, 7, 16, 19, 20]，公司（firm/company）[9, 19]，项目（project）[19]，虚拟社区（virtual community）[11]，系统所有者（system owner）[13]，系统（system）[16]，社区（community）[9]
举例描述	Retailer[21]，Website[12]，Wikipedia.org[12, 13]，Apple[12]，Firefox[12]，YouTube[16]，Linux[13]，University[22]，Google[13]，Facebook[13]，MySpace[13]，LinkedIn[13]，IMDB[13]，eBay[13]，Delicious[13]，Flicker[13]，Yahoo！Answer[13]

通过分析对于群体协作发起方的直接描述和举例描述，可以看出其具有以下特征：①发起方身份不定，可能是个人、企业或组织（即明确的发起方），也可能是个人、企业或组织设立的平台（即模糊的发起方）；②发起的目的多样，包括公益和商业目的，也可能是纯粹兴趣驱动。

3）召集方式

目前有关组织行为类的研究中涉及的召集方式通常有三种：①开放式召集，任何有兴趣的人或组织均可以参加；②封闭式召集，召集只针对具有特定知识或专长的一类个体或组织；③两者综合（弹性召集），召集面向任何有兴趣的人或组织，但是能够参加的人或组织是受控的[8]。现有群体协作文献对于召集方式的论述较少，描述用语的汇总情况如表 2.3 所示。群体协作参与方的召集方式被普遍认为是开放式召集。

表 2.3　群体协作中召集方式的相关描述

属性	描述
途径	开放式召集（open call）[6, 9, 23]

4）协作媒介

关于群体协作大部分的定义或描述中均有协作媒介自身属性的介绍，但是较少涉及该媒体是否依附于其他媒介的问题。描述用语的汇总情况如表 2.4 所示。

表 2.4　群体协作媒介相关描述

属性	描述
自身属性	信息通信技术（ICT）[4]、在线（online）[4, 17]，基于因特网的（Internet-based）[1, 5, 6, 9, 10, 12, 16, 19]，虚拟（virtual）[7]，基于因特网的协作平台（Internet-based collaborative platforms）[11]，基于网络的（web-based）[8, 15, 24]，一般通过网络（typically takes place on the Internet）[2, 19]，基于网络的协作工具（web-based collaboration tool）[19]，社会化软件（social software）[19]，Web2.0 环境下的现代工具（modern tools in the Web2.0 environment）[24]，不仅是计算机（not always about computers）[14]，Web2.0[12]，这种系统出现在互联网上（such systems have appeared on the WWW）[13]，物理世界和网络（physical world and web）[13]
是否依附	独立和依附（standalone and piggyback）[13]

综上，群体协作的媒介具有以下特征：①广义的系统，不仅包括现实世界存在的社会系统，也包括网络环境下的计算机系统。但是，目前的关注重点是在网

络环境，尤其是 Web2.0 环境下的，相较传统网络环境更能够促进协作的社会化软件。②该媒介可以是独立存在的，也可以是依附在现有其他媒介上而存在的。

5）过程类型

关于群体协作的定义或描述中有关过程类型的描述用语如表 2.5 所示。

表 2.5　群体协作的过程类型的相关描述

属性	描述
整体特征	开放式创新过程（open innovation process）[9, 25]，吸收（来自大量贡献者）工作的过程（assimilate the work）[1]，多对多的用户交互过程（process which people interact on a many-to-many basis）[5]，集体创作过程（collective creative process）[18]，大众生产过程（process of peer production）[18]，面向内容的过程，不是直接面向社交的过程（content-oriented process, not directly social interaction-oriented process）[26]，开放存取（open access）[17, 26]，创新（creativity）[26]，协作过程（coordinative/ collaborative）[17, 22]，创作信息产品（creating information product）[15]，问题解决过程（problem solving）[13]，决策制定过程（decision making process）[21, 26]，自组织（self-organized）[2, 26]，由团队行为决定而不是个体（determined by the action of the community rather than a single entity）[9]，自顶向下和自底向上（top-down and bottom-up）[6]，显性（explicit）[13]，隐性（implicit）[13]
个体特征	志愿的（volunteer/voluntary）[1, 10]，雇佣（employed）[4]，大部分是免费（mostly unpaid）[1, 4]，（贡献次数）少至十几多至上万（range from dozens to tens of thousands or more）[4]，贡献的层次和特性存在巨大差别（a great diversity in levels and nature of contrition）[4]，贡献分布偏倚（distribution of contributions quite skewed）[4]

综上，群体协作的过程类型具有以下特征：①参与方的参与行为通常是免费和自愿的，也有受雇的情况；②参与行为可能是显性的，也可能是隐性的；③参与方之间的交互是自组织的，以群体协作的作品为中介，而不是直接的人与人之间的社交活动；④参与方行为各异，在贡献的数量和质量上均存在较大差别；⑤协作过程是以团队理念为导向，个体意志不能轻易控制整体过程发展方向；⑥协作过程融合了自底向上和自顶向下的模式，既方便管理，又不影响底层多样化解决方案的生成与对接；⑦参与方的交流模式是多对多，而不是一对一（如即时通信）或者一对多（如列表服务）；⑧协作过程面向所有参与方，协作工具需要吸收合并所有参与方的贡献，包括应对质量不等的贡献和多样的观点。

6）任务目标

现有文献有关群体协作任务目标的描述用语可以分为直接描述和举例描述两种，如表 2.6 所示。

表 2.6 群体协作任务目标的相关描述

属性	描述
直接描述	高质量信息产品（high quality information goods）[15]，决策（decision-making/decision）[17, 21]，多种任务（a great variety of tasks）[6, 17]，创新（creative）[17]，关于某个主题的知识交流（discuss and negotiate knowledge about a particular subject）[14]，模块化的项目（project which is modular in its nature）[26]，探索解决方案（exploration of the solution）[11]，单纯通过计算不能解决的问题（hard problems that are beyond the reach of computational methods）[16]，产品（product）[9, 26]，任务（job/task/project）[9, 18, 25, 27]，知识库（knowledge bases）[2]，信息（Information）[5]，低于市价的产品或服务（goods and services at below market rate）[4]
举例描述	参与式新闻（participatory journalism）[15]，灾难恢复（disaster recovery）[3, 15]，环境监测（environmental monitoring）[15]，库存预测和补给（forecasting and replenishment）[21]，设计（design）[12, 25]，评价（evaluation）[13]，分享（sharing）[13]，构建网络（networking）[13]，完成作品（building artifacts）[13]，执行任务（task execution）[13]，游戏（gaming）[13]，查询（searching）[13]，购物（purchase）[13]，客服（consumer support）[20]

综上，群体协作的任务目标具有以下特征：①是信息产品，甚至是知识产品；②该产品可能是物质的，也可能是非物质的；③能够被模块化分割；④具有较高复杂性，可能具有多种方案、结论或实体形态，不能轻易通过传统方式解决；⑤一般具有高质低价的特性，甚至是免费的，但质量可以达到或超越专业产品。

7）回报

回报通常可以分为物质回报（如金钱、产品等）和非物质回报（如机遇、经验等）。需要指出的是，在抽取参与方、发起方和公众的回报描述过程中，由于某些输出（或回报）是各方均享有的，因此相关关键词均计入各方的回报描述集合中（而不是排他性）。关于群体协作的定义或描述中有关参与方获得回报的描述用语如表 2.7 所示。

表 2.7 群体协作参与方获得回报的描述

属性	描述
物质	共享的信息资源（shared information resources）[4]，信息（information）[5]，新内容，例如文字、图片或软件（new content such as text, images or software）[4]，需要大量人类的创造力的事件（events that require creativity from a great number of people）[2]，很少包括直接的物质回报（rarely include direct monetary or material benefit）[4]，知识产品（knowledge production）[10]，信息产品（information goods）[15]
非物质	（满足）直接兴趣（direct interest）[4]，被追随的满足感（satisfaction of fellowship）[4]，（满足）社会责任感（feelings of social obligation）[4]，（满足）好奇心（curiosity）[4]，目标的认同感（feelings of agreement with goals）[4]，团队身份认同感（feelings of community identity）[4]，自我认同（self-identity）[4]，社会认同（social identity）[4]，未来受益的期望（expectation of benefiting in the future）[4]，新技能（new skills）[4]，工作认同感（task identity）[4]，个体需求满足感（satisfaction of personal needs）[10]

综上，群体协作对于参与方具有以下回报：①分享团队物质成果；②通常情

况下没有金钱回报，获得多种非物质回报，如满足心理需求的兴趣、好奇、认同感、声望等，以及可以转化为物质回报的机遇等。

关于群体协作的定义或描述中只有少量涉及发起方获得的回报。具体描述用语如表 2.8 所示。

表 2.8　群体协作发起方获得回报的相关描述

属性	描述
物质	信息（information）[5]，新内容，例如文字、图片或软件（new content，e.g. text，images or software）[4]，需要大量人类的创造力的事件（events that require creativity from a great number of people）[2]，知识产品（knowledge production）[10]，信息产品（information goods）[15]
非物质	提供快速建立临时组织的机会（create the potential for quickly developing temporary organizations）[5]，高效的（efficient/effective）[19,21]，提供建立并行结构的机会（possibility of creating parallel structures）[5]，新的有力的生产方式（powerful new models of production）[27]，新商业战略（new business strategy）[27]

综上，群体协作对于发起方具有以下回报：①获得团队物质成果，并有机会转化为直接或间接的物质回报，如改进的产品、授权费、降低成本、知识库、关键信息等；②获得团队产生的非物质回报，如改进的生产模式和管理模式、增强的声誉等。

关于群体协作的定义或描述中只有少量关于公众回报的介绍，主要分为物质回报和非物质回报。描述用语的汇总情况如表 2.9 所示。

表 2.9　群体协作中公众回报的相关描述

属性	描述
物质	信息（information）[5]，新内容，例如文字、图片或软件（new content，e.g. text，images or software）[4]，需要大量人类的创造力的事件（events that require creativity from a great number of people）[2]，知识产品（knowledge production）[10]，信息产品（information goods）[15]
非物质	提供快速建立临时组织的机会（create the potential for quickly developing temporary organizations）[5]，提供建立并行结构的机会（possibility of creating parallel structures）[5]，建立无限的社会网络的机会（unbounded networks）[5]，鼓励有准备的组织，淘汰不适应的组织（empower the prepared firm and destroy those who fail to adjust）[27]，新的有力的生产方式（powerful new models of production）[27]，引起文化变迁（cultural shifts）[2]

综上，群体协作对于社会公众具有以下回报：①团队物质成果对社会大众开放，能够被社会大众所享用，包括但不限于文字、图片、视频、软件、（市场、环境）预测、突发事件应对方案等需要汇集大量人类创造力的事件或作品；②为社

会大众提供许多机会、商业模式（以非物质形式存在的），包括但不限于快速建立临时组织、并行组织结构和无限社会网络的方法，以及新的生产模式等，甚至能够引起文化变迁。

⭐ 2.2.3 概念总结与辨析

群体协作源于现实社会，但是目前互联网商业模式（Web2.0、用户生成内容）令群体协作应用得到了极大的发展，并受到了社会大众的关注。通过 2.2.2 节关于群体协作过程特点的文献分析，我们对群体协作的概念做出如下定义：

群体协作是在互联网环境下分散、独立、不同背景的参与方，受到特定组织或个人的开放式召集，依靠共同的兴趣和认知自愿地组成网络团队，以网络平台，尤其是社会化软件为工具，显性或隐性地通过自组织方式协作完成高质量、高复杂性的团队作品。协作过程以多对多的交流模式为基础，以团队理念为导向，融合自底向上和自顶向下的架构模式。团队的物质性和非物质性成果能够有所侧重地被所有参与方及广大的社会公众所分享。

据此，我们可以分析群体协作与其他相似概念之间的异同点。需要注意的是，各个概念均有交叉点，在此仅列出最具有区分性的特征。

（1）群体协作与开放式创新。开放式创新一词普遍被认为是由 Chesbrough 于 2003 年提出的[9]，提出的背景是工业产品研发领域。开放式创新认为企业应当突破以往封闭的组织边界，有计划地利用组织内部和外部的知识及资源，并与企业核心能力相结合，加速企业内部的创新，从而能够帮助企业应用创新而扩张市场[9]。两个概念的相似点在于均强调通过开放式召集方式，综合利用内部和外部广泛的知识和资源以产生创新性产品。除了侧重的应用领域有所不同（群体协作一般应用于互联网，开放式创新一般应用于工业领域），这两个概念的主要区别在于，开放式创新存在一个立足点，即"以一个组织"为视角，强调引入外部元素，为其自身创造利益，而群体协作并无此出发点，强调"群体"这个整体，利益范围直接包括群体内部和社会大众。

（2）群体协作与众包。众包一词由 Howe 于 2006 年提出[10]，由 crowd 和 outsourcing 两个词拼接而成。群体协作与众包的概念几乎一样，同时，群体协作的各种典型应用（如维基、开源软件等）也被广泛使用于众包的研究文献中[11]。不同的是，第一，从字面意义上看，众包是一个将具体任务分包出去的单向过程，而群体协作则是参与方之间交互的双向过程[12]；第二，现有文献的众包定义并未强调社会大众能够分享团队成果（虽然实际应用中大众可以分享），而群体协作则有此描述。

（3）群体协作与对等生产、共同对等生产。对等生产和共同对等生产由 Benkler 分别于 2001 年和 2002 年提出[13]。共同对等生产和群体协作的概念完全一样。而对等生产比共同对等生产的概念要窄，前者是后者的一个子集[14]。对等生产更加强调协作的方向和产品受到（社会）市场信号的指引，如 Linux 开源软件的发展受到竞争对手（如 Microsoft）的影响，而群体协作和共同对等生产并没有这种限定，不仅包括"受市场信号"指引的情况，而且包括纯粹由于兴趣建立起的一些基本与市场无关的协作产品，如最初的 YouTube 分享目的纯粹是基于个人兴趣。

（4）群体协作与团队协作、虚拟协作、分布式协作和虚拟团队。团队协作、虚拟协作和虚拟团队的概念较为庞大。团队协作是最顶层的概念，虚拟协作和分布式协作是其子集，而群体协作是虚拟协作和分布式协作的子集。传统的团队协作指的是面对面协作方式，而信息技术的发展衍生出了虚拟协作和分布式协作，并逐渐得到了广泛的应用和研究。传统虚拟协作和分布式协作在团队规模、结构、参与动机等方面和群体协作存在较大差别，通常是限定在企业环境下，以商业利益为驱动，团队规模小且稳定。分布式协作和虚拟协作的侧重点不同，前者强调人员在空间上的分散性，后者强调人员的沟通媒介是虚拟媒介，但是目前在文献使用中，二者并没有实质的不同。此外，虚拟团队指的是进行虚拟协作的组织，并非协作过程，因此，群体协作团队是虚拟团队的子集，而不是指群体协作。

（5）群体协作与群体参与。群体参与这个概念的使用范围较广，如社会学、政治学、管理学等。互联网环境下的群体参与和群体协作概念非常相近，但有文献指出，群体参与强调的是"参与"这个单向过程，而群体协作则是双向过程[15]。更具区分性地说，群体参与中的交流模式并非都是多对多模式。以公众投票为例，由于不存在选民之间的交互协商过程，选民也不以候选人为中介进行交流，因此公众投票是群体参与，而不能判定为群体协作。

（6）群体协作与集体行动。集体行动的概念很早之前就已被提出，并且相关文献广泛分布于社会学、政治学、管理学等领域。集体行动可以视为群体协作的上位概念[15]，类似于团队协作。大量的集体行动研究主要是基于公共物品（public goods）理论，并且注重参与者的同质性[16]。而群体协作相关研究更注重多样化的知识背景所能带来的创新性。

（7）群体协作与用户生成内容、大众智慧、社会化媒体和集体智慧。用户生成内容[17]、大众智慧、社会化媒体近乎代表了 Web2.0 时代互联网的应用特性。群体协作的诞生虽然早于 Web2.0，但是其发展受到了 Web2.0 的推动。可以认为这三个概念是群体协作背后的精髓。用户生成内容体现着群体协作中团队作品的创作模式，群体协作借由吸收大众智慧而能够在团队作品中产生创新性的元素，社会化媒体是目前群体协作主要的操作平台。而集体智慧和群体协作非常相似，只是强调大量个体对于决策的显著作用，以及在协作过程中产生的规则[18]，目前多被人工智能领域所使用。

2.3　互联网群体协作的理论探索

2.3.1　互联网群体协作的理论适用性

互联网群体协作的概念涉及人、组织、社会环境和技术等多个方面，且群体协作的研究可以从不同的研究单元和研究视角切入。例如，从人的角度，群体协作活动强烈依赖于人的认知和心理因素，因此社会心理学和认知科学的一些理论可以辅助相关研究。从组织的角度，组织结构的设计、组织管理的变革、组织流程的创新及组织规模的控制都和互联网群体协作有交织复杂的关系，因此组织行为学的一些理论可以辅助相关研究。从社会环境的角度，群体协作受到社会规范、社会网络结构、社会阶层分级等因素的影响，因此社会学和经济学的一些理论可以辅助相关研究。从技术的角度，群体协作强烈依赖于新兴 IT 技术、网络技术、通信技术等，技术层面的硬件及软件支持都极大地推动了互联网群体协作的发展。随着研究的深入，群体协作越来越多地从各个不同的学科和领域借鉴相关的理论开展研究工作。其中一些理论主要用于对相关现象和关系进行分析和描述，如社会学习理论（social learning theory）主要用于探讨个人的认知、行为与环境因素三者及其交互作用对人类行为的影响[19]，能够帮助研究者探索群体协作中参与方的动机和行为模式。一些理论主要基于各种方式方法来解释论证相关现象如何发生、为什么发生及什么时候发生，如社会资本理论和文化资本理论。另一些理论则重点给出了形成某一现象结果的明确的方式方法，从设计的角度帮助群体协作更好地开展和进行，如使用与满足理论（uses and gratifications theory）[20]。

群体协作虽然属于虚拟协作的一种，但是其具有区别于传统面对面协作和虚拟协作的新特征，使得现有研究理论、模型和成果的适用性受到了考验。Schiller 和 Mandviwalla 对虚拟团队研究中所涉及的理论进行了系统性的梳理[21]，现就其中部分理论在互联网群体协作环境下的适用性进行探讨。

（1）社会认同理论（social identity theory）。社会认同理论认为，人们会根据目标团队的身份或者属性来衡量自己是否为该团队的成员[21]。在虚拟协作中，由于个人（环境）信息线索受限于虚拟媒介，因此个体的社会认同感是在有限的信息线索基础上进行的。在群体协作中，团队的边界进一步模糊，个体之间的交流更少，并且是以内容为媒介，几乎没有直接的在线交流。因此，个体的这种自我分类产生的影响需要在群体协作环境下重新衡量。

（2）角色理论（role theory）。角色理论认为个体的行为取决于其扮演的角色，因而可以用来预测个体（领导和普通成员）的未来行为[21]。该理论被广泛用于研究团队中的领导力。在群体协作中，一般不存在明确的成员等级体系（有管理员等角色），也不存在成员筛选机制（如是否具有团队合作经验，是否具有良好的沟通能力和专业素质等），每个成员无论其知识背景、参与动机如何，均被系统视为同质用户，而在协作过程中个体很难掌控整个团队协作的演化，团队领袖一般是涌现出的，而且大多为社区的精神领袖，并不能对成员起到实质性的约束作用。因此，在现实组织或传统虚拟协作中得到的研究成果可能在群体协作环境下适用范围有限。

（3）冲突管理理论（conflict management theory）。冲突是任何协作过程中不可避免的现象。冲突理论将冲突划分为关系型、过程型和任务型，而冲突管理方式也分为回避型、迁就型、竞争型、协作型和妥协型[21]。群体协作中用户之间一般互不相识，并且协作的流程由系统预定义而不能更改，因此群体协作中冲突的原因一般为任务型冲突，即针对任务存在不同观点。但是，由于存在社区精神领袖，因此每个参与者面对冲突时的处理模式也会不一样，有的可能选择竞争，有的则可能选择妥协。此外，由于平台类型的不同，冲突的表现模式也有所不同。例如，在 Wikipedia 中的冲突表现一般为使用"回滚"操作撤销特定用户的贡献，而 YouTube 中的冲突表现则可能为不同用户上传了不同画质下相同内容的视频（由此导致点击率的不同）。因此需要深入探讨群体协作中冲突及冲突管理模式对于团队产出的影响，同时，目前尚未设计出适合于群体协作的冲突管理模式（工具、规则等）。

（4）网络和组织形式理论（network and organization form theory）。该理论从结构角度强调组织的层次结构和成员集中对于团队绩效的影响[21]。例如，具有许多结构洞（structural holes）的组织可能获得更多样化的知识，但同时也会因为成员过于分散而影响了交流效率。再如，水平式组织可能比层次性组织更有效率，因为成员不需要频繁等待上下级对于请求的回应。群体协作团队一般为水平式组织，成员数量经常过于庞大，并且成员流动性高，因此，这种过于分散的组织结构是否对于企业知识管理具有启示意义（或者群体协作是否仅适合于互联网环境），需要进一步研究。

（5）自我效能理论（self-efficacy theory）。自我效能理论描述的是个体对于其对自身是否具有某种技能去完成某项工作行为的自信程度。该理论可以用来评估团队成员对某个任务需要付出的努力程度[21]。与虚拟协作类似，群体协作的虚拟环境会提升个体对自我效能判断的难度。但是，在群体协作中每个成员均依靠自身的知识背景对团队做出贡献，由于不存在任务划分（任务退出门槛低），当某个任务超过自身能力时（或者完成该任务的成本超过了其收益时），该成员可以放弃该任务而等待其他能够解决该问题的成员来处理。这与传统面对面协作和虚拟协作存在很大不同。因此，需要进一步评估群体协作中自我效能对于个人、团队绩效的影响。

虽然群体协作的出现使得诸多经典理论需要进一步研究，但也使得部分现存理论可能具有更显著的解释能力。例如，公共物品理论（theory of public goods），认为规模大的团队比规模小的团队在构建公共性作品时更有效率[22]；再如，媒介富足理论（media richness theory）认为团队交流媒介所传递的信息丰富性显著影响团队绩效[21]，群体协作平台受到社会化软件的影响，具有更多的社会化元素（如好友圈等），能够传递更多的信息（如人际信息），因此可能对于建立团队信任、团队支持等方面起到推动作用。综上所述，群体协作这种新的协作模式具有广阔的研究价值，对商业实践也具有启发作用。

2.3.2 互联网群体协作的理论模式概述

互联网群体协作的理论模式强烈依赖于协作的目的、对象、手段和工具。因此,不同学科的方法论在构建互联网群体协作模式的过程中都有可能发挥各自的作用。从资源整合的角度，互联网群体协作模式更多选择认知层面进行切入研究；从资源开发和利用的角度，互联网群体协作模式更多选择行为层面进行实证分析。为了研究群体协作模式对协作技术发展的基础性作用是否与设计复杂系统时所用的模型类似，Poltrock 和 Handel 通过研究建立协作模式的八个方法及这些方法如何被用来提升一个大型航天工程项目中所需的支持性技术，来探索上述议题[23]。一些基于事实例证的认知型建模方法清晰地展示了群体协作的实现过程，以及将具体技术运用到群体协作中的主要途径，这些方法可以记录、分析、模拟并自动实现合作过程。另外一些涉及行动的行为型建模方法描述了实际的协作行为及实际的技术应用过程，揭示了群体协作过程的可变性及现实结果与预期过程的偏离。通过记录协作事件的具体细节以便于日后的分析研究，群体协作技术随着上述两类建模方法的发展而不断得到改进[23]。本书认为，建立良好的群体协作理论模式有助于进行任务需求分析，激发新的协作潜能，并使得技术在协作过程中发挥最大化效益。表 2.10 总结了构建互联网群体协作理论模式的八个主要方法。

表 2.10　构建互联网群体协作理论模式的八个主要方法

方法名称	类型	数据	目标
统一建模语言活动图 （UML activity diagram）	认知型	任务，角色，信息流	建立业务流程文档
工作流模型	认知型	任务，角色，信息流，数据源，可能的例外情况	控制用于实现任务责任流程的工作流管理系统
协调理论	认知型	任务，相互依赖关系	识别与选择可选的过程，以管理相互依赖关系，处理例外情况
GOMS 模型	认知型	目标，操作，方法，选择规则	实现人机交互
扎根理论	行为型	观察，访谈	通过编码、注释、分类排序及写入操作对合作过程及其环境进行叙事性理解
时序模型	行为型	任务，执行时间	协作节奏及模式
社会网络	行为型	任务，用户/角色	用户间的交互行为；识别关键用户及合作流程
语言行动观点	行为型	被观察记录的交流行为	通过目标意识及对话的结构来支持交流行为

注：GOMS 模型中 G 代表 goals（目标）、O 代表 operation（操作）、M 代表 methods（方法）、S 代表 selection rules（选择规则）。

认知型建模方法以记录、分析、模拟并自动化实现群体协作过程，展现了预期应达到的合作效果。实际上，在协作过程中，参与协作的使用者可以建立统一建模语言活动图，并推动工作流模型的发展。尽管如此，实际的协作行为在实现过程中还是与这些认知型建模方法有所偏离。为了深入了解认知型建模方法与实际合作过程之间存在的偏差，众学者创建了行为型建模方法，以期更好地展示实际协作过程中参与者的行为。在通常情况下，行为型建模需要长时间的观察、访谈、分析，因而构建行为型模型的过程是非常耗时耗力的。虽然有些行为型模型可以通过支持合作工作的系统自动地收集数据来构建，然而由于协作过程的很多细节都是在系统外部实现的，因此这种方法不能全面地展现协作过程。

目前大多数研究仅从单一的理论角度分析合作过程，因此亟须从多理论、全方位的角度探索互联网群体协作中关于协作的理论模式的知识。统一建模语言活动图、工作流模型、协调理论、GOMS 模型、扎根理论、时序模型、社会网络、语言行动观点这八种建模方法不仅展示了协作过程在不同理论角度的多样形式，也极大地促进了合作技术的提升，以及这些技术在协作过程中的具体应用。本书认为，建立合理的群体协作理论模式主要有如下作用。

（1）有助于进行需求分析。群体协作过程的需求通常是由建立其认知型模型及预期可以完成的工作所定义的。对于一个组织来说，尤其是网络虚拟组织，尽管熟知该行业领域的专家可以定义并修改这种需求，但是依然无法透过群体协作的全过程来感知需求。同时，在大多数情况下，实际的协作过程都无法与专家预期的实现过程完全拟合。通过采用多种方式定义互联网群体协作模式，提升人们在需求分析阶段对合作系统的理解和认知，从而进行更全面透彻的需求分析。

（2）激发新的协作潜能。工作流模型就是催生新的协作能力的一种方法。工作流模型通常被应用于各类软件中，通过软件的应用及依照该模型的建模思路，可以支持帮助参与者们进行更为有效的协作。利用社会网络模型，一个协作过程可以基于参与者之间的亲密程度及联系自动地建立起来，而无须采用传统的由团队领导亲自安排团队成员的做法。建立新型协作模式可以使群体协作不再拘泥于传统的方式与过程，而是运用新的思路和技术，使协作迸发新的活力。

（3）推动技术在协作过程中发挥最大化效益。不同的建模方法及群体协作模式可以带来不同的效益。协作技术可以为其所支持的合作过程提供大量丰富的信息，并推动一系列行为型建模及分析的进行。基于适当的协作模式，协作技术可以有效地用于识别预测协作过程中可能遇到的问题，并发现可以改善协作过程的机遇。例如，在社会网络模型的基础上，交流技术可以识别出一个社交过程中的"关键人物结点"，合作系统即可为这些关键结点提供额外的支持与帮助，以完善整个合作过程。

统一建模语言活动图、工作流模型、协调理论、GOMS 模型、扎根理论、时序模型、社会网络、语言行动观点这八种建模方法从不同的角度丰富了互联网群体协作的理论知识，单独的某一方法不可能详尽地展现一个协作系统中所发生行为的复杂性和多样性，只有将多种建模方法及合作技术法综合运用于合作系统的设计、开发过程中，才能尽可能地实现合作系统效益最大化。认知型模型在描述合作系统预期运行过程及结果的过程中发挥着关键作用，而行为型模型则实事求是地揭示了合作过程中发生的实际行为。

目前，关于物理系统行为的理论在完整度和精确度上远远超过关于人为系统行为的理论，现有的建立群体协作模式的方法也存在许多有待改进之处。为了提升这些协作模式的性能，还需要使用概率论模型来描述可能存在于协作实践中的可变事件。一个更为完整全面的协作模式能够展现合作过程在不同条件下的多种可能性，通过对 GOMS 模型进行拓展，引入更多可选的途径及根据概率选择的规则，可以更好地在人为的协作系统（如社会化媒体）行为中研究群体协作的可变性。另外，也可以引入行为的时间模式（temporal patterns）和社会网络理论中的交流模式（communication patterns）来完善互联网群体协作的体系。

★2.3.3 活动理论概述及在群体协作中的应用

开放式群体协作过程体现的用户多样性、内容更新快、系统开放性特点，使得这一群体协作活动变得更为复杂。开放式群体协作的特点主要体现在两点：一是协作内容的开放性，用户可以参与内容生产的全部过程，包括编辑、发布、修改、添加、删除等操作；二是协作社群的开放性，参与协作的虚拟社群成员没有用户身份、数量的限制，也不需要对资格进行审查，甚至匿名用户也可以在一定权限范围内参与协作。

活动理论，也称"文化-历史活动理论"，起源于 20 世纪 20～30 年代的苏联心理学界在马克思主义哲学的基础上重构心理学的工作，代表人物有活动理论的创始人 Vygotsky（1896—1934）及其后继者 Rubinshtein（1889—1960）、Luria（1902—1977）、Leont'ev（1904—1979）等。20 世纪 70 年代后期，西方才开始研究活动理论。其中最著名的是芬兰学者恩格斯托姆（Engeström）在 1983 年提出的活动理论模型[24]。他提出活动是一个系统，包含六个要素与四个子系统，给出了著名的活动理论"三角模型"（图 2.1）。早期活动理论是被引入教育领域的研究，后逐渐在人机交互和信息系统研究领域兴起。其中 Bedny 等提出的系统-结构活动理论[25]受到广泛的支持（图 2.2）。

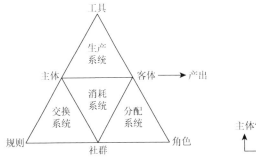

图 2.1　Engeström 活动理论"三角模型"

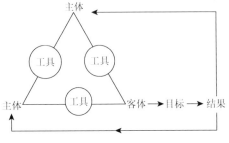

图 2.2　Bedny 等提出的系统-结构活动理论

"活动"是主体为了一个特定的目标而进行的努力。活动理论以"活动"为逻辑起点和中心范畴来研究和解释人的心理的发生发展问题。其基本原理可以概括为以下六点[26]：①意识与活动的统一；②面向客体；③内化与外化；④媒介原理；⑤活动的层次结构；⑥基于文化历史背景的发展性原理。其中，活动的层次结构如图 2.3 所示，活动包含三个层次：活动层、行动层（也称行为层）和操作层。动机是一切活动的出发点，动机决定目标，动机生成活动；活动由具体的行动构成，而行动由一系列更具体微观的操作序列构成。

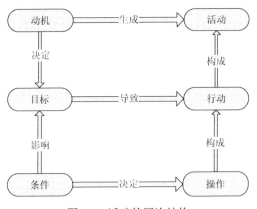

图 2.3　活动的层次结构

Wilson 认为活动理论的关键要素，如动机、目标、工具、客体、产出、规则、社群和劳动分工等，都可直接应用于指导信息行为研究[27]。Lazinger 等对信息行为的定义为"信息行为是在动机支配下，用户为了达到某一特定的目标的行动过程"[28]，包含了动机、目标、行动三个活动理论的要素。Cole 和 Nast-Cole 曾建议从八个方面去理解小组的同地群体协作行为，包括目的、交流、内容和过程、任务和维持活动、角色、规范、领导力、阶段[29]。除了领导力，其余 Cole 和 Nast-Cole 建议的每个方面也都在该研究框架内。Jonassen 和 Rohrer-Murphy 提出六步过程法，旨在将活动理论应用于建构主义协同学习环境的设计[30]。孙晓宁等[31]借助活动理论，解析了社会化搜索这一群体协作行为的要素、系统与层级结构，以及认知和任务执行过程。此外，关于用户生成内容的研究框架也常常以活动理论为背景进行开发[32]。本书将采用 Engeström 的活动理论模型和研究框架，以及 Jonassen 和 Rohrer-Murphy 建议的分析方法和步骤，构建互联网群体协作活动系统模型，并对协作内容生产活动流程展开动态研究。

2.3.4　CSCW 理论概述及在群体协作中的应用

CSCW 理论，最早由美国计算机科学家 Irene Greif 和 Paul Cashman 于 1984 年提出，用来说明科技对人们工作的支持作用。1987 年，Charles Findley 博士指出协同学习工作（collaborative learning-work）的概念。1989 年，Bannon 和 Schmidt 给出了 CSCW 的定义：关于理解计算机技术支持下的协同工作的特征和性质的研究。根据 Wilson 于 1991 年提出的定义，不同于基于真实计算机的应用系统的群件概念，CSCW 既包含对在计算机网络技术环境下人们工作方式的认知，又包含如何发展计算机网络技术以支持相关任务的多人合作[33]。

CSCW 是一个跨学科的研究领域，综合了计算机科学、组织理论、社会心理学、社会学、人类学等多种学科，以理解计算机技术支持下的群体协作特征为重点，探究人们在群体和组织中进行合作方式和技术在此过程中的影响。近年来 CSCW 研究者提出以下协调工作的若干核心维度。

（1）认知。CSCW 系统必须为人们提供能够全面了解工作进度和个人贡献的方法，而非通过询问、请求、命令等可能影响到他人的方式[34]。

（2）衔接。协作者必须一方面将整体工作划分为各个子任务，并在工作完成后将它们重新整合为一体，另一方面根据多样化的工作类型和相互关联的任务将合作成员也进行整合[35]。

（3）可修整性。类似于"定制化服务"概念，协作者需根据不同的情境，合理调整、改进技术产品的使用，使之尽量契合实际需求[36]。

为支持衔接工作，CSCW 研究者探究了六个主要领域的设计特征[37]：通信、结构、协调、信息获取、互动和可用性。表 2.11 展示了这些领域一些关键特征。

表 2.11　CSCW 六大设计领域及关键特征

设计领域	关键特征
通信	异步的，音频的，数据的，私人的，可共享的，结构化的，同步的，文本的，非结构化的，视频的
结构	适应性，构成，演变，拓展性
协调	获取控制，并发性，一致性，授权，时序安排，版本控制
信息获取	分布，过滤，检索，结构
互动	注意力管理，意识，内容管理，关系建立和维系
可用性	跨界（网络空间，物理空间，逻辑空间），跨设备互动，跨模式互动

在通信方面，成功的谈判离不开有效的通信系统。无论是实时通信还是异步通信，同地办公或异地办公，成员间拥有良好的沟通都十分重要。这里的通信包括音频通道，也包括视频通道和数据文件的共享，或以上几者的结合。当音频或视频服务无法提供时，聊天应用、聊天室等文字交流工具也可达到合作效果。随着聊天应用的升级，这些应用也能提供文档、数据、图像等材料的交流。

在结构方面，无论面临大型合作团体还是小团体，CSCW 系统的建立和构造都是困难的。系统的涉及范围广泛，包括系统层次、应用软件和分散式拓扑结构中的结点，且这些内容遍布网络内部和网络终端。对 CSCW 技术的成功应用必须以结构的便捷性为前提。近年来，众多研究者对这一议题进行了探索，如数据传输与延迟的自动调整、适于合作者需求变化的系统成分的变革、基于一系列支持结构的 CSCW 系统构成等。

在协调方面，大部分 CSCW 中的通信用于将各独立团体的协作协调起来，因此 CSCW 研究者研究出多种机制以便活动的协调运行。团体协作通常需考虑人员、流程、资源等的安排方面。

在信息获取方面，所有的协作都需要两方面的信息：与主题相关的和与协作支持相关的。与主题相关的信息包括包含主题内容的数据、图像、视频、电子数据表、网页等，与协作支持相关的信息包括或涉及计划、安排、程序制定的讨论的信息，这些信息的来源可以是视频、音频、文字、图片等。CSCW 要求对这两种信息都提供构建、检索、分配、过滤和索引支持。

在互动方面，在 CSCW 系统中，成员间的互动十分重要，这些互动包括保持对协作者工作进展的了解、建立和保持与合作者的联络，以及当一个成员同时属于合作团体的多个不同部分时，控制其关注点与工作环境，这是 CSCW 系统中最为复杂的部分。互动研究的一个重点在于分布在不同地点的团队成员需保持对其他合作者的联系和对他们工作进程的了解，以支持点对点（Ad hoc）的讨论和协调工作。除此之外，互动研究面临的一个挑战在于如何有效发展支持合作者工作的技术，尤其当同一人同时为分布在不同地点的合作部门的成员时。同时，如何选择恰当的合作者并在没有物理接触的情况下与其保持有效的联系，也是 CSCW 研究者关注的话题，当企业的互动越来越多转向数字领域时，该议题的重要性也逐渐凸显，它可以帮助企业减少面对面交流的开销和不便。另外，如何选择合适的专家或特定的知识结构来解决特定的问题，也是互动研究的考虑范畴。

在可用性方面，可用性是人机交互领域的研究课题，但在 CSCW 研究中，也特别关注了共享计控设备的人群的互动情况。远距离的合作者共享观点的需求，引发了如何保证处于不同地点的合作者能看到相同资源和任务进度的问题。关于此问题的最早研究开始于施乐帕克研究中心，探究如何运用计算机技术为面对面会议提供更好的支持的问题，并研发出利用大型显示屏支持人员互动和提供对其他信息资源的获取的 LiveBoard。目前，类似的设备已被运用于世界各地的会议室中，但普及不够广泛。

协调工作的要素包括确立目标、计划具体活动、选择角色、将人物分配给角色、管理相互依存关系。将以上因素纳入考虑，在协调工作开始前，必须明确群组的目标和受众，将工作落实到每个群体成员，以及如何管理工作每个部分的交流与整合。

CSCW 系统的复杂性使其成功成为偶然事件，同时也说明在某种情境下获得成功的 CSCW 运作模式不一定适用于类似的情境。CSCW 的运作模式分为高度结构化（high structure）和低度结构化（low structure）两种[38]，在高度结构化模式中，完成工作的方式和群组互动的过程都被严格规定，而在轻度结构化模式中，两者的完成方式都比较灵活，有较多的选择余地，可以适用于更多的任务。因此轻度结构化模式更适于 CSCW 系统。Mark Ackerman 将 CSCW 研究的主要任务归纳为"探索、理解和填补"这种社会技术的空白，其最大挑战在于如何发现并正确应用最佳 CSCW 运作模式，统筹技术使用和人员技能以完成工作。有学者研究了 CSCW 系统群体协作的共享意愿，认为在这一模式下认知和心理因素对信息共享和输出也有一定影响[39]。

最常用的定义 CSCW 系统运作方式的方法是考虑它的使用情况，其中运用最为广泛的是 Johansen[40]和 Baecker 等[41]分别于 1988 年和 1995 年提出的 CSCW 时间/空间矩阵（表 2.12），该矩阵考虑到协作的两大维度：①地点维度：同地协作/分布式协作；②时间维度：同步协作/异步协作。

表 2.12　CSCW 时间/空间矩阵

	相同时间	不同时间
相同地点	面对面互动 室件，电子会议系统，单显示组件	流水线式工作 团队间，大型显示器，报事贴
不同地点	远程互动 电子会议系统，视频会议，实时群件，信息，电话	交流与协作 电子会议系统，博客，工作流，版本控制

在该矩阵中已列出四种协作模式及其使用的代表性技术。

1）相同时间/相同地点——面对面互动

（1）室件（roomware）。

室件将信息技术和通信技术集成到房间内的设施。

（2）电子会议系统（electronic meeting systems）。

电子会议系统的概念由 Alan R. Dennis 在 1988 年提出，用于团队内部或组织间的问题解决或决策制定，与团队支持系统（GSS）和团队决策支持系统（GDSS）保持同步。与网络会议相似，在使用电子会议系统时，主持人首先通过邮件邀请参与者进入会议室，参与者登录会话后，通过打字回复主持人的问题和提示的方式参与会议[42, 43]。

（3）单显示组件（single display groupware）。

单显示组件是一组供处于同一地点的合作者使用的计算机程序，通过具有单共享显示器和多端输入设备同步使用功能的共享计算机来实现。单显示组件构建了新的协作模式，为每个参与者提供了平等的输入渠道，允许更多人同步工作，减少了参与者使用同一应用程序时的冲突，也保证了团队成员的参与度和责任感[44]。在此模式中，人们可以展示他们的合作产品，在该过程中随时解释理念、解答问题，由此在知识和理解方面都达成协同一致。相比以计算机为媒介的沟通方式，面对面互动更易获得令人满意的合作结果[38]。

2）相同时间/不同地点——远程互动

（1）电子会议系统（electronic meeting systems）。

（2）视频会议（video conferencing）。

视频会议是一种远程通信产品，用于多地点的双向视频和音频传输，与视频通话不同之处在于，视频会议服务于多人会议而非个人交流。该技术于 20 世纪 30 年代末期出现于德国，到 90 年代末期，由于其相对低廉的建造价格和高容量的带宽，该技术与计算处理器和视频压缩技术结合起来，广泛用于商业、教育、医学和媒体领域[45]。

（3）实时群件（real-time groupware）。

以计算机网络技术为基础，以交流、协调、合作及信息共享为目标，支持群体工作需要的应用软件即为实时群件。

（4）信息（即时通信、电子邮件、聊天工具）[messaging（instant messaging，email，chat）]。

此处的信息强调的是实时通信信息，目的在于促进群体的交流合作及资源分享，充分提高群体的工作效率和质量。

（5）电话（telephoning）。

电话是进行相同时间/不同地点下的远程互动的必要工具。

3）不同时间/相同地点——流水线式工作

（1）团队间（team rooms）。

团队、组织进行集体会议的空间。

（2）大型显示器（large displays）。

使用者把留言或办事项用显示器显示，可用作团队备忘录，使工作的交接十分方便。

（3）报事贴（post-it）。

报事贴为美国 3M 公司的著名品牌，它改变了人际沟通方式，使工作生活更为轻松有趣。使用者把留言或办事项贴于显眼处，既可作为个人备忘录，又可用于传递口讯或留言，使工作的交接十分方便。

4）不同时间/不同地点——交流与协作

（1）电子会议系统（electronic meeting systems）。

（2）博客（Blog）。

博客兴起于 20 世纪 90 年代末期，为无专业技能［尤其是超文本标记语言（HTML）、文件传输协议（FTP）等网络内容发布技术］的使用者提供服务的网络发表工具。使用图形用户界面（graphical user interface，GUI），访问者可对博客内容进行评论或使用信息互相交流，这也是博客技术与静态网页的不同之处[46]。在此意义上，博客也是社会网络服务的一种形式，不仅为用户提供了发表日志的场所，还为使用者之间及使用者和读者间建立起社会关系[47]。

（3）工作流（workflow）。

工作流由协调和可重复的各类企业活动组成，这些活动由系统性的组织资源做支撑，用于传输资料、提供服务和处理信息[48]。从抽象层面来说，工作流可被视为现实中工作的一种观点或表述，被描述的流可意指从一个步骤传递到下一个的文件、服务或产品。工作流与信息技术、团队、工程和层级结构一样，都是组织结构中的重要组成元素。

（4）版本控制（version control）。

版本控制又叫修正控制或来源控制，是对文件、计算机程序、大型网站的变更或信息搜集的管理。进入计算机时代后，版本控制变得更为重要和复杂，性能最强也最为复杂的版本控制系统（version control systems，VCS）可用于软件开发领域，整个团队都有可能利用它来负责同一文件/软件的开发。VCS 提供了恢复到早期版本的功能，以便追踪对文件的编辑、修正错误、对抗恶意破坏和垃圾邮件。版本控制工具对于进行多人合作工程的组织十分重要。

除此以外，CSCW 设计领域其他关键维度见表 2.13。

表 2.13 CSCW 设计领域其他关键维度[37]

维度	描述
团队大小	小型团队/多受众
互动方式	指定工作流/自组织
环境	单人/无限制合作
结构	完全同构/完全异构
合作者移动性	在固定地点/可移动
隐私	管理者分配/参与者控制
参与者选择	管理者分配/自由
展开性	无法展开/参与者定义功能

在团队大小维度上，需考虑 CSCW 系统支持的团队是小型团队、部门、企业或是广泛的受众；在互动方式维度上，考虑团队所需的是有所计划的互动方式还是即兴互动，抑或两者均需要；在环境维度上，考虑团队成员倾向于加入多个合作团队还是一个或极少数；在结构维度上，考虑团队是否允许用于开展合作的同构的计算平台配置；在合作者移动性维度上，考虑合作者的工作地点局限于某些固定区域还是在各区域间移动；在隐私维度上，考虑合作者能获得的信息数量和信息发布的控制权归属；在参与者选择维度上，考虑参与者由团队已有成员分配还是可由外部管理者分配，以及由参与者自主选择和参与者募集更多参与者两种情况；在展开性维度上，考虑 CSCW 系统完全定义了合作者所需的功能还是合作者可根据多变的需求拓展其功能。

CSCW 在群体协作过程中发挥了极其重要的作用。其优点主要包括：①在 CSCW 系统中可以便捷地进行人员调动。在非同步的合作团队中，可以将空闲人员暂时调至其他有需求的场合，或将有特殊专业才能的人员吸纳为团队成员而不用考虑地理位置的束缚。②CSCW 有利于节省团队开支，分散的工作地点与时间使得出行、办公场地、停车、设备电费等开销大大削减。③多样化交流工具的使用可以提升群体参与度和贡献度，同时也有利于记录下交流合作的内容，为长期协作提供方便。

当然，作为一个新领域，CSCW 必定面临众多挑战，这些挑战体现在：①领导力。在组队的初期，CSCW 团队比传统合作团队需要更多的方向指引，来大幅提升成员间的凝聚力。②创造力。CSCW 环境下，技术的发展通常无法匹配人们创造力表达的需求。因此研究者需致力于研发新技术以支持成员富有创造力的工作、增加创造性团队产出。③技术应用。只有当团队在工作中合理使用适当的技术组合时，才能达到高效的合作，促进协作的成功。这些技术包括交流工具（如电子邮件、视频会议、聊天室、论坛等）、协作工具（如日程表、大型虚拟显示屏等）、信息库（information repositories）（如网络、大型计算资源、人工计算等）等方面，计算环境（computational infrastructure）也相当重要[49]。④代际合作。通常团队中的老一辈成员拥有更丰富的专业技能，但其对 CSCW 新技术的接受程度和学习效率远小于年轻成员，这为网络环境下的合作带来了困难。⑤文化背景与共识。为激发团队的创造力，协作团体中通常包括来自不同文化背景的成员，这为团体的高效沟通带来挑战。如"系统"一词，在某些文化中仅指技术，而在另一些文化中指技术及其使用者和组织；合作多方谈判时的语速与停顿也会给交流带来困扰，如美国人倾向于尽快表达自己的观点，而日本人倾向于在他人发言完毕后保持一段时间的沉默。因此，尽快建立起共识是合作者间必须重视的工作[47]。

维基是 CSCW 的一个典型的互联网应用，属于异步的、多地点的多人虚拟协作，提供自身内容和结构的协调修正、拓展和删除。在一个维基系统中，没有明确的领导者，所有内容由参与人员共同创建和维护。同时，维基也没有明确的结构，其结构根据用户需求而定。维基的发明者 Ward Cunningham 将其描述为"最简单的可运作的线上数据库"[50]。维基技术可实现公共或私人的多种服务，包括知识管理、笔记记录、社区网站、企业内网等，Wikipedia 是目前最为流行的维基应用，许多学者研究了维基技术下知识共享行为和影响因素[51]。本书的后续部分将在 CSCW 理论的基础上，围绕着维基百科群体协作中的冲突和网络学习进行实证和实验研究，并对 CSCW 理论在互联网环境下的适用性进行检验和探索。

⭐ 2.3.5　协调理论概述及在群体协作中的应用

为让计算机系统更好地服务于群体协作，需要定义群体的必要工作和人们的协作方式，这样的用户/群体任务分析和建模是管理信息系统和人机交互研究的核心。群体工作分析的关键是理解不同的群体成员承担的任务之间的互相依赖关系和群体协调工作的方式。然而，大部分研究对依赖关系和协作过程的描述都仅拘泥于概述性层面，或仅描述一个过程的当前状态（即静态的描述），而对其改变或提高不作解释[52]，对依赖关系中的细节性区别、依赖关系中的问题或者如何解决协作过程中的问题缺乏特征的描述，导致在特定情境下选择合适的协助步骤十分困难。同样，将依赖关系转变为具有指导性的个人活动说明或利用信息通信技术支持活动流程处理也十分困难（如企业再设计过程中的系统开发）[53]。

1987 年，Malone 提出了组织和市场中的协调模型——协调结构[54]。该模型包括产品层级（product hierarchy）、功能层级（functional hierarchy）、分散式市场（decentralized market）和中心式市场（centralized market）四个部分，这四类结构代表人类活动中最常见的模式（图 2.4）。

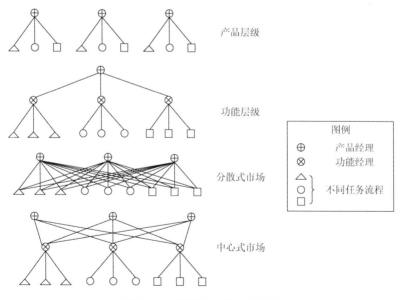

图 2.4　协调理论中的核心结构

（1）产品层级。事实上，该结构还可用其他任务导向型词汇命名，如"地区层级"或"市场层级"，每个部分都有各自的经理和功能不同的部门，如市场、制造、工程等。对于不同任务，每个部分都有一个产品经理和特定的程序处理者（processor），由产品经理决定生产某类产品所需完成的工作，并将其分配给程序处理者。

由于该协调结构没有涉及不同部分间的联系，该结构可用于控股公司或无资源共享的独立企业的建模。

（2）功能层级。在功能层级中，众多程序处理者将在各功能部门中被产品共享，这种共享将会平衡各产品的工作负荷。同类型的程序处理被归于同一功能部门，每一部门均配有功能经理，并由执行办公室（executive office）来决定组织内的所有生产任务，这些任务通常是总括性的，因此执行办公室的角色相当于所有产品的产品经理。分配任务时，执行办公室首先将任务下发给适当的功能经理，再由功能经理将任务分配给其部门内的程序处理者。为更好地完成分配任务，功能经理需记录下部门内的程序处理者的工作量或能力。

（3）分散式市场。在纯分散式市场（即 1967 年 Baligh 和 Richartz 提出的无中介的市场）中，所有的购买者与所有的潜在供应商都可相互联系，并自己决定接受何种交易模式。在此模型中，供应商充当任务处理者角色，购买者充当产品经理角色，每个购买者与潜在供应商均有交流通道并可交换信息，在收到供应商的回复后，购买者可决定最佳供应商（如处理订单最快的供应商）。

（4）中心式市场。在中心式市场中，购买者与供应商间通过经纪人（broker）沟通。此结构的典型案例为股票市场，股票购买者不需与所有股票抛出者取得联系，而只需与经济人取得联系，再由经济人联系潜在的抛售者。在此结构中，经纪人扮演功能经理角色，负责协调所有处理任务的程序。当某个任务处理失败时，可及时进行任务的再分配，当其中一个经纪人出现问题时，不会影响整体运作。

从总体层面上，活动通常是类似的，不同之处在于人们如何在过程中协作。对于协调与协作问题的研究，可以追溯到 1776 年亚当·斯密在《国富论》中对劳动分工的经典陈述，即协调产生于劳动分工，一方面，劳动分工使得生产活动更加专业化，生产效率得以提高；另一方面，随着劳动分工的专业化和生产效率的大幅提高，组织中各部门、各劳动单元之间的冲突也逐渐增多，这使得引入协调机制成为必然，因而协调是劳动分工和专业化发展的必然产物[55]。Malone 和 Crowston 总结了众多研究者的成果[56]，如 Holt 认为，协作与协调是将诸多有目标性的行动组织构成更大型目标性行为整体的过程，多个行动者追求共同的目标，并在资源、技术、信息等方面进行协调与配合的过程，这是一种额外的信息处理过程；Curtis 认为，行为活动需要在其进行过程中维持一种一致性，保持工作流之间的相互依赖性及附属关系，并通过外力使得系统内部独立且分散的各个要素具有系统性、整体性，各要素协同一致，以实现共同的预定目标；Singh 和 Rein 将协调定义为个体行动力量的和谐调整与整合，从而使整体能够完成更高层次的目标。

Malone 和 Crowston 还指出，协调活动的四大组成要素为：目标、活动、行动者（活动者）、相互依赖关系（表 2.14）。

表 2.14　协调的组成要素

组成要素	相关的协调过程
目标	识别、设定目标
活动	将目标落实到活动中 （如目标的逐层分解）
行动者（活动者）	选择行动者、将任务分派给行动者
相互依赖关系	管理相互依赖关系

（1）目标。协调活动具有具体的结果性导向，目标是一切协调产生的根源、前进的动力及发展的方向。在达成目标的过程中，个人与个人之间或部门与部门之间相互协调与配合。协调可以把某种利益的获取作为目标，也可以把更大范围内的竞争力的增强作为目标，同时，协作本身也可以成为协调活动的目标。协调的目标是明确而且单一的，在进行协调与协作之前，所有参与者的义务已经经过协商、详细说明并已得到同意和认可，期望参与者做什么、参与者可能被号召做什么、他们不做什么则可能会受到谴责，这些都预先得到了清楚的说明和限定。

（2）活动。在协调的过程中，人们通常为实现目标而开展一系列活动，活动是一切协调行为实施的平台和场所。大多数情况下，需要基于所要实现的目标将所要协调进行的工作划分为具体的活动步骤，这一过程称为目标的逐层分解（goal decomposition）[57]。

（3）行动者（活动者）。在经典管理理论和组织理论中，与协调过程密切相关的一系列过程如组织、计划、配合、指挥和控制等，都被视为构建一种社会结构并引导个体行动者行为的过程[58]。协调过程涉及参与者的选择、将工作任务分派给各个具体的参与者等内容。行动者是协调活动实施的主体，是指具有自主性且智能的、可以在一定程度上感知且行动的实体，包括一切人类行动者与非人类行动者（如计算机）。协调活动在对参与行动者的选择上往往是经过充分考虑的，选择标准包括该行动者是否具有协作共事的知识和能力、过往诚信记录等。

（4）相互依赖关系。在协调活动中各项活动及各参与行动者之间呈现出基于目标相互依赖的关系（goal-relevant relationships），协调即对活动间的依赖关系进行管理。相互依赖关系是基于两种或多种活动之间的公共对象（common objects）而产生的，活动间不同公共对象的组合模式可以导致不同的依赖关系[53]。McCann和Galbraith在研究相互依赖关系与组织协调机制间关系的过程中，发现对于协调的需求随着活动中相互依赖关系水平的增加而增加[59]；Crowston认为协调本身就是为了管理活动中的各种依赖关系而产生的，因此相互依赖关系是协调活动的重要组成要素[60]。

1994年，Malone和Crowston针对这一问题提出了协调理论（coordination theory，CT），协调理论是一系列关于独立、分散的行动者个体如何相互协作，进行活动的理论。该理论将协调（coordination）一词定义为"对活动间的依赖关系进行管理"的活动。该定义有以下两个要点：第一，没有互相依赖关系就没有协调；第二，延续了组织理论中对互相依赖关系的重视[56]。该定义为区分不同的依赖关系和对应的协调过程提供方向。

表2.15展示了活动间常见依赖关系，并列举了与其对应的常见协调过程。例如，当不同活动间需共享资源时，众多协调过程诸如"先到先服务"、特权排序、市场式投标（投资最多者可获得资源）等方法可供参考；当面对任务/子任务的协调时，可为协作团队中的不同个体选取不同目标并进行任务分配。

表 2.15　常见依赖关系及协调过程

依赖关系	协调过程
共享资源	"先到先服务"，特权排序，预算，管理决策，市场式投标
任务分配	"先到先服务"，特权排序，预算，管理决策，市场式投标
生产商/消费者关系	委托代理模式
先决条件控制	通知，公告，追踪
转移	存货管理
可用性	制定标准，询问用户，参与度设计
可制造性设计	并发性工程
同步性控制	议程安排，同步
任务/子任务	目标选取，任务分配

表 2.15 在提供了分析依赖关系及协调过程方向的同时，也引出如何将依赖关系和协调过程分类的问题。针对这一论题，Malone 和 Crowston 提出了协调机制（coordination mechanisms）概念。协调机制是对组织活动之间的依赖关系进行有效管理的机制。协调机制既可用于解决特定的问题，如用于控制软件修改的编码管理系统，也可用于一般性问题，如管理活动分配的层次机制或市场机制；进而提出了针对组织中资源流动和任务分配的综合性协调机制集合（coordination cookbook），以解决不同情形下遇到的协调问题。目前现有的各种管理工具和方法都有可能成为有效协调组织依赖关系的机制[60]。早在 1991 年，Crowston 初步提出了定义依赖及其相对应的协调机制的方法。为简化这一方法，我们将其 1994 年理论框架中的要素分为任务（tasks）和资源（resources）两个部分，任务包括目标和活动，资源可以是任务当中需要利用的或任务创造出的。逻辑上的相互依赖关系有三种：任务-任务型依赖、任务-资源型依赖和资源-资源型依赖。依赖关系及相关协调机制类别如表 2.16 所示[61]。

表 2.16　依赖关系及相关协调机制类别

依赖关系	协调机制
1 任务-任务	
1.1 多任务具有相同产出	
1.1.1 特征相同	①寻找任务副本
1.1.2 覆盖	②合并任务或择一进行
1.1.3 冲突	

续表

依赖关系	协调机制
1.2 任务共享相同资源 　　1.2.1 可共享资源 　　1.2.2 可重复使用资源 　　1.2.3 不可重复使用资源	①关注冲突 ②安排资源的利用
1.3 一个任务为另一任务先决条件 　　1.3.1 特征相同 　　1.3.2 冲突	①任务排序 ②确保产出结果的可用性 ③管理资源的转移
2 任务-资源 　　2.1 资源为任务所需要	①确认必要资源 ②确认可获得的资源 ③选择特定资源 ④分配资源
3 资源-资源 　　3.1 一种资源取决于另一种	①确定依赖关系 ②管理依赖关系

这些依赖关系中,有一些已经得到了较深入的研究,如任务-任务型依赖关系,又可按照两任务间共享的资源类型(资源为可共享的或可重复使用的)、资源利用情况(资源作为任务的输入还是输出)、对资源的利用是否互相冲突等情况细分。

另外,对每种依赖关系,Crowston 对其相对应的协调机制也给出了简要描述。针对任务-资源型依赖,首先必须确定必要资源和可获得的资源,再选择特定的资源并进行分配。针对任务-任务型依赖,需将任务进行排序,以便第一个任务的输出可被第二个任务使用,并管理任务间资源的流通。

协调理论对合作中的各要素——主体、过程、客体间的依赖关系进行管理[23]。该理论包含依赖关系的三个基本类型——流(flow)、共享(sharing)和拟合(fitting)。流依赖,指一个活动产生的资源将被下一个活动所利用。共享依赖,指多个活动间需共享资源,如人力、机械、数据等。拟合依赖,指多个活动产出的结果必须能够契合。

基于 Klein 和 Petti 于 2006 年提出的流程模型,Poltrock、Handel、Klein 三人合作提出了工程变动管理过程模型,该模型提供了变动管理的可选方案和三种变动管理系统的区别。模型包含三个核心任务——计划变动、批准变动和执行变动。以依赖关系中的流依赖为例,将管理流(manage flow)协调机制引入对其的解释。管理流,包括管理时间、可用性及资源所处的位置,每个子任务都有其特征性的例外情况,且这些例外情况都有一系列过程来处理它们。

协调过程中涉及诸多过程，包括协调、群体决策制定、群体成员交流及不同活动模块之间公共对象的识别（perception of common objects）（表 2.17）。群体决策制定是群体协作及协调的首要步骤，包括目标的制定、参与者的选择及分工等，最终拟定可以为群体成员所接受的决策及方案。在群体决策制定及后续协调的实施过程中，群体成员通过相互交流信息进行工作的协调与配合，交流过程包括信息发送者、接收者、媒介等实体，也可能包括信息转换、路由、选择可被收发双方理解的信息语言模式等具体交流方式。最终，协调的成效如何主要取决于参与行动者对不同活动间公共对象（如一个共享数据库中的信息）的识别和感知能力。

表 2.17   协调过程

过程	组成要素	一般性过程示例
协调	目标，活动，行动者，资源，相互依赖关系	目标的识别与确定，规定活动顺序，将任务分派给行动者，分配资源，活动之间的同步
群体决策制定	目标，行动者，可选途径，决策评估，选择与决策	提出可选途径，评估待选途径，做出决策（通过当权者决定、群体达成一致共识或投票途径）
群体成员交流	信息发送者，信息接收者，信息，语言	建立共同语言，选择信息接收者（路由途径），信息传送
公共对象的识别	行动者，对象	识别相同的自然对象，访问共享数据库

协调理论并不是独立的理论，涉及经济学、计算机科学、心理学、组织理论、管理科学等多个学科，是一个拥有跨学科理论背景的综合理论（图 2.5）。Malone 于 1988 年构建了协调理论的应用模型（图 2.6），认为协调理论可以应用于人类组织活动的设计、开发新技术以帮助人们更好地协调工作，以及并行计算系统与分布式处理计算系统的设计等。

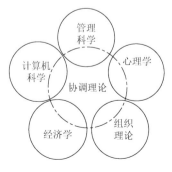

图 2.5   协调理论的学科背景

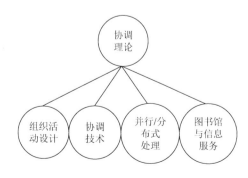

图 2.6   协调理论的应用模型

在协调理论的应用过程中，需要广泛使用到协调技术（coordination technology）。Malone 认为，协调技术是指人们在协调其行动的过程中所用到的一切技术，尤其是计算机技术、信息交流技术及多媒体技术。"协调技术"简洁地囊括了在学术界的其他相关流行词汇，如"计算机支持协同工作""群件""计算机支持的群组（computer-supported groups）"，以及"人际计算（interpersonal computing，IPC）"等。协调技术被用来支持各种协作活动，如通过电子邮件和网络会议进行信息共享、多作者文件协作等。另外，在很多利益至上的竞争或冲突的场合（如市场交易），协调技术也被广泛应用[62]。

随着计算机及网络技术的高速发展，在互联网环境下，群体协作越来越多。有别于传统的协作，虚拟协作的成员流动门槛低、对成员的专业水平不作区分、沟通与合作通常只是以团队作品为中介，因此，冲突事件也更容易发生。这些冲突表现在：①新成员对团队作品的修正；②现有成员因贡献遭到抨击、修改或删除而离开团队；③成员间各执己见，不断修改对方观点；④成员就不同观点通过讨论达成共识。此时，将协调理论引入冲突的管理过程，将冲突事件映射于依赖关系并利用对应的协调机制解决，具有重要意义。例如，在过程型冲突中，成员需围绕任务、资源和责任的分配问题达成共识，此过程则可利用协调理论的相关模型。例如，杨巧云和姚乐野[63]在协调理论的基础上，对应急情报工作流程中的活动过程及其依赖关系进行描述，构建应急情报部门协同工作流程概念模型并提出了应急跨组织协作的集成框架。有关互联网群体协作中的冲突影响及特征将在第 4 章进行详细阐述。

★ 2.3.6 社会行动者理论概述及在群体协作中的应用

社会行动者理论，也称社会角色理论。20 世纪 70 年代之后，社会学研究发生重大变化，科学社会学的美国传统以及默顿纲领逐渐被欧洲社会学纲领所取代，即科学社会学研究领域出现了社会建构转向。20 世纪 70 年代末、80 年代初之际，欧洲出现了一批后来被称为"社会建构论者"的社会学家，代表人物有法国科学哲学家拉图尔（Latour）、伍尔加（Woolgar）、卡隆（Callon）等[64]。社会行动者理论即起源于这批"社会建构论者"所提出的行动者网络理论

（actor-network-theory，ANT）。20 世纪 90 年代后期，以 Roberta Lamb 为代表的一批学者开始在信息社会学、信息交流技术（information and communication technologies，ICTs）的知识背景下集中开展社会行动者理论研究。

许多信息系统与信息交流领域的学者对组织及其他社交场合中的信息交流技术应用进行研究。Fulk 和 DeSanctis 分别从组织层面和个体层面归纳了信息交流技术在组织活动中所扮演的角色，以及社会行动者的互动特性对组织活性（organizational dynamics）的影响。但是由于这些针对信息交流技术的研究将人和信息交流技术作为独立的研究单元分离开来，因此不能充分反映一个组织的活性。为了突破前人研究的局限性，Lamb 开始将人与信息交流技术作为一个整体对象进行研究，从而建立一个社会行动者活力模型。作为一个独立的分析单元，社会行动者可以通过以下几种方式，组成由"人＋信息交流技术"（people＋ICTs）构成的结构。

（1）工作环境下具有专业知识的个体＋该个体的支持人员＋信息交流技术；

（2）组织环境下基于项目、使用信息交流技术的工作组；

（3）特定区域环境下基于社区、使用信息交流技术的群体；

（4）特定组织＋该组织的附属关系及相关事物＋为该组织专门设计的信息交流技术及基础设施。

通过上述几种结构组成模式可以分别从微观和宏观的活性对社会行动者进行研究。Lamb 认为，可以根据制度主义理论和基于主体模型（agent-based model）来拓展和完善社会行动者模型，以便更好地在特定环境下研究社会行动者的活动。

德国社会学家 Max Weber 提出了社会行动理论，认为社会由社会行动者构成，行动者的社会行为分为四种：目的理性的行动、价值理性的行动、情感式行动、传统式或权威主义形式的行动[65]。个体对于这四种行动类型的反映，汇总形成了一个社会行动者错综复杂的行动综合。美国社会学家、结构功能主义代表学者 Parsons 在总结前人的行动理论的基础上提出社会行动的基本单位是单元行动，因而社会行动者理论的关键要素还包括目的、手段、条件、规范等[66]。社会系统是一种社会行动者互动过程的系统，行动者之间的关系结构就是社会系统的一种基本结构。Gazendam 认为，行动者是一个具有自主性的、智能的、可以感知和行动的实体，其中自主性是指独立于外部因素的导向性作用；智能是指具备理解、制定目标、解释和决策的能力。行动者可以包括人类、动物、机器人、计算机及由计算机软件实现的自主、智能的实体，它们是社会信息系统的一部分[58]。Newell和 Simon 在其物理符号系统假说中提到，上述这些个体行动者在功能上与团体行动者有极大的区别，团体行动者通过团体中的个体行动者及其互动来进行工作。企业或组织就是团体行动者的典型[67]。

Lamb 主要通过三条途径进行社会行动者的理论研究：①基于制度主义的研究。制度主义理论学者们认为机构的三要素是管制性、规范性和认知性[68]，制度影响社会行动者行为的方式是通过提供行为所必不可少的认知模板、范畴，从而影响个体的基本偏好和对自我身份的认同。个体与制度之间的相互关系建立在某种"实践理性"的基础之上，个体或组织寻求以一种具有社会适应性的方式来界定并表达他们的身份[69]。Scott 所提出的制度主义的三维模型在研究中被广泛应用。②基于结构主义的研究。结构主义学说主要由社会学家 Giddens 提出，其认为社会结构的形成是一个过程，社会化的过程具有行动和结构的二重特性，没有人们之间的社会交往、社会互动，就不可能形成社会关系和社会结构，同时，社会互动又促进社会结构的变迁[70]。此外，Walsham 在 1993 年构建了结构主义的理论模型。③基于行动者网络理论的研究。该理论研究了人类与非人类行动者之间相互作用形成的异质性网络，认为科学实践与其社会背景是在同一个过程中产生的，并不具有因果关系，它们相互建构、共同演进，并试图对技术的宏观分析和微观分析进行整合，把技术的社会建构向科学、技术与社会关系建构扩展。行动者网络理论把科技创新的实践活动理解为由多种异质因素（行动者）彼此联系、相互建构，并形成网络的动态过程。Lamb 指出，行动者网络理论对社会行动者理论研究的突出贡献在于将社会行动者从人类泛指向了包括人类和非人类行动体的所有行动者，强调了那些模糊社会角色在社会网络中的作用[71]。

上述三种社会学理论中的一些社会学概念可以对社会行动者理论中的相关概念进行补充性解释。制度主义、结构主义、行动者网络理论与社会行动者理论的维度对应关系如表 2.18 所示。

表 2.18　基于社会行动者维度的补充性社会学概念

对应理论及维度	制度主义	结构主义	行动者网络理论	社会行动者理论
行为	象征性互动	互动，自反性	角色，代表	身份，交互行为
变化	同构性，清晰度，制度化	模式，清晰度，常规惯例化	转化，不可反转性	交互行为
结构	载体，核心支柱	结构	行动者网络，黑盒，边界对象	环境
层级	层级	—	边界	联系
信息交流技术	载体	结构的二元性	角色，行动者网络	身份，交互行为，环境
网络	组织领域	—	行动者网络	联系

　　在上述研究基础上，Lamb 总结了社会行动者这一概念，认为社会行动者是一种组织性实体，该实体的交互性行为受到社会技术大环境及其成员、产业等附属联系的驱动，同时也受其约束[72]。社会行动者通常使用计算机类信息产品或其他信息交流手段来进行组织间、人际间的交互性活动，每个社会行动者实体之间的联系是多元化、呈交互网络状的并处在不断变化之中。基于对概念的研究，Lamb 和 Kling 构建了多维视角下的社会行动者理论模型[73]，如表 2.19 所示。

表 2.19　社会行动者理论模型

维度	相关特征与行为
联系（将组织成员与产业、国家或互联网络关联起来的组织性或专业性的关系）	社会行动者之间的关系由组织间的联系网络及个人的人际联系塑造形成； 联系是动态的，联系随着信息流及其他资源的变动而变动； 联系是多层级、多价态、呈多网络状的（如区域—全球、组织—跨组织等）； 随着联系的变化，交互行为在整个组织范围内产生迁移和变动
环境（相对稳定、规范化、制度化的实践活动或组织团体）	组织环境向组织及其成员施加技术和制度上的压力； 环境因组织的不同而呈现出差异； 信息交流技术是组织环境的一部分
交互行为（组织成员与其他成员通过媒介交换信息、分享资源的行为）	组织成员寻求合法途径进行交流与互动； 组织成员通过设计、塑造、发展他们之间的交互行为来影响组织中"流"的变化； 随着人们将可用的信息资源带入交互行为，信息交流技术成为交互行为过程中的重要组成部分； 组织成员具有一定的角色意识、组织归属感，认为自己在某种程度上可以代表该组织
身份（个体或群体作为组织成员时，其被承认的、可以代表"自我"的一种形式）	信息交流技术应用（ICTs application）本身也是社会行动者身份的组成要素； 因信息交流技术而增强的社会网络丰富了身份的内涵； 信息交流技术使社会行动者的身份更加多元化，也使得其所扮演的角色超越了传统的社会角色概念（如基于工作所分配的社会角色）； 社会行动者使用信息交流技术来塑造其身份，并控制和影响其感知洞察能力

Lamb 和 Kling 从联系、环境、交互行为、身份四个维度对社会行动者这一概念进行建模，进而归纳了社会行动者的四大要素：

（1）联系。社会行动者之间的联系是由组织间的联系网络及个人的人际联系塑造形成的，这种联系是多元的、动态的、不断变化着的。互联网活动很大程度上受到组织层级及组织内联系的影响，联系构建起了连接组织和个体的关系网络，在这个网络中，可以将信息交流技术视作一种交互技术，从而使行动者更好地理解和运用在线数据库。

（2）环境。社会行动者处在相对稳定、制度化的实践活动或组织团体之中，其行为活动受到这种环境在技术和组织上的影响和限制。不同组织中的行动者所处的环境呈现较大差异。社会行动者之间形成的联系是基于特定的运作环境形成的，环境为处在其中的组织成员定义了交流等活动的合法标准。

（3）交互行为。在组织环境下，交互行为由信息、资源、传播媒介组成[69]。组织成员通过信息交流技术与其他成员进行交互，通过媒介传播信息，分享资源，这种交互行为是自发形成并逐渐发展的。同时，作为组织成员，社会行动者具有一定的组织归属感，认为自己是某种程度上代表该组织的社会角色。

（4）身份。在使用信息交流技术进行获取、组织、交换信息的同时，社会行动者也在塑造其个体的、在组织中的、对于其客户或者竞争对手而言的身份，这个身份很大程度上由信息交流技术所涉及的细节内容构成。社会行动者是具有自我认同，并归属于集体的实体。信息交流技术使得社会行动者的身份更加多元化，也使得其所扮演的角色超越了传统的社会角色概念（如基于工作所分配的社会角色）。

Lamb 对于社会行动者的理论研究，展示了如何运用社会行动者这一概念来推动人们在复杂的组织环境、系统环境或多维环境下对于信息交流技术的研究与应用，这一理论研究超越了之前其他的组织层级模型，如诺兰阶段模型，或者一些没有充分考虑到组织环境及多样的、集中的、具备专业知识的行动者身份的模型，如 1989 年 Davis 提出的技术接受模型（technology acceptance model，TAM）。

社会行动者是群体协作的关键组成要素，在群体协作中发挥着至关重要的作用。在经典管理理论和组织理论中，与群体协作过程密切相关的一系列过程如组织、计划、配合、指挥和控制等，都被视为构建一种社会结构并引导个体行动者行为的过程。1991 年，Schmidt 指出群体协作的三大动机：协作带来的提升或扩大作用、协作的整合作用、头脑风暴式协作以吸收多样化的成果[74]。1996 年，Gazendam 和 Homburg 在上述动机中加入了协作对冲突的处理作用[75]。由于个体社会行动者的行为受到技术、生理能力的限制，而协作可以突破这些限制，且协作将具有不同专业知识背景的行动者聚集在一起，为行动注入更丰富更新鲜的价值观念，因此群体协作可以将分散独立的社会行动者聚集起来，从而为整个行为过程带来提升，进行整合，并丰富行为成果。

在群体协作中，社会行动者扮演着其特定的社会角色。角色是行动者在协作中的权利及义务的体现，其不依赖于行动者，可以被动态地创建、修改、删除及转换，行动者在系统中通过扮演的角色访问具体的对象、类、群组及与其他角色交互。社会行动者的社会角色作为一种有效的工具，起到了概括归纳用户群体的作用，具体到互联网群体协作中，它又体现了三个方面的价值：一是可以系统地对不同的用户群体进行归纳，为深层次地理解用户的动机、特征和行为模式，也为进一步的用户体验设计提供了丰富的知识；二是为理解群体协作中不同用户之间的协作、冲突等复杂关系提供了一个好的视角，即将这些事件看作各种角色出于自己的立场共同"表演"出的一场"戏剧"；三是可以将互联网协作系统看作各种角色以不同比例组合而成的角色生态系统，各种角色的动态变化决定了互联网群体协作系统的"健康程度"和未来发展的趋势。因此，对互联网群体协作系统的管理在一定程度上就被简化为对其中的各种用户角色的监控和管理。

社会行动者的社会角色并不等同于其社会位置，也不仅指用户行为模式。在同一社会关系网络中，结构位置相同的个体，其扮演的角色也不尽相同[76]。用户行为模式只是社会行动者个体角色的部分外在表现，并不能代表用户角色的全部。社会行动者的角色不是静止和一成不变的，而是存在角色转换的，社会行动者自身出于某种变化的需要，从某种角色向其他角色转换。社会角色转换主要有两种类型：一种是随时间自然增长型的角色转换，另一种是随着社会位置或社会地位而变动的角色转换[77]，这种角色转换受到周围环境的强烈影响。

社会行动者理论对研究互联网群体协作有着极为重要的意义，具体表现为：①社会行动者是包括互联网群体协作在内的一切社会互动的主客体、载体，因此该理论为群体协作的研究提供了基础的理论支撑。②大多数社会行动者同时也是互联网的使用者，社会行动者理论指明了互联网用户的特征、基本行为动机、行为模式，也解释了行动者产生行为变化的关键因素[78]，以及互联网中各种用户现象产生的原因，从而有利于更全面透彻地研究群体协作中的互联网用户[79]。③通过社会行动者理论，一个需要进行协作的群体便可从行动者之间的联系、环境、交互行为、身份这四个角度实现更为有效的管理，从而促进每个行动者及整个群体更好地协作。④社会行动者理论从群体的内部透视行动者、媒介及社会的共生关系，使得群体协作的活动结构更为清晰明了，方便对群体协作进行更深入透彻的研究。

⭐ 2.3.7　开放式群体协作活动的理论分析

1. 分析原则

运用活动理论对开放式群体协作活动进行理论分析，首先要明确以下两个原则。

1）动机与目标

采用活动理论作为分析框架，首先需明确活动系统的目标。互联网用户群体协作内容生产活动的目的和动机是什么？他们所期待的产出是什么？

社群活动的目的是活动系统存在的根本。根据活动理论面向客体的原理，目的指向于活动客体，活动完成后，客体转化为一定的结果[80]。从客体到产出或结果是一个需要经过反复努力的转化过程。我们所研究的这一类群体协作内容生产活动，有着极为相似的目的，即利用互联网用户的群体智慧协作完成一项开放共享的知识工程项目。该信息生产任务最初可能是由个人或某个小组发起的，但是项目开放存取的特征使该信息生产任务逐渐成为一个互联网用户群体通过协作共同努力完成的信息活动目标。例如，维基百科是一个群体协作项目，其产出是一部百科全书。而对于创建某词条内容的协作社群而言，阶段性的目标是达到优秀词条的标准。Aache 开源软件社群的目的是开发出高质量的软件，具体目标由各个开源社群独立确定和完成[81]。我们认为互联网群体协作内容生产社群的总体目标是实现高质量的信息产品和充分实现知识共享。

动机研究是网络社群和用户信息行为研究的重要方面，而影响动机的因素兼有内在（认知）和外在（社会）。也有研究将群体协作与用户协同创作的动因分为个体驱动、技术驱动和社会驱动三个维度[82]。同样是协作内容生产社群，开源软件和开源百科，其参与者的动机有很大不同。

开源软件参与者的动机更多是个人主义或利己主义的外在因素占主导，如声誉、同行认可、自我营销、未来的职业机遇，甚至是经济回报[83]。纯粹依靠利他性不可能维持开源软件。此外，学习也是吸引用户参与开源社群的主要驱动力之一。学习能产生内在满足，是用户参与开源软件创作的内在动机，而探索性和实践性学习是开源软件发起者的主要动机[84]。随着开源软件商业价值的体现，一些以营利为目的的企业也开始参加社区开发，成为社区创新的重要力量[85]。

开源百科参与者的动机则以内在因素为主导[86]，如 Wagner 和 Prasarnphanich 的研究表明，普遍的互惠性、对协作的兴趣、自我实现是维基百科社群成员的主导动机[87]。维基百科社群成员的动机虽然不是真正的利他性，但他们大部分是务实的利他主义者，这种务实表现为一种普遍性的互惠关系，而非直接的互惠。

2）系统与要素

传统活动理论认为活动是一个系统，包含六个要素和四个子系统。以前人的研究为基础，尤其是 Engeström 的活动理论"三角模型"和 Bedny 等提出的系统—结构活动理论，以及 Wilson 关于活动理论指导信息行为研究的建议，本节提出了互联网用户群体协作与内容共享的活动系统模型（图 2.7），并对该模型中的各个要素和子系统进行逐一定义和描述。该活动系统模型中包含六个要素，包括三个核心要素（主体、客体、社群）和三个媒介要素（工具、规则、角色），以及四个子系统（生产、消费、交流、协作）。图中用实心圆点表示核心要素，分别位于三角形三条边的中部；用空心圆点表示媒介要素，分别位于三角形的三个顶点。根据 Wilson 的建议，动机与目标是活动的先决条件。主体由于受到动机的驱使，并在目标导引下，对客体实施一系列行为和操作，并最终将客体转化为产出结果。同时活动系统将产出结果的反馈信息返回给社群中的各个主体。

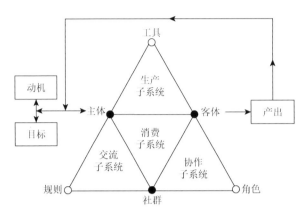

图 2.7 互联网用户群体协作与内容共享的活动系统模型

2. 分析框架

1）核心要素

（1）主体：完成活动目标的实际行动者。主体是一个活动系统中最基本的要素，驱动系统完成其目标。这里特指参与内容生产与共享的单个互联网用户，可以是内容生产者，也可以是内容消费者。

（2）客体：是主体活动的对象，这里指用户群体协作生产的内容。例如，开放百科全书的词条、开源软件的代码等。客体通常是未完成的初始或中间产品，经过社群共同努力，逐渐转化为结果。结果又会有反馈信息给主体和社群，以判断是否满足社群目标，否则继续进行生产和协作活动。

（3）社群：是活动主体构成的集合，也称为共同体。社群是活动的发起方和完成者，这里指参与内容生产与共享的互联网用户群体。在活动系统的三角模型中特指除了活动主体之外社群中其他成员的集合。

2）媒介要素

就一般意义而言，活动是主体与其环境之间的交互[88]。而活动系统的要素之间并不直接进行交互，而是以物理或抽象工具为中间媒介进行交互。媒介的具体形式很多，可以是工具、装置、符号、流程、机器、方法、规则或工作组织形式等。在活动系统中，媒介的主要形式有以下三种。

（1）工具：指生产和协作过程中使用的物质工具或心理工具，这里特指帮助用户进行内容生产的技术性工具，以及心理认知工具、智力工具。例如，开放百科系统采用的 Wiki 技术，使用户参与创作和发布网页内容的工作变得异常快捷和轻松。工具媒介物的存在对于人类实践活动有着非比寻常的作用，活动理论也强调人类活动要通过工具媒介物，它广泛存在于活动系统的核心要素之间。主体与其他社群成员通过交流工具进行交互，主体与客体通过生产工具交互，而社群与客体之间通过协作工具进行交互。

（2）规则：是人造媒介中的一种，指活动系统中的社会性规范、原则、指南、文化等，由参与活动的社群制定或被其认可，并共同遵守。规则可以调节社群成员之间的关系，是社群成员"和睦相处"的基本保障，也是解决争议、冲突的依据。同时，社群规则对产出的影响也很大。例如，维基百科的前身 Nupedia 项目，原本也是致力于创建一部自由获取的在线百科全书。但创始人采用了传统严格的评审规则，对参与者的资质有所要求，并且每个志愿者需要先写好词条，然后提交给 Nupedia 评审，如此冗长的过程导致内容贡献量非常少，运行了 18 个月才有 20 篇文章[89]。

（3）角色：传统活动理论采用"劳动分工"来表示这一要素，分工是社群成员横向的任务分配和纵向的权利与地位的分配。这里我们使用虚拟社群研究中常用的"角色"概念。因为在互联网开放社群中不存在严格的劳动分工和层级结构，用户在一个社群中所扮演的角色是由其自主选择的，社群结构和成员角色分工以自组织为主。尽管如此，其社群结构也并非完全扁平化。成员对社群和活动系统的影响力，依据其所扮演的角色而呈现差异化。有一些研究对各种互联网开放社群的结构进行了剖析，并得出一些有益的结论。例如，Nakakoji 等依据对四个开源项目的研究，发现开源软件社群存在八种类型的角色，但是并非所有开源软件社群都存在这八种类型的角色，且每种角色所占的比例也各不相同[90]。Ye 和 Kishida 描绘了开源软件社群中普遍存在的层级结构和角色分化现象，每个社群均有其独一无二的结构，这种结构性差异表现在社群中每一角色的百分比不同[84]。

3）子系统

（1）生产子系统：在协作内容生产活动系统中也可称为创作子系统，位于图 2.7 的顶部小三角，包含用户主体、客体和工具媒介物三个要素。在传统活动理论中是最基本的子系统，活动的产出和目标主要在这里完成和实现。该子系统包含以下活动要素：主体——内容贡献者，客体——创作内容，媒介要素——工具，以及影响产出的一系列行动和操作。

（2）消费子系统：在内容共享系统中也可称为共享子系统。位于图 2.7 中间的小三角，涉及用户主体、社群和客体三个核心要素，是互联网群体协作模式的基础。有别于传统的物质消费观念，这里针对社群协作生产的内容，是信息共享，而非物质消耗。在产出内容即时共享的前提下，社群成员才能对其他用户贡献的内容做出及时的反馈，才会有进一步的协作内容生产。社群成员共享客体成果，同时也共同维护和发展客体成果。互联网开放社群协作内容生产并实现充分的内容共享，这是 Web 2.0 用户生成内容模式最显著的特征。

（3）交流子系统：位于图 2.7 的左下角，包含主体、社群和规则媒介物三个要素。用户成员与社群之间在社区规则、社会性规范、道德法律等抽象媒介物的调节和约束下，通过相互交流，发表个体思想、见解等，调节社群成员之间的相互关系。开放社群的规则是由整个社群共同创建、维护和发展的，可以通过成员间的协商形成、改进和完善。社群规则促使社群逐渐演化形成自身系统的有序结构。好的规则既可以约束和规范社群成员的行为，又可以促进社群的良性发展。需要注意的是，互联网开放社群成员间的交流不是直接的，而是以计算机为媒介的交流。

（4）协作子系统：位于图 2.7 的右下角，包含社群、客体、角色媒介物三个要素。传统活动理论称之为分配子系统。互联网社群通过成员角色的自我选择和群体协作来共同完成活动系统的目标。然而这种群体协作不是建立在传统劳动分工的基础上，而是依靠社群自组织的协作方式。自组织意味着自我适应、自我选择、自我管理和自我实现[87]。用户要扮演何种角色及任务如何分配，这些都由用户自己做决定。社群成员可以根据自身的兴趣爱好、知识技能和所占有的资源，自我识别出在协同工作环境中自身的工作内容和角色定位[91]。

4）活动阶段的结构

根据 Jonassen 的建议，分析活动结构包括分析活动阶段及其转变，各阶段的具体目标、活动分解等。活动是有层次的，依次可将活动分解为行动，并将行动最终分解为操作。活动是客体导向，由主体的动机驱动；行动是目标导向，由目标驱动；操作依赖于一定的条件[80]。例如，维基百科就是目标导向的层级活动系统，是活动、角色和不同社会文化方面的综合[92]。关于活动、行动和操作之间的区别，在情报学界鲜有研究。根据 Wilson 的建议，信息查寻行为不是活动，而是支持更高级别活动的一系列行动[27]。我们可以推断，互联网群体协作内容生产处于较高级别的活动层，而该协作活动可以进一步分解为具体的信息行为，而从行动到操作则是更微观的信息行为研究内容。我们需要从活动理论的视角重新审视互联网用户群体协作行为，尤其是用户参与协作内容生产与共享活动的动态过程，将活动阶段描绘为一个包含四阶段"三角模型"的示意图，如图 2.8 所示。该过程示意图显示了各阶段起主导作用的要素和子系统，每个阶段的主要功能，以及要素之间的相互联系。动机和目标是活动开始的前提。同时，我们将各活动阶段的结构特点按照具体目标、目标完成者、活动分解、主导子系统、涉及要素和内化/外化若干方面整理成表格，如表 2.20 所示。

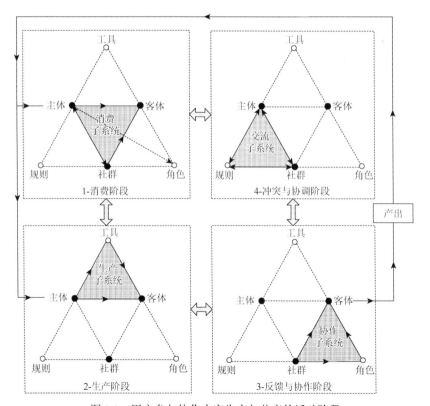

图 2.8　用户参与协作内容生产与共享的活动阶段

表 2.20　活动阶段的结构分析

结构要素	1-消费阶段	2-生产阶段	3-反馈与协作阶段	4-冲突与协调阶段
具体目标	满足信息需求、学习	贡献内容	高质量产出	解决争议、达成一致意见
目标完成者	用户个体	用户个体	社群	社群
活动分解	信息查寻行为、信息利用行为	信息生产行为、信息发布行为	信息生产行为、信息交流行为	信息交流行为
主导子系统	消费子系统	生产子系统	协作子系统	交流子系统
涉及要素	主体、客体、社群、共享媒介	主体、客体、创作工具	主体、社群、客体、协作和反馈工具	主体、社群、规则、交流工具
内化/外化	内化	外化	外化	外化

（1）消费阶段。这一阶段的活动主要发生在消费子系统内，以用户个体信息行为为主，社群将弱化为主体的环境。主体利用心理工具、系统检索工具等媒介，实现对共享内容的消费和学习过程。同时这是一个活动的内化过程，即主体将外部活动转为内部活动，通过与客体的交互来思考问题、解决问题及进行智力操作。

一个刚进入群体协作内容生产与共享活动系统的新用户，首先由系统赋予其一个默认的角色——纯粹的信息消费者，在一些研究中也称之为被动用户。开放群体协作生产的内容对任何互联网用户都是免费开放的，但是这里不把那些潜在的信息用户纳入社群成员中，而只考虑实际使用系统的用户。用户以信息消费者身份进入系统的目的和动机主要来自两方面：一是满足某种信息需求；二是出于学习的需要。新用户刚进入一个系统，需要学习该系统的工具、规则和社群环境、结构和文化。用户学习过程本身就伴随着信息消费。学习不仅是用户参与社群活动、完成社群目标的前提，也是其掌握系统功能、了解社群文化并融入社群的必要认知过程。在信息消费和学习的过程中，用户还可以对其在社群中将要扮演的角色进行自我选择，并且自主决定其将在社群中承担的任务。

（2）生产阶段。这一阶段的活动主要发生在活动系统的顶部小三角内，即生产子系统。这一阶段仍以用户个体信息行为为主，具体可分解为信息生产和信息发布行为。主要利用心理工具、认知工具、系统创作工具等媒介物，实现对客体内容的生产过程。同时这是一个活动的外化过程，即将内部活动转为外部活动，而转化的重要媒介物就是工具。当个体的智力过程以工具形式外化（也叫客体化）时，主体的智力活动对他人而言更有可近性，因而对于社会性交互也更有用。

新用户在经历消费和学习阶段后，自我选择角色定位。可能会继续扮演被动用户的角色，即做纯粹的内容消费者；也可能会被社群文化和目标所吸引，引发内在贡献内容的动机，加之有适合的外部刺激，促使其进入下一个阶段，即生产阶段。用户的信息生产行为可以分解为多种行动序列和进一步的操作序列，如创建、编辑、修改、删除、添加、修复等。其行为方式和行为结果取决于该用户的内在动机，并受到社群目标的导向。外在表现则是用户在社群社会性结构中的角色选择和角色演变。例如，很多协作系统根据用户贡献程度和影响力，普遍具有层级分布的社群用户结构，并且从数量分布来看呈现显著的长尾现象，即核心层用户较少，而被动用户占大多数[83]。同时无论开源软件社群还是开放百科社群都普遍存在少量用户贡献了绝大多数内容的特征[91]。随着用户内容贡献的增长和对社群影响力的扩大，用户的社会性角色也在逐渐进化，由社群结构的外层逐渐向内层演变。

（3）反馈与协作阶段。这一阶段以用户群体协作信息行为为主，具体可分解为多用户的信息生产、信息交流行为。目标是实现高质量的产出，完成者为社群。协作是一个活动的外化过程，包括用户的智力和心理过程以生产工具外化和以反馈工具外化。

一旦用户生成的内容被发布，就进入了群体反馈与协作阶段，此阶段会涉及多个子系统。但主要活动发生在协作子系统，社群通过自组织形式的角色分工，直接对客体内容进行创作活动，共同完成信息生产任务。从活动层面看，是社群共同作用于客体，角色是重要媒介物；从行为层面看，社群对客体的作用最终还是表现为用户个体对内容的创作，因而实际发生在创作子系统，区别只在于活动主体不断发生变化，工具是主要媒介物。消费子系统是社群其他成员能够对用户贡献的内容做出反馈的前提。其他成员的反馈可以表现为成员间的讨论，也可以表现为对客体对象的直接作用。前者需要反馈或交流工具，后者需要协作工具。基于 Wiki 的用户群体协作内容生产系统，会提供给社群便利的协作工具，使得其他成员不用通过原始内容生产者，就可以直接对创作内容进行编辑和修改。

（4）冲突与协调阶段。这一阶段的活动主要发生在交流子系统内，包含主体、社群与规则媒介物三个要素以及交流工具。具体目标是解决争议并达成一致意见，由社群共同完成。活动分解为多用户的信息交流行为。

经过消费阶段或者反馈与协作阶段后，社群内部可能会出现矛盾和冲突，表现在信息生产者和信息消费者、信息生产者和信息生产者之间的矛盾。矛盾和冲突并不全都是激烈的，思想的碰撞、观点的相异也是冲突。此时需要借助社群和交流工具。互联网开放社群应有一套比较完备的冲突协调和解决机制，以便社群最终能达成一致，继续返回反馈与协作阶段或生产阶段，完成对客体对象的生产活动，以实现社群的目标。例如，维基百科采用中立观点（neutrual point of view，NPOV）作为维基社群的基本原则和维基百科的基石，采用讨论页面、历史页面、监视列表、更新描述等方式有效促进社群成员直接或间接的信息交流。交流媒介的存在，尤其是讨论页，对于解决冲突和争端起到了非常重要的作用。社群成员间的讨论和协商对于有效促进协作、平息争议、提高产出质量具有显著的效果。例如，百科词条被编辑次数与其讨论页的长度成正比[93]。而词条编辑次数越多，则词条质量越高[94]。相信大众智慧和促进信息流通的机制正是维基百科成功的关键[95]。

5）用户角色的分化

用户参与各活动阶段的深度和频度不同，会导致用户的角色分化和演变。我们在对图2.8所示的各种活动流程进行仔细分析后，得出如表2.21所示的结果。其中"活动流程"是用户进入群体协作系统一段时间后，其主要参与的活动阶段连缀形成的基本流程。"角色"纵列中括号内的部分表示该用户类型在其他相关研究文献中出现的最为接近的对应类型。Web 2.0环境下的用户分类研究主要是从参与者贡献的角度开展[82]。本部分在此基础上，进一步从用户参与系统活动流程和信息行为的角度，定义以下五类用户角色，并根据流程分析结果整理了各角色类型及其主导信息行为、协作特征。

表 2.21　用户的基本活动流程和角色类型

活动流程	描述	角色
1	主体通常只处在消费阶段，不参与内容生产，也不参与信息交流	被动用户（潜水者、浏览者、学习者）
1—2	主体在内容消费的同时，也参与内容生产。但因其贡献量较少或贡献期较短，未能引起社群关注，反馈较少，也未能持续深入地参与社群协作内容生产。这些用户通常是社群结构中的外围参与者，对高质量产出的贡献较少	外围贡献者（参与者、呼应者、外围开发者）
1—2—3	主体频繁参与内容生产，因贡献量较大或质量较高，引起社群较多反馈，其贡献内容被浏览、评论和再创作的频次高，并能持续性地参与社群对高质量产出的协作内容生产。频繁进入这一流程的用户逐渐演化为社群的核心成员，对完成社群目标的贡献较大	核心贡献者（成员领袖、核心成员、活跃开发者）
1—2—3—4—3	主体频繁参与内容生产和群体协作（同 1—2—3），在协作过程中与其他成员有纷争，当冲突超越协作成为主导时，转入协调阶段。但是用户能够遵守社群规则，经过协调继续返回协作阶段，对产出有较大贡献。频繁经历 3—4—3 流程的用户，对社群多样性有很大贡献	
1—2—3—4	主体频繁参与内容生产，但在与社群协作过程中引起较多争议，需要频繁通过社群规则和交流工具进行协调解决，并且冲突持续占主导，无法继续协作。此类用户对社群多样性或许有一定贡献，但频繁的冲突引起过多内部消耗，对产出无益。此类用户可能是因为观点偏激，也可能是有恶意企图	异常用户（干扰者、恶意代理）
1—4	主体经常参与社群讨论，或提供内容消费的反馈信息，甚至参与社群事务处理（如冲突协调），主要活动在消费子系统和交流子系统内。这类用户虽然不直接贡献客体内容，但能积极参与社群建设，或者把社群作为学习和经验交流的场所	社群参与者（经验意见分享者、信息询问者、错误报告者）

（1）被动用户：指纯粹的信息消费者或信息用户，仅使用系统共享的内容，不参与协作。在活动系统中以信息查寻、信息利用行为为主。

（2）外围贡献者：直接参与过内容生产，但未能持续参与协作，贡献期较短，对产出贡献较小，协作行为呈偶发性。在活动系统中表现为偶尔和不规则的信息生产行为。

（3）核心贡献者：直接参与内容生产，并且持续参与协作，贡献期较长，对产出贡献较大，协作行为有连续性。在活动系统中表现为持续、规则的信息生产和信息交流行为。

（4）异常用户：参与过信息生产和群体协作，但从主体的整个活动流程看，冲突大于协作。在活动系统中表现为突发性密集的信息生产和信息交流行为。

（5）社群参与者：不直接参与内容生产，但是积极参与社群建设并交流经验。在活动系统中表现为持续的信息查寻、信息利用和信息交流行为。

在分析该活动流程时，我们也给出以下几点合理的假设和规定。

（1）起始阶段通常都是 1，即新用户刚进入系统的角色默认就是信息消费者。主体在动机驱使下进入系统，通过信息查寻、检索、浏览、导航、利用等系列行动，自由享有社群已有的协作知识成果，以满足个体信息需要。内容共享本身就是协作内容生产系统吸引更多用户参与群体协作的前提。新用户无论是参与内容生产，还是参与社群交流，都应该先学习和研究社群已有成果。Apache 软件基金会建议，新用户从事开源项目和成为社群成员的第一条规则应是"先研究后提问"[81]。无论是学习还是研究，都伴随着信息消费。因而信息消费阶段是不可避免的。

（2）活动阶段具有反复性和主导性。图 2.8 中各阶段之间由双向箭头连接，表明相邻阶段间具有反复性，但在某一时间段只有一个阶段活动占主导地位。反复性是由活动本身具有的层次结构决定的。如果我们把活动分解为行动序列，那么就会发现各个阶段间某些信息行为是相同的。例如，1—2 之间的反复，以信息生产活动为主导，但内容生产过程中，仍然伴随信息查寻、检索、浏览等基本信息行为，而这些信息行为却是信息消费活动分解后的行动序列。再如 2—3 之间的反复，以群体协作内容生产活动为主导，然而协作是针对社群层面，通过自发的角色分工分解后的具体创作行为最终仍由主体来完成，即回到生产阶段。

（3）某些流程可以组合，如（1—2，1—4）、（1—2—3，1—4）。（1—2，1—4）表明该用户既是外围贡献者，也是社群参与者。（1—2—3，1—4）表明该用户既是核心贡献者，同时也是社群参与者，即该用户对高质量产出内容的贡献很大，同时也积极参与社群的建设和发展。当然，某些基本流程的组合有吸收效应，如 1—2—3 被 1—2—3—4 吸收。除了表 2.21 中所列的基本流程及其有意义的组合，其他流程为不可能情形。例如，1—4—3，我们认为用户没有参与创作，就不可能进入反馈与协作阶段。再如，1—2—4，用户参与创作之后，必须经过社群反馈与协作，才会有可能进入冲突与协调阶段。

本节的研究是希望借鉴活动理论来对现有群体协作活动研究进行整合，以便为今后类似的研究提供一个统一的描述性框架和理论模型。在活动理论的研究框架内构建互联网用户群体协作内容生产与共享的活动系统模型，并分析了活动目标与动机、要素和子系统，以及活动结构中的活动阶段、层次分解和活动流程。

同时在动态流程分析的基础上，描述了社群结构中用户的角色分化现象和角色类型归属。

2.4 互联网群体协作典型应用分析

IT 咨询公司 Gartner 于 2008 年 7 月发布了社会化软件的 Hype Cycle。Hype Cycle 是描述社会化技术从引进直至达到成熟的曲线，具体如图 2.9 所示。横轴表示随着时间推移技术成熟度的变化，纵轴表示技术受关注的程度。一般一项新技术的整个开发应用历程分为五个阶段：新兴技术引入期（technology trigger）、期望膨胀期（peak of inflated expectations）、幻觉破灭期（trough of disillusionment）、复苏期（slope of enlightenment）、生产力成熟期（plateau of productivity）。通过 Hype Cycle，我们可以根据某项技术目前所处的阶段，预测其发展趋势和走向，从而判断其大众接受度。有趣的是，在图 2.9 中无论是处于上升阶段的社会化软件，如众包（Crowdsourcing）、点子市场（Idea Marketplaces）、泛在协作（Ubiquitous Collaboration）、社交网络（Social Networks）、微博（Microblogging）、社交搜索（Social Search）等，还是处于下滑阶段的社会化软件，如社会化书签（Social

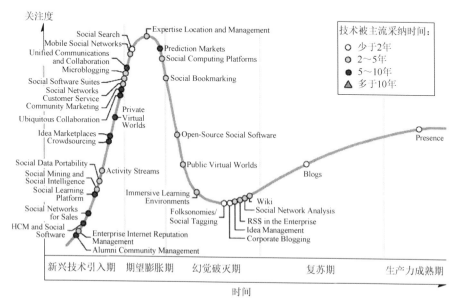

图 2.9　社会化软件的技术成熟度曲线[27]

Bookmarking）、社会化标注（Social Tagging）、开源社会化软件（Open-Source Social Software）等，抑或是处于复苏阶段的社会化软件，如维基（Wiki）、博客（Blogs）、企业 RSS（RSS in Enterprise）等，都强烈依赖于群体协作在不同情境和领域中的应用。因此图 2.9 从侧面充分展现了互联网群体协作活动和系统应用的广泛性和多样化特征。

　　本节中典型应用的选取主要基于相关文献的案例描述（Case Study 部分）或举例（概念描述后的 For Example 部分）。针对定义中的某一项特征，如果该应用具有该特征，用"+"号表示，反之用"–"号表示。通过概念映射，能够非常直观地了解定义的全面性、准确性和区分性。由于案例特征的判断存在主观性，为了最大限度避免主观性错误，案例特征由三位具有丰富 Web2.0 理论和实践经验的人员进行独立判断，对于存在争议的部分，在讨论后以多数意见为准。

　　现有文献列举的群体协作典型应用主要包括：Wikipedia，Linux/Apache，Amazon Review，Innocentive，Flickr，YouTube，Yahoo！Answer，Delicious，Google Search，Facebook，LinkedIn，Second Life，Digg 等。群体协作应用平台特征如表 2.22 所示。

表 2.22　群体协作应用平台特征

平台	描述								
	A	*B*	*C*	*D*	*E*	*F*	*G*	*H*	*I*
Wikipedia	+	+	+	+	+	+	+	+	+
Linux/Apache	+	+	+	+	+	+	+	+	+
Amazon Review	+	+	–	–	+	–	+	+	+
Innocentive	+	+	+	+	+	+	+	+	+
Flickr	+	–	+	+	+	–	+	+	+
YouTube	+	–	+	–	+	–	+	+	+
Yahoo！Answer	+	+	+	+	+	+	+	+	+
Delicious	+	–	+	–	+	–	+	+	+
Google Search	+	–	–	–	+	–	+	+	+
Facebook	+	+	+	+	+	+	+	+	+
LinkedIn	+	+	+	+	+	+	+	+	+
Second Life	+	+	+	+	+	–	+	+	+
Digg	+	–	+	–	+	–	+	+	+

　　注：*A* 表示具有大量、分散、背景不同的参与者；*B* 表示具有明确的发起方；*C* 表示独立平台；*D* 表示显性协作；*E* 表示多对多的协作模式；*F* 表示具有明确的任务目标；*G* 表示参与方有明确的回报；*H* 表示发起方有明确的回报；*I* 表示社会公众具有明确的回报；＋表示具有该特征；–表示不具有该特征。

Wikipedia：①参与方，任何能够访问 Wikipedia 系统的人均可以对 Wikipedia 进行贡献；②发起方，就全局而言，Wikipedia 的发起方为 MediaWiki 组织，就单个词条而言，发起方为建立词条的用户；③独立平台性，Wikipedia 为独立平台，并不依附于其他平台而存在；④显性协作，用户在 Wikipedia 中进行贡献的目的是分享知识，提升文章质量；⑤多对多协作模式，一个用户可以编辑多个内容，一处内容也可以被多个用户所编辑；⑥任务目标，即建立高质量的在线百科全书（全局）和高质量的词条（局部）；⑦回报，参与者的回报主要是心理回报（如社会认同感等），发起方的回报主要是吸引更多用户，获得捐赠，以及获得高质量的内容等，社会的回报主要是满足公众信息查询需求等。

Linux/Apache 等开源软件：①参与方，任何能够参与到开源软件设计、编码、测试等工作的用户均可以参加；②发起方，特定开源软件项目的发起人或组织；③独立平台性，不需要依附其他平台而存在；④显性协作，用户之间协作开发；⑤多对多协作模式，任何人都可以对任何需要改进的编码部分进行修改；⑥任务目标，建立高质量的开源软件；⑦参与方、发起方和社会公众均可以获得物质回报，如软件作品等，此外，参与方可以获得声誉和满足感等，发起方可以获得投资、更高的产品价值等。

Amazon Review：①参与方，任何愿意发表评论的 Amazon 用户；②发起方为 Amazon 购物平台；③平台非独立性，需要依靠 Amazon 购物平台；④隐性协作，用户发表各自的观点，形成对于该商品整体特征的反映；⑤多对多协作模式，任何人都可以对想评论的商品进行评论（前提是购买）；⑥任务目标，建立全面的商品信息资料库；⑦参与方可以获得社区影响、积分等回报，发起方可以获得用户的购物体验提升所带来的利润等回报，社会公众可以获得该商品、服务过程中的详细信息，辅助购物决策等回报。

Facebook、LinkedIn 和 Second Life 等社会网络系统：①参与方，所有参与到系统使用的用户；②发起方为社会网络平台；③平台独立性，不需要依靠其他平台；④显性协作，用户与其他用户建立各种线上关系；⑤多对多模式，每个人都可能跟任何其他人建立起线上关系；⑥任务目标，建立庞大的社会网络；⑦参与方可以获得社会资本等回报，发起方可以获得用户数量的正反馈并形成平台的良性发展，社会公众的观念可能受到平台的影响（如网络舆论等）。

Yahoo! Answer 和 Innocentive：①参与方，需要提出或者解决疑问（在 Yahoo! Answer），或者商业研发问题（在 Innocentive）的用户；②发起方，全局而言，发起方为网站平台，局部而言，发起方为问题的提出者；③平台独立性，不需要依赖于其他平台存在；④显性协作，用户帮助其他用户解决问题；⑤多对多协作模式。以问题为中介，每个用户可以参与到多个问题协作中，每个问题也有多个协作者；⑥任务目标，解决问题，建立知识库；⑦参与方可以获得社区声誉甚至是金钱回报，发起方可以获得问题的解决方案、低成本设计和缩短研发周期，成果或知识库对社会公众开放。

Flickr、YouTube、Delicious 和 Digg：①参与方为所有愿意分享个人资源（图片、视频、网站收藏、身边新闻）的用户；②发起方不明确，但可视为网站平台；③平台独立性，不需要依赖其他平台而存在；④隐性协作，用户分享自身的资源，从而在整体上形成对某个事物的描述；⑤多对多协作模式。任何人均可以发表任何资源；⑥任务目标，建立全面的资源库；⑦参与方可以获得社区声誉、高效的个人资源管理手段，发起方可以获得广告收入、资源库等，社会公众可以受益于改进的检索性能等。

Google Search：①参与方为所有使用 Google 搜索引擎的用户；②发起方不明确，可视为 Google 平台；③平台独立性，需要依赖于 Google 平台存在；④隐性协作，用户受自身需求驱动而进行检索，但是可能会间接帮助 Google 平台的完善；⑤多对多协作模式，如协作学习模块，用户的检索词能够被系统所记录，并形成提示语以帮助其他用户检索；⑥任务目标，通过用户检索反馈提升检索算法或性能；⑦参与方可以获得更好的检索服务，如拼写纠正、联想查询等，发起方可以获得关联规则和用户数据以提升产品质量，检索服务对社会公众开放，任何检索性能的提升均能立刻被社会公众所感受。

2.5 本章小结

互联网群体协作近年来的快速发展得到了学界和业界的广泛关注。群体协作被广泛应用于电子商务、教育、医疗保健、地理人文、新闻时事、科技创新等不同领域，但是目前该概念存在定义描述不清、相似概念互用等问题，直接影响研究过程中的规范性与准确性。现有研究也缺乏对于群体协作概念的详细界定。

本章通过对已有文献的特征抽取、概念总结和相似概念比较，采用内容分析法深入探讨了群体协作的概念和定义，对互联网群体协作给出了较为全面的描述，对于后续群体协作相关研究的展开打下了良好的基础。同时，本章还探讨了群体协作研究中理论的适用性问题，重点阐述了活动理论、CSCW 理论、协调理论及社会行动者理论及其在群体协作研究中的应用，最后基于活动理论对开放式群体协作系统的元素、结构、功能和模块进行了深入阐释，从静态和动态两个角度刻画了互联网群体协作系统的要素模型和演化模型。得出以下主要观点和结论。

（1）开放式群体协作活动系统模型中包含六个要素，其中三个核心要素（主体、客体、社群）和三个媒介要素（工具、规则、角色），以及四个子系统（生产、消费、交流、协作）。

（2）动机与目标是群体协作活动的先决条件，主体由于受到动机的驱使，并在目标导引下，对客体实施一系列行为和操作，并最终将客体转化为产出结果。同时活动系统将产出结果的反馈信息返回给社群中的各个主体。

（3）群体协作内容生产活动包含四个活动阶段：消费阶段、生产阶段、反馈与协作阶段、冲突与协调阶段，每个阶段有各自的特点、主导信息行为及子系统。

（4）用户参与各活动阶段的深度和频度不同，会导致用户的角色分化和演变。从用户参与系统活动流程和信息行为的角度，可以演绎出以下五类用户角色：被动用户、外围贡献者、核心贡献者、异常用户、社群参与者。

（5）互联网群体协作内容生产处于较高级别的活动层，该协作活动可以进一步分解为具体的信息行为（如协同信息查寻行为、协作信息生产行为、对等信息交流行为等），而从行动到操作则是更微观的信息行为研究内容。

最后，本章概述性地介绍了几类互联网群体协作的典型应用。典型应用平台的特征被映射于特征描述的各个方面，不仅有助于明确目前的平台分类，也可以验证本章提出的群体协作定义的准确性和理论框架的完整性。

参 考 文 献

[1]   Tapscott D，Williams A D. Wikinomics：How Mass Collaboration Changes Everything[M]. New York：Penguin，2008.

[2]   舍基. 未来是湿的：无组织的组织力量[M]. 胡泳，沈满琳，译. 北京：中国人民大学出版社，2009.

[3]   Ramakrishnan R. Mass collaboration and data mining[C]//Proceedings of the seventh ACM SIGKDD international conference on Knowledge discovery and data mining. New York：ACM，2001：1-4.

[4]   Richardson M，Aggrawal R，Domingos P. Building the Semantic Web by mass collaboration[C]//The Twelfth International World Wide Web Conference. Budapest：ACM，2003.

[5]   Petitti D B. Meta-Analysis，Decision Analysis，and Cost-Effectiveness Analysis：Methods for Quantitative Synthesis in Medicine[M]. Oxford：Oxford University Press，2000.

[6]   Kolfschoten G L，den Hengst-Bruggeling M，De Vreede G J. Issues in the design of facilitated collaboration processes[J]. Group Decision and Negotiation，2007，16（4）：347-361.

[7]   Vukovic M. Crowdsourcing for enterprises[C]//2009 World Conference on Services-Ⅰ，New York：IEEE，2009.

[8]   Whitla P. Crowdsourcing and its application in marketing activities[J]. Contemporary Management Research，2009，（5）：15-28.

[9]   Chesbrough H W. Open innovation：The New Imperative for Creating And Profiting From Technology[M]. Boston：Harvard Business Press，2003.

[10]   Howe J. The rise of crowdsourcing[J]. Wired Magazine，2006，14（6）：1-5.

[11]   Estellés-Arolas E，González-Ladrón-de-Guevara F. Towards an integrated crowdsourcing definition[J]. Journal of Information Science，2012，38（2）：189-200.

[12]   Zhao Y，Zhu Q. Evaluation on crowdsourcing research：Current status and future direction[J]. Information Systems Frontiers，2014，16（3）：417-434.

[13]   Benkler Y. Freedom in the commons：Towards a political economy of information[J]. Duke Law Journal，2003，52（6）：1245-1276.

[14]   Benkler Y. Common wisdom：Peer production of educational materials[EB/OL]. http://benkler.org/Common_Wisdom.pdf[2012-06-02].

[15]   Moorcroft R. Leadershift reinventing leadership for the age of mass collaboration[J]. Manager：British Journal of Administrative Management，2010，69：33.

[16]   Heckathorn D D. Collective action and group heterogeneity：Voluntary provision versus selective incentives[J]. American Sociological Review，1993，58（3）：329-350.

[17]   赵宇翔，范哲，朱庆华. 用户生成内容（UGC）概念解析及研究进展[J]. 中国图书馆学报，2012，38（5）：68-81.

[18]   Bonabeau E. Decisions 2.0：The Power of collective intelligence[J]. MIT Sloan Management Review，2009，50（2）：45-52.

[19]   Rosenstock I M，Strecher V J，Becker M H. Social learning theory and the health belief model[J]. Health Education & Behavior，1988，15（2）：175-183.

[20]   Lampe C，Wash R，Velasquez A，et al. Motivations to participate in online communities[C]//Proceedings of the SIGCHI Conference on Human Factors in Computing Systems. New York：ACM，2010：1927-1936.

[21]   Schiller S Z，Mandviwalla M. Virtual team research：An analysis of theory use and a framework for theory

appropriation[J]. Small Group Research，2007，38（1）：12-59.

[22] Isaac R M，Walker J M，Williams A W. Group size and the voluntary provision of public goods：Experimental evidence utilizing large groups[J]. Journal of Public Economics，1994，54（1）：1-36.

[23] Poltrock S，Handel M. Models of collaboration as the foundation for collaboration technologies[J]. Journal of Management Information Systems，2010，27（1）：97-122.

[24] Engeström Y. Learning By Expanding：An Activity-theoretical Approach to Developmental research[M]. Helsinki：Orienta-Konsultit，1987.

[25] Bedny G Z，Seglin M H，Meister D. Activity theory：History，research and application[J]. Theoretical Issues in Ergonomic Science，2000，1（2）：168-206.

[26] Wilson T D. Activity theory and information seeking[J]. Annual Review of Information Science and Technology，2008，42：119-162.

[27] Wilson T D. A re-examination of information seeking behaviour in the context of activity theory[J]. Information Research，2006，62（6）：1.

[28] Lazinger S S，Bar-Ilan J，Peritz B C. Internet use by faculty members in various disciplines：A comparative case study[J]. Journal of the American Society for Information Science，1997，48（6）：508-518.

[29] Cole P，Nast-Cole J. A Primer on Group Dynamics for Groupware Developers[M]//Marca D，Bock G. Groupware：Software for Computer-Supported Cooperative Work. Los Alamitos：IEEE Computer Society Press，1992：44-57.

[30] Jonassen D H，Rohrer-Murphy L. Activity theory as a framework for designing constructivist learning environments[J]. Educational Technology Research and Development，1999，47（1）：61-79.

[31] 孙晓宁，赵宇翔，朱庆华. 社会化搜索行为的结构与过程研究：基于活动理论的视角[J]. 中国图书馆学报，2018，44（2）：27-45.

[32] Kurian J C，John B M. User-generated content on the Facebook page of an emergency management agency：A thematic analysis[J]. Online Information Review，2017，41（4）：558-579.

[33] Eseryel D，Ganesan R，Edmonds G S. Review of computer-supported collaborative work systems[J]. Journal of Educational Technology & Society，2002，5（2）：130-136.

[34] Schmidt K. The problem with 'awareness'：Introductory remarks on 'awareness in CSCW[J]. Computer Supported Cooperative Work，2002，11（3-4）：285-298.

[35] Schmidt K，Bannon L. Taking CSCW seriously：Supporting articulation work[J]. Computer Supported Cooperative Work，1992，1（1）：7-40.

[36] Dourish P. The appropriation of interactive technologies：Some lessons from placeless documents[J]. Computer Supported Cooperative Work，2003，12（4）：465-490.

[37] Mills K L. Computer-Supported Cooperative Work[EB/OL]. http://citeseerx.ist.psu.edu/viewdoc/download：jsessionid = 71B7B4163CFA32B1C852FC00D95CCBA0?doi = 10.1.1.153.6607&rep = rep1&type = pdf[2015-08-16].

[38] Horton M，Biolsi K. Coordination challenges in a computer-supported meeting environment[J]. Journal of Management Information Systems，Winter，1993，10（3）：7-24.

[39] 邵艳丽，黄奇. 计算机支持协同工作群体信息共享意愿影响因素研究——社会心理学视角[J]. 情报理论与实践，2014，37（8）：84-89.

[40] Johansen R. Groupware：Computer Support for Business Teams[M]. New York：The Free Press，1988.

[41] Baecker R M，Grudin J，Buxton W，et al. Readings in Human-computer Interaction：Toward The Year 2000[M]. San Francisco：Morgan Kaufmann，1995.

[42] Nunamaker J，Dennis A，Valacich J，et al. Electronic meeting systems to support group work[J]. Communications of

the ACM，1991，34（7）：40-61.

[43] McFadzean E S. Improving group productivity with group support systems and creative problem solving techniques[J]. Creativity and Innovation Management，1997，6（4）：218-225.

[44] Caballero D，van Riesen S A N，Álvarez S，et al. The effects of whole-class interactive instruction with Single Display Groupware for Triangles[J]. Computers & Education，2014：203-211.

[45] 百度百科. 视频会议[EB/OL]. https://baike.baidu.com/item/%E7%94%B5%E8%A7%86%E4%BC%9A%E8%AE%AE/414236?fromfi=%E8%A7%86%E9%A2%91%E4%BC%9A%E8%AE%AE&fromid=478615&fr=Aladdin [2018-12-25].

[46] Mutum D，Wang Q. Consumer Generated Advertising in Blogs[M]//Eastin M S，Daugherty T，Burns N M.Handbook of Research on Digital Media and Advertising：User Generated Content Consumption. Pennsylvania：IGI Global，2010：248-261.

[47] Gaudeul A，Peroni C. Reciprocal attention and norm of reciprocity in blogging networks[J]. Economics Bulletin，2010，30（3）：2230-2248.

[48] Rosing M V，Hove M，Scheel H V，et al. BPM Center of Excellence[J]. Complete Business Process Handbook，2015，62（4）：219-243.

[49] Olson J S，Olson G M. Working Together Apart：Collaboration Over the Internet[M]. San Rafael：Morgan & Claypool Publishers，2014：57-85.

[50] Cunningham W. What is a Wiki. WikiWikiWeb[EB/OL]. http://www.wiki.com/whatiswiki.htm[2002-06-27].

[51] Arazy O，Gellatly I，Brainin E，et al. Motivation to share knowledge using wiki technology and the moderating effect of role perceptions[J]. Journal of the American Society for Information Science and Technology，2016，67（10），2362-2378.

[52] Crowston K，Osborn C. A coordination theory approach to process description and redesign[J]. Information and Management，1998，6：2-59.

[53] Crowston K，Rubleske J，Howison J. Coordination theory：A ten-year retrospective[J]. Human-Computer Interaction in Management Information Systems，2004，23：1-38.

[54] Malone T W. Modeling coordination in organizations and markets[J]. Management Science，1987，33（10）：1317-1332.

[55] Pugh D. Effective coordination in organization[J]. Advanced Management Journal，1979，44（1）：28-35.

[56] Malone T W，Crowston K. The interdisciplinary study of coordination[J]. ACM Computing Surveys，1994，26（1）：87-119.

[57] Malone T W，Crowston K. What is coordination theory and how can it help design cooperative work systems[C]//Acm Conference on Computer-supported Cooperative Work. New York：ACM，1990.

[58] Gazendam H W M. Coordination Mechanisms in Multi-Actor Systems[M]. Planning in Intelligent Systems：Aspects，Motivations，and MethodsJohn Wiley & Sons，Inc.，2006：137-173.

[59] McCann J E，Galbraith J R. Interdepartmental Relations[M]//Nystrom P C，Starbuck W H. The Handbook of Organizational Design(Vol.2). Oxford：Oxford University Press，1981：60-84.

[60] Crowston K. A Taxonomy of Organizational Dependencies and Coordination Mechanisms[EB/OL]. https://ideas.repec.org/p/wop/mitccs/174.html[2015-08-15].

[61] Crowston K. A Coordination Theory approach to organizational process design[J]. Organization Science，1997，8（2）：156-175.

[62] Malone T W. What is Coordination Theory?[J]. EconPapers，1988：2-4.

[63] 杨巧云，姚乐野. 基于协调理论的应急信息部门跨组织工作流程研究[J]. 情报理论与实践，2015，38（8）：75-78，84.

[64] 刘济亮. 拉图尔行动者网络理论研究[D]. 哈尔滨：哈尔滨工业大学，2006.

[65] 刘博. 韦伯、帕森斯、吉登斯社会行动理论之比较[J]. 社科纵横，2010（12）：145-146.

[66] Parsons T. Values and the control of social behavior：The case of money[J]. Acta Psychologica，1959，15：619-624.

[67] Newell A，Simon H A. Human Problem Solving[M]. Englewood Cliffs，NJ：Prentice-Hall，1972.

[68] Peters B G. Institutional Theory in Political Science[M]. New York：Wellington House，1999.

[69] Hall P A，Taylor R C R. Political science and the three new institutionalism[J]. Political studies，1996：936-957.

[70] Giddens A. A Contemporary Critique of Historical Materialism[D]. London：Macmillan，1995.

[71] Lamb R. Alternative Paths Toward a Social Actor Concept[C]. CITRE Working Paper，Manoa：University of Hawaii，2003.

[72] Lamb R. Modeling the Social Actor[C]//The 12th European Conference on Information Technology Evaluation. Finland：Turku，2005：7.

[73] Lamb R，Kling R. Reconceptualizing users as social actors[J]. MIS Quarterly，2003，27（2），197-236.

[74] Schmidt K. Cooperative Work：A Conceptual Framework[M]//Rasmussen J，Brehmer J，Leplat J. Distributed decision making：Cognitive models for cooperative work，1991：75-110.

[75] Gazendam H W M，Homburg V M F. Emergence of Multi-Actor Systems：Aspects of Coordination，Legitimacy and Information Management[C]//Proceedings of the COST A3 Conference 'Management and New Technologies'. Madrid，June 12-14，1996：323-327.

[76] Bates F L. Position，role，and status：A reformulation of concepts[J]. Social Forces，1956，34（4）：313-321.

[77] 秦启文，周永康. 角色学导论[M]. 北京：中国社会科学出版社，2011.

[78] 基于随机行动者模型的在线医疗社区用户关系网络动态演化研究[J]. 情报学报，2017，36（2）：213-220.

[79] 李彪. 社会舆情生态的新特点及网络社会治理对策研究[J]. 新闻记者，2017（6）：68-73.

[80] 吕巾娇，刘美凤，史力范. 活动理论的发展脉络与应用探析[J]. 现代教育技术，2007（1）：8-14.

[81] Apache. The Apache Software Foundation[EB/OL]. http://community.apache.org/[2010-07-20].

[82] 赵宇翔，朱庆华. Web2.0 环境下影响用户生成内容的主要动因研究[J]. 中国图书馆学报，2009，35（5）：107-116.

[83] Hars A，Ou S. Working for Free？Motivations for Participating in Open-Source Projects[J]. International Journal of Electronic Commerce，2002，（6）：25-39.

[84] Ye Y，Kishida K. Toward an understanding of the motivation of open source software developers[C]//Proceedings of 2003 International Conference on Software Engineering(ICSE2003). Portland：IEEE，2003.

[85] Ho S Y，Rai A. Continued voluntary participation intention in firm-participating open source software projects[J]. Information Systems Research，2017，28（3）：603-625.

[86] 黄令贺，朱庆华. 网络百科用户贡献行为研究综述[J]. 图书情报工作，2013，57（22）：138-144.

[87] Wagner C，Prasarnphanich P. Innovating collaborative content creation：The Role of Altruism and Wiki technology[C]// Proceedings of the 40th Hawaii International Conference on System Sciences. Portland：IEEE，2007.

[88] Fjeld M，Lauche K，Bichsel M，et al. Physical and virtual tools：Activity theory applied to the design of groupware[J]. Computer Supported Cooperative Work，2002（11）：153-180.

[89] Neus A. Managing information quality in virtual communities of practice[C]//Proceedings of the 6th International Conference on Information Quality at MIT. Boston. MA：Sloan School of Management，2001.

[90] Nakakoji K，Yamamoto Y，Nishinaka Y，et al. Evolution patterns of open-source software systems and

communities[C]//Proceedings of International Workshop on Principles of Software Evolution（IWPSE 2002），Orlando：ACM，2002：76-85.

[91]　Stvilia B，Twidale M B，Smith L C，et al. Information quality work organization in Wikipedia[J]. Journal of the American Society for Information Science and Technology，2008（59）：983-1001.

[92]　Stvilia B，Gasser L. An activity theoretic model for information quality change[J]. First Monday，2008，13（4）.

[93]　Viégas F B，Wattenberg M，Kriss J，et al. Talk before you type：Coordination in Wikipedia[C]//Proceeding of the 40th Hawaii International Conference on System Sciences. Waikloa：IEEE，2007.

[94]　Braendle A. Many cooks don't spoil the broth[C]//Proceedings of Wikimania 2005-The First International Wikimedia Conference. Frankfurt：Wikimedia，2005.

[95]　马费成，夏永红. 基于 CAS 理论的维基百科序化机制研究[J]. 图书馆论坛，2008（6）：1-17.

3 | 互联网群体协作中用户角色及建模

本章首先对目前针对互联网群体协作中用户的研究做详细的综述，在此基础之上，主要研究互联网群体协作中的用户类型、用户贡献行为动机与影响因素、社交关系和协作关系、协作系统演化等内容，并从社会角色视角对互联网群体协作中的用户行为进行深入研究。研究过程中不但发现了用户贡献行为的日内效应（the time-of-day effect）和假日效应（the holiday effect）的特征，而且发现了更为丰富的用户类型，以及这些用户在网络百科的内容建设场景中所扮演的角色。

3.1 互联网群体协作中用户角色及建模问题的提出

从 Web1.0 到 Web2.0，互联网用户完成了从单纯的信息消费者向信息创作者的重大转变[1]。Twitter、Amazon、YouTube、Facebook 和 Wikipedia 等网络社区的相继出现，使得网络世界正在成为现实世界的虚拟和延伸[2]。在这些网络社区中，人们进行着通信、交友、分享和协作等原来只能在现实社会中才能实现的活动。其中，以 Wikipedia 为代表的互联网群体协作平台引起了社会大众的广泛关注。在 Wikipedia 中，内容的生产完全由成千上万普通的用户完成，组织的形式也由传统的契约制转变为激励制[3]，此外先进的网络通信技术为用户协作和交流提供了广泛的支持。截止到 2015 年 7 月，Wikipedia 拥有 292 种语言的版本，词条总数超过 3800 万。另外，*Nature* 曾报告其有关自然科学的词条质量已经可以与《不列颠百科全书》的质量媲美[4]。在互联网时代，以 Wikipedia 为代表的在线网络百科已经成为互联网中的一种重要知识源，是普通民众快速了解某一方面知识的一种重要途径[5]。此外，开源软件社区也是互联网群体协作的一种重要形式，典型的有 Linux 软件社区，其创造了 Linux 系统，一种可以与 Windows 媲美的电脑桌面操作系统；Apache 软件社区，其创造了开源的网页服务器，目前是世界使用排名第一的 Web 服务器软件[6]。

　　互联网群体协作的模式已经取得了巨大的成功。随着计算机和互联网的普及，越来越多的用户加入内容创造和群体协作中。但这种协作模式在促进内容创造的同时，也产生了诸如内容质量、冲突、破坏、贡献率下降和贡献分布不均等许多问题。这些问题如果得不到解决，将影响互联网群体协作成果的质量和项目的成功。而解决这些问题的关键就是要对互联网群体协作中的用户有着非常好的认识和理解，具体包括对用户类型的分类和识别、用户动因和贡献影响因素的研究，然后在此基础上对互联网群体协作平台进行优化设计、制定合适的激励政策和运营策略。

3.2　互联网群体协作中用户角色及建模相关概念及理论

　　互联网群体协作是一个很广泛的概念，按照协作方式或途径可以划分为两种类型：系统平台型和非系统平台型。所谓系统平台型是指群体协作的主要地点就是在这个系统平台中，成果也都存放在系统中，典型的是以 Wikipedia 为代表的网络百科。所谓非系统平台型是指用户协作并不需要借助一个固定的系统平台，最终的成果也没有一个很具体的存放位置。协作成员之间通常通过即时通信（instant messaging）软件、论坛和邮件等其他方式进行联系、分配任务和讨论等，从而达到协作的目的。在本书中，我们主要关注系统平台型的群体协作形式，更为具体的是以 Wikipedia 为代表的网络百科。在以下的研究中我们主要也是以网络百科为主，尽管研究结果有所狭隘，但是在一定程度上可以反映出互联网群体协作的基本特点。

★ 3.2.1　群体协作中的用户类型

　　针对群体协作中用户类型的识别有助于对不同的用户群体有更好地理解，可以为进一步的群体协作系统的设计、优化和激励策略的制定提供丰富的知识。然而目前很多的研究还是停留在以用户参与度或贡献度为主要依据来对用户类型进行划分的阶段，此外忽略了用户贡献行为动态变化的事实是大部分研究的缺点。

Yeh 根据用户是否贡献将他们划分为贡献者（contributors）和阅读者（readers）两类，其中阅读者也被很多研究者称之为潜水者（lurkers）[7, 8]。Panciera 等进一步地按照用户贡献数量的多少，将用户划分为核心用户和非核心用户。同时发现核心用户的贡献行为持续的时间更长，尽管随着时间的推移，其贡献率下降但仍维持在一定的水平。另外，核心用户与非核心用户的贡献行为在前期就差别很大[9]。这些研究对用户类型划分的标准就是用户的参与度或贡献度，这种研究的价值就是可以快速地识别出群体协作中的核心贡献者和非核心贡献者。但是，这些研究最大的缺点是忽略了用户在协作中贡献行为是变化的事实，因此这些研究无法给出用户类型是否变化及如何变化的答案。因此，这些研究的价值在实际应用中会大打折扣。

Liu 和 Ram 首先对网络百科用户贡献行为划分为：内容插入、内容修订、内容删除、链接插入、链接修订、链接删除、参考文献插入、参考文献修订、参考文献删除和撤销十种，进一步利用聚类方法得到了六种用户类型：all-round contributors（任何贡献类型都参与的用户）、watch dogs（专注于撤销活动的用户，而实施这种活动的主要目的是修复历史版本的错误）、starters（专注于创建词条的用户）、content justifiers（专注于三种活动：内容、链接和参考文献的插入）、copy editors（专注于内容修订的用户）、cleaners（专注于内容、链接和参考文献的插入）[10]。Iba 等在基于用户贡献行为特征的基础上集合了用户的社交关系特征，发现了三种特殊的用户类型：cool farmers、mediators 和 zealots。其中，cool farmers 的特点是创建和编辑修订了大量的高质量词条，mediators 的特点是他们在贡献过程中不断协调各方的意见和观点，而 zealots 的特点是他们常在贡献过程中为各方的争论"火上浇油"，有意挑起各方的争论[11]。Welser 等也基于用户的贡献行为特征和社交关系特征，将用户划分为：专家、技术型编辑者、破坏行为反击者和社交用户四类。其中，专家的特点是尽管他们的贡献数量不是最多的，但他们的贡献往往是具有较高价值的；技术型编辑者的特点是他们往往专注于词条中一些小问题的修改，如语法修正、拼写修改、链接修复等；破坏行为反击者的特点是他们专注于修复因一些用户的恶意行为而导致的词条错误或其他质量问题；而社交用户与前三种用户都不同，这种类型的用户并没有专注于贡献，而是广泛地与其他用户交谈[12]。这些研究的特点要比只按照用户参与度与贡献度来划分用户类型进步一些，但是这些研究仍然忽略了用户贡献行为是动态变化和用户类型是可以发生变化的事实。

除了以上研究，还有一些研究者采用其他指标来划分用户类型。例如，Javanmardi等依据用户是否注册而将用户划分为注册用户和匿名用户。并且发现无论是注册用户还是匿名用户，其贡献数量分布都符合幂律分布。有超过 80%的贡献是由只有大约 7%的用户完成，其中大部分又是注册用户。从贡献质量方面来说，大部分注册用户所贡献内容的质量普遍高于匿名用户的贡献内容[13]。又如，Arelli 等根据贡献者的编辑行为来区分活跃与非活跃的维基百科用户[14]。

⬢ 3.2.2　群体协作中用户贡献行为影响因素

针对群体协作中用户贡献行为影响因素的研究可以分为用户动机研究与用户贡献水平影响因素研究两个方面。用户贡献动机研究主要是研究用户为什么进行贡献行为，用户贡献水平影响因素研究主要是研究有哪些因素影响了用户贡献行为，具体对用户贡献行为的影响是怎么样的。

用户贡献动机研究。齐云飞等根据社会认知理论提出了多层次的参与者知识行为影响因素框架[15]。常静和杨建梅利用开放式访谈和结构方程的方法对百度百科用户参与贡献的动机进行了研究，发现影响用户参与贡献动机最大的是兴趣动机，其次是胜任动机、实用价值动机、交往动机和求知动机等[16]。随后常静等又基于 TAM 模型对影响用户贡献意愿的因素进行了研究，发现兴趣和态度直接影响用户贡献意愿，求知动机、互惠动机和易用性感知通过其他变量间接影响用户贡献意愿[17]。夏火松和王瑞新对百度百科中用户共享知识意愿的影响因素进行了研究，发现态度、主观规范和感知行为控制对知识共享意愿有显著影响，而词条内容对态度、词条数量对主观规范、词条形式和词条更新时间对感知行为有着显著影响[18]。许博也对网络百科用户参与贡献行为影响因素进行了研究，发现成员感、影响力、沉浸感和社会资本，以及网络百科系统的评级制度和系统平台质量都对用户的参与贡献行为有着影响[19]。Yang 和 Lai 发现内部自我概念对用户开展贡献行为的动机影响巨大[20]。王骞敏和孙建军探索了沉没成本与用户贡献动机的关系，证明了内在动机与外在动机对用户持续贡献意愿的影响[21]。

　　用户贡献水平影响因素研究。Okoli 和 Oh 调查了 465 名维基百科中的活跃用户，发现用户之间的直接或间接的关联性对参与者的社会资本的形成有重要影响，也间接影响到用户的贡献水平[22]。Park 等研究发现，维基百科中用户周围"邻居"的鼓励和影响驱使着他们进行贡献行为[23]。Zhang 和 Zhu 发现维基百科用户进行贡献行为的动机不但受用户群体规模的影响，还受其他用户行为的影响。具体地说，当用户的"邻居"大部分进行贡献行为，这一用户受到积极影响也倾向于继续贡献；当用户的"邻居"大部分停止贡献，这一用户受到消极影响倾向于停止贡献[24]。Gears 在其博士论文中系统地研究了个人情绪对其贡献意愿及贡献行为的影响[25]。Cho 等研究发现态度、知识自我效能、互惠可以对知识分享意向有直接的影响；利他主义与知识分享的态度呈正相关；社交关系可以间接地影响知识分享的态度[26]。Kuznetsov 通过调查研究，发现利他主义、互惠主义和声誉等因素都激励着用户投身到维基百科的贡献中[27, 28]。赵宇翔等将影响用户产生内容的因素分为保健因素和激励因素两种。其中，保健因素包括网站系统的易用性、信息构建、个人隐私和信息安全保障、人机交互性等；激励因素包括：外部奖励、人人交互性、归属感、UGC 网站的可用性等[29, 30]。张宁等探索了个体认知关注与虚拟社区参与行为两者之间的关系，研究发现个体认知关注对参与关系有显著性影响[31]。另外，根据 Iba 等[11]、Reinoso 等[32]、Kämpf 等[33]的研究结果可以肯定用户的贡献行为受到个人所拥有的空闲时间和知识的影响。

⭐ 3.2.3　互联网群体协作中的社交关系和协作关系

　　在群体协作过程中，绝大部分的用户并不是单独存在和独自进行贡献行为的，事实上用户之间存在着社交行为和协作行为，并且绝大多数的协作平台都积极地为用户之间的交流和协作提供丰富的技术支持。例如，在 Wikipedia 中，除了词条页面之外，还有"talk pages"和"user pages"，在这两种页面中用户可以相互交流讨论，为进一步的协作打下基础。

在群体协作中的社交关系研究方面。Massa 研究了如何抽取 Wikipedia 中"talk pages"和"user pages"中用户的交谈行为关系，以形成用户之间的社交关系网络[34]。Ma 研究发现 Wikipedia 用户之间的社交关系网络的存在有利于增强用户之间的信任、加快维基社区规范形成的速度，从而有利于维基百科的持续发展。但是，社交关系网络也具有消极影响。因为，用户之间关系的加强可能使用户群体产生"极化现象"[35]。Maniu 等发现，在维基百科中用户之间的社交关系网络的出度和入度分布都符合幂律分布[36]。另外，一些研究在发掘用户类型时将用户的社交特征也考虑进去，这些研究可以称为用户社交关系研究的进一步应用。但是，综合来看，目前有关用户社交关系的研究还很简单，缺乏深层次的研究。

在群体协作中的协作关系研究方面，研究比较多，大体包括协作关系发现研究、协作关系模式对词条质量或数量的影响研究，以及协作关系中比较特殊的一种：协作冲突的研究。①在协作关系发现研究方面。Brandes 等定义用户为顶点、定义用户对其他用户的贡献再次修订的关系为有向边，以此形成了网络百科用户之间的协作关系网络，并认为通过对协作关系网络的可视化，可以快速鉴别出不同用户在编写词条过程中所扮演的角色[37, 38]。Laniado 和 Tasso 研究发现网络百科用户的协作网络具有较大的聚类系数及较小的平均路径距离，因此可以认为这种协作网络属于小世界网络[39]。Tang 等认为通过对协作关系网络的研究，可以发掘出用户中的"专家团队"。他们还设计和开发了用于对大规模用户协作关系网络快速进行分析的算法和程序[40]。Kimmerle 等也利用社会网络分析法探讨了用户协作关系网络，并将时间因素考虑进去，探索了这一协作关系网络随时间而变化的过程[41]。Aibek 认为可以基于用户的社交关系特征来区分用户协作群体的类型，并且根据协作数量的多寡，可以将用户之间的协作分为积极的和消极的两种[42]。②在对协作关系模式对词条质量或数量的影响研究方面。Brian 利用社会网络分析法、时间序列分析法及最小二乘法研究了 Wikipedia 中用户协作关系网络特征与百科内容数量的关系，发现只有出度中心性是一个对未来百科内容数量预测效果很好的指标[43]。Brandes 等也证实了不同质量水平的词条具有差异很大的用户协作关系网络[44]。Liu 和 Ram 发现网络百科词条的质量不但与参与贡献的用户的类型和其知识水平有关，而且还与所有用户之间的协作模式有关[10]。Wilkinson 和 Huberman 发现，在 Wikipedia 中，高质量的词条与普通词条相比，具有较多的编辑次数、较多的参与贡献的用户和较高的协作密度，这里的协作密度是指参与词条编辑工作的所有不同用户的数量[45]。③在协作冲突研究方面。Suh 等构建了甄别用户协作冲突的模型，并且构建了一个名为 Revert Graph 可视化的工具用来发现冲突[46]。Yasseri 等发现在 Wikipedia 中发起 edit war（一种大规模的协作冲突）的用户只是大量用户中的一小部分，他们通常具有独有的特征[47]。Ransbotham 等研究了冲突强度与词条质量的关系，发现在一定范围内协作的冲突强度与词条质量成正比，但是超过了这个范围冲突强度与词条质量成反比[48]。Qiu 等研究了在词条创建和编辑的不同阶段，用户协作冲突对于词条质量的影响。研究发现，在词条的创建和发展阶段，协作冲突比较严重，而在词条基本成型后协作冲突减弱，词条的质量是逐渐提高的，但是其内容增长率越来越小。并且发现低强度的冲突能提高词条质量，而高强度的协作冲突能降低词条的质量[49]。

★ 3.2.4　协作系统演化

对于 Wikipedia 这些协作系统来说，其主要因素包括两个方面：词条和用户。目前针对词条数量、质量和用户数量研究已经有一部分涉及演化的问题，但是没有进行系统化。而近些年，随着复杂系统理论和复杂科学的发展，许多学者纷纷开始采用这些理论和方法来对互联网协作系统开展系统化的研究。

姚灿中和杨建梅利用多智能体建模的方法，通过对网络百科用户相互协作贡献的过程进行模拟仿真，发现大部分用户随着时间的推移都会停止贡献，只有少部分的用户还保持着较低的贡献水平。因此，要想维持系统持续发展，只有依靠新用户的不断加入[50]。赵东杰等基于复杂适应性系统理论将维基百科用户抽象为内容添加者、内容修改者、内容删除者、多样编辑者和内容浏览者 5 种主体，建立了群体协作词条编辑模型；基于不同质量词条主体出现的概率配置，利用 NetLogo 仿真软件构建仿真平台，实现了对群体协作词条编辑的多主体建模仿真。仿真实验表明，多样编辑者是词条质量提升的重要驱动力，其出现概率越大，生成词条质量越高；编辑者"自我修改"行为对提升词条质量起到重要促进作用；主体出现概率配置遵循黄金分割律时，可使群体绩效趋于最大化[51]。黄令贺和朱庆华采用计量学方法，对词条特征和用户贡献行为进行统计分析，发现对于创建词条和编辑词条这两种行为来说，绝大多数用户没有偏好性[52]。Ciampaglia 利用多智能体建模的方法对网络百科用户贡献过程进行建模仿真，发现影响用户贡献周期的因素中内容流行度、用户社区、用户活跃度影响很小，反而是用户对社区的容忍程度有很大的关系[53]。Xu 等利用多智能体建模的方法，研究了维基百科中知识协作的过程。模型考虑的因素包括：用户的知识分布、用户数量、用户贡献行为和破坏行为的特征。利用这个模型探索了内容增长率、用户破坏行为的成因[54]。

❋ 3.2.5 相关概念及理论的评述

从以上相关研究综述可以看出，目前针对互联网群体协作中用户的研究，是目前的一个热点，并且已经取得了比较丰富的成果。我们可以从研究结果中对这些用户得出一个基本的印象。在互联网群体协作中，用户拥有自主性和能动性，相互之间有交互行为，有协作也有冲突，在贡献和社交关系等方面都表现出强烈的异质性，同时他们的行为受多种因素的影响。群体协作系统中的各种现象，如网络百科词条的指数增长、词条编辑的优先特征和协作冲突等现象，都是由处于微观层面的成千上万的用户相互交互所产生的结果。因此，可以肯定群体协作系统是一种典型的复杂自适应系统，而这些用户的特征也具有动态性和非线性的特点。但是，目前研究存在许多不足，具体总结为以下四个方面。

（1）在用户类型的研究方面。目前的研究主要还是基于用户的参与度和贡献度，尽管一部分研究吸收了用户的社交关系特征，但是从整体上看，目前研究还存在两个主要问题。一是忽略了用户行为是动态变化的事实。几乎所有的研究都没有考虑用户行为是动态变化的特点，因此现有研究并不能完全反映用户真实的情况。二是对用户群体划分的标准十分零散和随意，没有一个集中的框架和标准。

（2）在用户贡献行为影响因素研究方面。首先，目前针对影响用户贡献行为因素的研究还是停留在"静态层面"，即多数研究只考察了有哪些因素影响了用户参与贡献行为，这些因素对用户贡献行为的影响有多大。但用户在网络百科中进行贡献是一个动态和持续性的过程，这些因素是否会在用户整个"贡献周期"中发挥作用，其作用大小是否会发生改变，这些问题均没有涉及。其次，目前的研究探究的对象都是整个用户群体，即无论在研究用户动机还是行为影响因素时几乎都没有考虑用户的异质性。由以上研究我们知道用户之间差异性很大，那么不同类型用户的动机和影响他们贡献水平的因素肯定也有所区别。

（3）在用户社交关系和协作关系研究方面。现有的研究基本解决了如何发现用户之间的这些关系及这些关系对用户和协作成果的影响如何。但是，目前的研究仍没有很好地解决不同用户之间为什么会形成这样或那样的关系、在这些关系的背后还隐含着什么问题等。

（4）在协作系统演化方面。目前，很多的研究者已经注意到复杂系统理论对于系统演化研究的重要性，纷纷开始尝试使用系统仿真模拟的方法来探索系统演化的问题。但是，这种方法的缺陷也是很明显的，尤其是在实际的建模中，人为的干扰因素非常大。

基于以上分析，本书的主要目的就是寻求一种方法或框架，试图将用户类型研究、用户贡献行为影响因素研究、用户社交关系和协作关系研究以及系统演化研究统一起来，以弥补以往研究的缺陷。目前，在社会学领域的研究中，社会角色的理念得到了越来越多的关注。社会角色这一理念正在被越来越多地应用于分析社会群体类型、社交关系及预测整个社会系统的发展走向等[55]。鉴于互联网世界是现实世界的虚拟化和一种映射的事实，我们提出利用社会角色作为一种视角或理论框架将用户类型、不同用户类型的动机和影响因素、用户之间关系存在的基础和发展趋势以及系统演化等问题统一起来，以一个更合适的视角去探索以往难以解决的问题。

3.3 社会角色视角下的互联网群体协作

3.3.1 社会角色的定义

"角色"一词最早来源于戏剧表演，原意是指演员通过道具、面具、场景等来对人物进行个性化的刻画。20 世纪 20 年代，美国社会学芝加哥学派开始借用这一概念，用来研究社会结构和社会阶层等问题[55]，至此"角色"这一概念被大量应用于社会学领域的研究。"角色"这一概念也因此得以拓展，逐渐有了"社会角色"这一新的概念。很多社会学家和心理学家都对"社会角色"这一概念进行专门研究和阐释，但是整体来看并没有一个很统一的定义。

Linton 最早定义了社会角色这一概念，他将社会角色看作是人们对处于一定地位上的人的行为期望[56]。例如，"教师"是一个以职业命名的角色，"教书育人"就是他人对处于教师这一地位上的一类人所产生的行为期望。"父亲"是以血缘关系为纽带的一个角色，"抚养子女"和"教育子女"就是他人对处在父亲这一地位上的一类人所产生的行为期望。"社会角色"这一概念为以后研究用户行为和管理社会打下了基础。因为一个角色就是一类人所应该具有的品质和行为的期望集合，因此只要识别出这个人的角色，就可以预见到他的具体特征和行为模式。因此，社会角色对简化社会结构或阶层及如何回应每一个阶层提供了非常有价值的知识。

著名社会学家戈夫曼（Goffman）将社会角色定义为：社会角色是处于一定地位上的人所拥有的权利和职责[57]。这里的"地位"不同于人们日常用语中含有特权色彩的地位，而是指人们所处的社会场景或者在特定社交关系网络中所处的位置。这里的社会场景或者特定社交关系网络是相同的含义，指的都是人们所处的社会环境，以下我们统一为"社会场景"。在现实社会中，人们的社会场景是多种多样的。例如，最为人们所熟知的有血缘场景、地缘场景和业务场景等。在不同的社会场景中，个人所扮演的角色都是有所不同的。例如，在前面的例子中的"教师"和"父亲"的角色。对于一个男人来说，他既可以扮演父亲的角色也可以扮演教师的角色。当他处于他自己所属的业务场景之中时，他是一名教师。而当他下班之后回到自己的家后，他就处于血缘场景之中，面对他的子女，他此时扮演的就是一个父亲的角色。这个实例说明一个人可以在不同的场景中扮演不同的角色，而角色的不同恰又是由他所处的场景所决定的。Gleave 等认为，对于个体来说，社会角色是他人对其的一个认识和评价，而这种认识和评价只能是在人与人相互联系时才能出现。因此，社会角色只能形成或存在于人们的交往之中，没有交往就无所谓角色[58]。可以看出，Gleave 等所强调的一点是个人所扮演的角色是由他的行为和特点决定的；另外，评价这些行为和特点是要依靠他人的观察和评价。另外，他们的定义也隐含了另外一个重要的因素：社交关系。人们所处的社交关系及位置的不同，会导致他人对其评价的不同。例如，两个人他们行为方式和社交方式相差不大，但是他们一个位于商界，一个位于政界，那么他们所扮演的角色一定不同。

除了以上几种典型的关于社会角色的定义和阐述外，还有很多学者都对社会角色有多种定义和解释。但是综合地看，社会角色主要强调了三点：①社会角色所表现的是个体或一类群体所具有的特点和行为模式；②社会角色与个体所处的社会场景密切相关；③社会角色的识别依赖于他人的观察和识别，但是对于互联网中的用户来说就发生了变化，因为系统会自动保存用户行为历史数据和社交关系数据，这也为识别和研究互联网中用户的角色和相互关系提供了便利。

⭐ 3.3.2　社会角色对于互联网群体协作研究的价值

早在计算机和互联网发展的初始阶段，"角色"这一概念其实就被引入，用来简化计算机系统和网络的访问控制[59]。最为我们所熟知的就是在 Windows XP 系统中，用户被赋予"管理者（administrator）""访客（guest）"等不同的角色。角色不同，其相对应的权限也不同，在这里角色主要起到了简化用户类型的作用，为进一步的权限控制提供基础。同时由于角色是一个高度形象化的概念，所以当面对一个特定的角色时，从字面上就可以了解一类人的行为特点及相关的权利和责任。在社会学领域，就是以人生与戏剧的相似性为出发点，利用社会角色理论来研究现实中的个人和群体行为及他们之间的社会关系[55]。而现在的互联网世界已经同现实世界非常相似，这也是我们认为从社会角色视角去系统地研究互联网群体协作可行的重要原因。

我们认为社会角色作为一种有效的工具起到了概括归纳用户群体的作用，具体到互联网群体协作中，它又体现了三个方面的价值：一是可以系统地对不同的用户群体进行归纳，为深层次地理解用户的动机、特征和行为模式，也为进一步的用户体验设计提供了丰富的知识；二是为理解群体协作中不同用户之间的协作、冲突等复杂关系提供了一个好的视角，即将这些事件看作是各种角色处于自己的立场共同"表演"出的一场"戏剧";三是可以将互联网协作系统看作是各种角色以不同比例组合而成的角色生态系统,各种角色的动态变化决定了互联网群体协作系统的健康程度和未来发展的趋势。因此,对互联网群体协作系统的管理在一定程度上就被简化为对其中的各种用户角色的监控和管理。基于以上分析,本书将从社会角色视角对互联网群体协作的研究划分为微观、中观和宏观三个层面,如表 3.1 所示。

表 3.1   基于社会角色视角的互联网群体协作的研究

微观	中观	宏观
用户角色的识别:	角色之间的关系:	互联网群体协作系统:
专家、名人、权威人士、网络新手、健谈者、炫耀者、身份盗窃者、夸夸其谈者[60-63]	协作关系、排斥关系和对立关系等[12, 64]	互联网群体协作系统是各种角色按照一定比例组合而成,并且这种比例是动态变化的。互联网协作系统的健康程度和发展趋势受到角色比例及相互之间关系的影响。因此,对于这些协作系统如何演化的研究就转化为对其中各种角色比例及他们之间各种关系的演化研究

在微观层面,研究主要集中在对网络社区中各种用户角色的识别上。在中观层面,主要是针对网络社区中不同角色之间所发生的协作、排斥、对立等各种关系进行检测和跟踪,并探究由不同角色之间的相互关系所引发的各种网络事件的原因。在宏观层面,针对网络社区中角色成分比例变化进行研究。社会角色这一工具几乎贯穿网络社区用户和网络社区研究的所有环节。现阶段研究的重点主要是集中在微观层面,即通过识别不同的用户角色,找出其对应用户群体的行为特点,以便为今后的用户体验设计和用户激励研究提供基础。

★ 3.3.3   对社会角色认识的误区

对用户角色的识别是中观层面和宏观层面研究的基础,十分关键。但是,目前很多研究对社会角色认识存在着很多误区,导致研究结果存在片面性,无法反映出用户的本质。目前,对社会角色认识的误区主要有以下几个方面。

(1)将社会位置等同于社会角色。在很多的研究中,社会位置经常被当作社会角色。尽管在一定程度上,社会位置与社会角色有重合的部分。但实际上,社会位置与社会角色并不是同一层次的概念。社会位置指的是个体处在某一社交关系网络中的结构位置及与此位置相关的一系列的权利、职责和行为。而社会角色是以个体所处的社会情境为基础，代表了个体或某一群体基本特征和行为模式的一个抽象概念。另外，社会情境与社会位置相比，其范围更大，不但涵盖了社会位置即个体的社交关系，而且包括个体所处的社会环境、文化环境及地理环境等。因此，相同社会位置的个体处于不同的环境下，其角色可能完全不同。就算是在同一社会关系网络中，结构位置相同的个体，其扮演的角色也不尽相同[65]。例如，利用社会网络分析法对两个个体（一个为教师，一个为工厂的车间主任）进行分析，发现其社交关系网络和结构位置基本相同，但这并不能说明他们具有相同的角色。

（2）将用户行为模式等同于社会角色。在不少针对网络社区用户角色的研究中，研究者往往单纯地使用数理统计的方法发掘用户行为的特征和规律，而且仅依靠这些行为模式就简单地定义用户的角色。例如，在 Wikipedia 编辑者的研究中，直接将贡献了大量内容的编辑者称为"利他主义者"，这显然是不科学的。尽管这些行为在表面上看都是利他行为，但是并不能保证他们就是"利他主义者"。因为驱动他们贡献的因素有很多种，只有一部分是出于"利他主义"[66]。用户行为模式只是个体角色的部分外在表现，并不能代表用户角色的全部。

（3）认为用户角色是静止的。角色绝不是静止和一成不变的，而是存在角色转换，就是角色的主体出于自身某种变化的需要，从某种角色向其他角色转换。角色转换主要有两种类型：一种是随时间自然增长型的角色转换。例如，在一个网络社区中，每一个用户都是从网络新手（newbie）[67]这一角色开始，其后发展成为意见领袖（opinion leader）[68]、专家（expert）、名人（celebrity）[60]等或一直保持潜水者（lurker）的角色[69]。另一种是随着社会位置或社会地位而变动的角色转换[55]，这种角色转换受到周围环境的强烈影响。例如，现实社会中原来在普通中学学习落后的一名中学生，是家长和教师眼中的"笨学生"，在转学到了一所著名中学后，在良好的学习氛围下慢慢地成为一名热爱学习的且在家长和老师眼中的"聪明学生"。另外，用户不同的参与动机也可以与角色转换行为联系起来[70]。

（4）认为个体角色是单一的。无论是在现实还是在网络环境中，每一个个体都是处在多个社会情境中的复杂体。对应每一个社会情境，个体都有一个相对应的角色。因此，实际上每一个体都具有角色多样化的特性。所以，在不同的协作系统中，甚至在同一系统针对不同的任务情境，同一个用户所扮演的角色也会有所不同。

综上所述，社会角色是一个综合的、动态的概念。单一方面的研究可能导致对用户本质认识的不足，尤其是在复杂的互联网群体协作的环境下。

⭐ 3.3.4　基于社会角色的互联网群体协作研究框架

1. 用户社会角色的识别

要识别网络社区的用户角色，就必须解决三个问题：①用户社会角色需要哪些要素来表现？②识别用户社会角色的流程是什么？③需要用到什么样的方法？

通过对社会角色概念的辨析，我们知道社会角色的基础是社会情境——个体所在的社会环境、地理环境和文化环境等。在现实社会中，个体所扮演的角色是由他所在血缘情境、地缘情境、业务情境等众多社会情境所决定的。与现实社会相比，互联网中的社会情境就要简单一些。在本书中，我们将互联网中的社会情境主要划分为：系统平台情境、任务情境和关系情境三类。

所谓系统平台情境重点指的是用户所处的协作系统，具体包括系统所具有的功能、系统结构、长期形成的用户氛围和系统中的用户群体等。这些因素导致不同的协作系统中的用户的特点和行为模式具有不同的特点，因此用户所扮演的社会角色也有所不同[71]。例如，同样是网络百科的百度百科与 Wikipedia 在功能、结构和用户群体都有很大的不同，由此导致了词条和用户也有很大的不同[72]。同样是 Wikipedia，在不同的语言版本下，社会环境不同，其系统平台情境也不完全相同，由此也导致了其用户特点和行为也不相同。例如，Nemoto 和 Gloor 研究发现，日本人在 Wikipedia 中编写词条的过程中经常出现冲突，而德国人表现十分稳定，这与他们在协作过程中经常交流有关；日本和韩国的 Wikipedia 用户的协作过程都表现得不稳定[73]。因此，在识别用户社会角色的过程中首先要分析系统平台的类型和特点，这是继续进行分析研究的基础和前提条件。

所谓任务情境指的是在群体协作中，用户直接参与的特定任务。例如，在 Wikipedia 中，用户可以进行的工作有很多。Kittur 等将网络百科中用户所从事的工作划分为两类：direct work 和 indirect work。所谓 direct work 即用户进行创建或编辑词条的工作，也被称为贡献行为；indirect work 为用户进行相互讨论、管理系统事务及协调编写过程等工作[74, 75]。在用户进行不同的工作或行为的时候，用户的行为是不同的，其扮演的角色也是有所区别的。这与现实社会中是相同的，例如，某名教师在课堂上授课与在监考的时候，他扮演的角色是不同的，这是由他所处的任务情境所决定。因此，在识别用户的社会角色的过程中，区分不同的任务情境是在考虑系统平台情境后要考虑的第二个方面。

所谓关系情境指的是用户与用户之间的社交关系。在协作系统中，用户之间的社交关系是通过各种不同的信息行为产生的。例如，在论坛中，不同用户对帖子的回复和被回复关系构成了用户之间的关系网络。目前，将由用户信息行为所形成的关系网络当作互联网中的社交关系网络已经成为众多研究者的共识[58, 76, 77]。因此，要探寻用户的关系情境，就转变为研究网络用户之间的信息关系网络，方法主要有社会网络分析法和复杂网络分析法等。

以上论述了社会情境的三个方面，尽管社会情境是社会角色的基础。但社会角色的表现还需要其他要素的支持，而在这些要素中用户行为规律非常重要。所谓用户行为规律，即用户的一些行为呈现周期性或连续性的特点。例如，在 Welser 等对 Wikipedia 用户的研究中，真正的专家尽管编辑次数要少于技术性编辑者和反恶意行为编辑者，但是他们在词条编辑讨论区中与其他编辑者的讨论次数要远多于其他角色，说明他们常常花费很多的时间和精力与其他词条编辑者进行讨论，可能这是他们贡献内容价值比较大的原因之一。技术性编辑者的行为常常集中在对词条进行较小的改动，包括拼写、语法、链接、不合适的版权信息等[12]。因此，对于用户行为规律的发现不仅要利用数理统计的方法，而且要选择适当的观察指标和观察时间。

在分析了社会情境和行为规律后，用户角色基本形成雏形。但是，还需要一些要素的支撑以进一步地细化。在 Golder 和 Donath 对论坛用户的研究中，"名人"和"夸夸其谈者"是作者在论坛中鉴别出的两个角色，他们都有着广泛的社交关系和非常频繁的信息发布和回复。但是，在"夸夸其谈者"的帖子和回复的信息中，包含了大量不礼貌的话语和措辞，这是他们与"名人"有所区别的一个重要特征[60]。在微博中，得到大量转发或评论的微博可能是受到众人喜欢或支持的言论，也有可能是受到众人反对的言论。在这个差别之间，微博发布者所扮演的角色就有所不同[78]。因此，无论是手动或半自动的内容分析都是必需的。

此外，时间是影响用户所扮演角色的另一个重要因素。在互联网中，除了管理者等"先赋角色"外[79]，其余用户的社会角色都是通过长时间的各种行为活动才形成的暂时稳定的"自致角色"。Linton 的研究发现，像 Wikipedia 这样的知识管理社区的发展都经历了由单一的"先赋角色"逐渐发展成为由很多种角色混合组成的过程[56]。Viegas 等研究发现，在 Wikipedia 中，随着时间的推移，原来的"核心贡献者"趋向于从事管理社区和协调编辑者之间的事务。尽管并没有得到正式的任命，实际上他们中的一部分已经成为实际的"管理者"[80]。因此，考虑用户行为数据中的时间数据可以动态地研究用户角色的演化，达到更好地理解用户的目的。基于以上分析，本书构建了用户社会角色的识别研究框架，如图 3.1 所示。

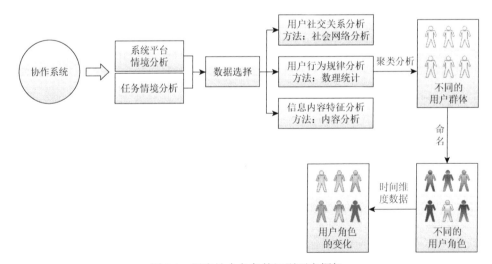

图 3.1　用户社会角色的识别研究框架

用户社会角色识别的第一步，对分别对系统平台情境和任务情境分析，系统平台情境分析就是分析所研究对象系统的基本功能、结构和特点等。而任务情境分析指的是对具体研究问题中的用户所参与的任务或工作，如研究网络百科用户贡献行为，这里的任务情境专指用户参与的贡献行为：创建词条行为和编辑词条行为。第二步，针对协作系统的特点和任务情境来决定获取哪些数据。而具体获取数据方法主要有三种：一是依靠网站开放的数据库，如 Wikipedia；二是利用网络爬虫进行数据爬取；三是手动获取。现在的研究中主要依靠前两种方法。第三步，对数据进行选择和清洗。第四步，对用户的社交关系、行为规律和用户信息内容特征分析。第五步，在第四步的基础上通过聚类分析得到不同的用户群体[81]。第六步，根据每种用户群体的特点，对每种用户群体进行命名。如果要研究角色的动态变化，还需要增加时间维度数据。

2. 用户社会角色关系的识别

在协作系统中，用户之间的关系并不只有"协作"这一种关系，如同在现实社会中一样，各种角色之间有着多种多样的关系，如协作、冲突、对立和排斥等。研究不同角色之间的关系是理解协作系统运行状况和其中各种复杂事件的一个很好的角度。在社会学和心理学中，将各种角色之间发生的各种关系称之为"角色互动"，将各种角色互动所处的社会环境称为"角色情境"[55]。

在没有提出"角色"这一概念的情况下，许多研究者已经在利用各种方法研究协作系统中不同用户之间的交互关系。Kittur 等利用可视化技术发现 Wikipedia 中编辑者在协作编辑词条中的冲突问题[74]；Wierzbicki 等利用社会网络分析法探究了 Wikipedia 中词条编辑者之间的协作关系[82]；Gruzd 等将 Twitter 看作是由成千上万用户相互交互而形成的一个社区，利用社会网络分析法、数量统计法等研究了用户子群的形成及用户之间交互的特点[83]。这些研究对于理解协作平台和用户行为起到了很大的作用，但是缺乏对不同群体用户交互发展趋势的预测，也不能理解为什么不同的群体用户会发生某种交互行为。但如果从角色视角去研究，就可以弥补这些不足。因为扮演着一定角色的网络用户拥有与之相应的权利和职责，同时其行为特点具有一定的规律。这样，各种角色类型的行为就具有了一定的可预见性，通过识别和追踪不同角色之间的交互行为可以在一定程度上预测他们之间交互行为的结果。

尽管 Kittur 等的研究并没有从角色视角研究网络社区中用户之间的交互关系，但这些研究还是给了我们很多方法上的启迪。无论是研究同种角色之间的互动还是不同种角色之间的互动，都应以研究他们的社交关系为基础，辅之以他们之间交互行为特征和信息内容的分析。基于以上分析，构建角色关系识别研究框架，如图 3.2 所示。

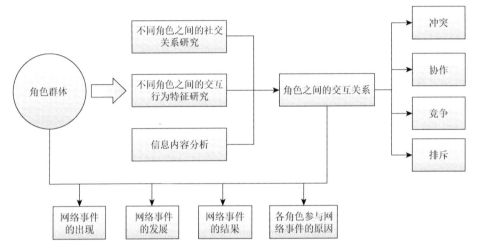

图 3.2　角色关系识别研究框架

角色之间的关系研究是建立在用户角色类型已经识别的基础之上。角色关系研究的第一步，针对特定场景下的角色群体，进行数据选择。第二步，分别对不同角色之间的社交关系、交互行为特征及对他们之间交互的信息内容进行分析。第三步，经过综合分析获得角色之间的交互关系。第四步，将角色群体与角色之间的交互关系相联系，分析网络事件的出现、发展及结果，并对不同角色参与其中的原因进行分析。值得注意的是，对网络用户角色关系的研究十分复杂。

3. 角色生态系统

生态系统是指由多种多样的生物及其生存环境统一而成的整体[84]。借用生物学中的这个概念，本书中的角色生态系统就是指各种各样的角色及其存在环境而形成的整体。在角色生态系统中，各种角色以不同的比例存在，并且各种角色动态变化，他们之间存在着各种各样的关系。从大的方面看，整个网络世界是一个大的角色生态系统。从小的方面看，一个论坛、一个社交网站或是一个微博系统都是一个生态系统。在互联网协作系统角色鉴定和他们之间相互关系研究的基础上，就可以对协作系统有一个初步的认识。例如，在文献[85]中，在鉴定识别用户角色的基础上，作者对不同主题论坛中的各角色种类和比例进行了比较，发现不同主题论坛中角色种类和比例都不相同，但是并没有涉及各种角色之间的交互关系。所以，对于一个协作系统的现状及发展的认识还停留在浅层次的层面上。在将来的研究中，主要的研究方向是研究何种角色比例更有利于协作系统的发展，以及如何针对协作系统中角色存在的现状做出什么样的策略及如何优化系统才能保证协作系统稳定和持续发展。

本节首先对社会角色的概念进行了辨析，并且厘清了对社会角色认识的四个误区，总结了社会角色的本质特征：社会情境、行为规律和社交关系。从微观、中观和宏观三个层面探讨了社会角色对于用户及协作系统研究的价值。在总结前人研究的基础上，分别构建了角色鉴定识别研究模型和角色关系研究模型，梳理了基本的研究方法，为以后的实证研究提供了方向和理论基础。在 3.4 节中，我们将根据本节的研究结果，分析研究在网络百科贡献行为场景中的用户角色问题。

3.4 网络百科贡献行为场景中的用户角色建模

网络百科是用户生成内容的典型代表，也是互联网协作系统的典型代表，它的出现为人们提供了一个可以随时随地协作创作和管理知识内容的平台。其中 Wikipedia 是较早且是目前最为成功的互联网协作平台。Viégas 等认为 Wikipedia 成功的因素有三：①用户之间可以互相观察以相互评价彼此的编辑行为和贡献；②Talk Pages 的存在及其他机制使得用户之间得以交流，在很大程度上解决了词条编辑过程中的冲突；③Wikipedia 坚持"中立观点"的宗旨[80]。根据 Alexa 的统计数据显示，其流量排名长期处于全世界前六位[86]。

网络百科网站的巨大流量让众多营利机构也看到了商机，2005 年互动百科成立，2006 年百度百科上线，此外还包括搜搜百科。这些百科在原有 Wiki 系统的基础上又增加了许多特色功能，如用户荣誉系统、词条推荐系统等。百科系统的增多，使得百科网站在吸引用户方面竞争加剧。另外，虽然研究发现 Wikipedia 的词条质量较高[4]，但是对于其质量的怀疑却始终存在[87]。Anderka 和 Stein 的研究发现，在 Wikipedia 中超过四分之一的词条至少包含一个质量瑕疵[88]。在百度百科中，词条质量问题更加严重[52]。因此，研究百科用户的行为特征和类型、探索用户的兴趣和爱好以优化百科系统，对于吸引用户、促进用户的贡献行为和提高词条的质量具有重要的现实意义。

在 3.2 节的相关研究中，我们已经分析了目前针对百科用户类型的研究的一个最大的缺点是忽略了用户行为是动态变化的事实。另一个问题是针对用户研究缺乏一个标准。因此，在本节的研究中，我们将根据 3.3 节的研究成果，来发掘在网络百科内容生产过程中的用户所扮演的社会角色，并根据这些用户的特点，为百科系统管理者和设计者提出相关建议。

★ 3.4.1　百科用户贡献行为动态模型

1. 百科用户及其贡献行为

在这一部分中，我们首先将详细地分析网络百科中的用户及他们的贡献行为的特点。网络百科中的用户可以从事很多工作，如 3.3.4 节中提到，用户行为划分为 direct work 和 indirect work。其中 direct work 指的是贡献行为，而 indirect work 特指的是并不直接促进百科内容数量增长或质量提高的工作[52, 74]。在本书中，我们主要关注的场景是百科词条内容增长或质量提高的过程，即用户从事贡献行为的过程。因此，在本书中的用户是一个狭义的百科用户的概念，即正在从事或过去从事过百科贡献行为的用户。

我们用 $U = \{u_1, u_2, \cdots, u_n\}$ 来表示网络百科系统中的所有用户，其中 u_i 是一名用户，编号为 i。在给定的一个时间间隔 T 内，用户创建新词条的数目定义为 c，用户对已存在词条进行编辑修订的次数为 e，在这段时间内用户所贡献的词条集合定义为 A，集合 A 的大小等于 c 与 e 之和。我们利用三元组 $B_i = (c_i, e_i, A_i)$ 来表示用户 u_i 在固定时间间隔 T 内用户的贡献行为。换句话说，这个三元组完全描述了用户的贡献行为。在以往很多的研究中，研究者使用这个模型来挖掘用户在一段时间内的贡献行为特征、兴趣和用户类型[89]。正如 3.2.5 节提到的，以往的研究存在一个很大的问题，即忽略掉了用户贡献行为动态变化的事实。因此，将时间维度融入用户贡献行为模型中，目的是挖掘更为真实的用户的贡献行为特征，识别更为丰富的用户类型及他们所扮演的社会角色。

2. 百科用户贡献行为动态模型构建

本书主要采用时间序列来构建用户贡献行为动态模型。所谓时间序列就是按照时间先后顺序排列各个观察记录的数据集。对时间序列进行分析，可以揭示事物运动、变化和发展的内在规律，对人们正确认识事物并据此做出科学的决策具有重要意义[90]。

对给定的有限时间集 T、非空状态属性集 $A = \{A_1, A_2, \cdots, A_m\}$ 及其对应的各值域 D_{A_i}，时间序列 S 可定义为：一个时间序列是有序项队列 $\{s_1, s_2, \cdots, s_n\}$，其中 s_i 是一个 $m+1$ 元组 $(t_i, a_{i1}, a_{i2}, \cdots, a_{im})$，其中 $t_i \in T$，$a_{ij} \in D_{A_i}$，D_{A_i} 取实数集[91]。如果 $m=1$，则称 S 为一维时间序列；如果 $m>1$ 且 $m \in N^*$，则称 S 为多维时间序列。如果对于有限时间集 T，如果 D_{A_i} 为连续集，则称 S 为连续时间序列；如果 D_{A_i} 为离散集，则称 S 为离散时间序列[92]。在现实生活或研究过程中，通常以秒、分、小时、天、月和年等时间单位去观察事物。所以，绝大部分的时间序列都是离散的。例如，根据国家统计局发布的《中华人民共和国 2011 年国民经济和社会发展统计公报》[93]，可以将我国 2006～2011 年的国内生产总值及其增长速度看作一个二维时间序列，表示如下：

$$S = \{(t_1, a_{11}, a_{12}), (t_2, a_{21}, a_{22}), \cdots, (t_6, a_{61}, a_{62})\}$$
$$= \{(2006, 216314, 0.127), (2007, 265810, 0.142), \cdots, (2011, 471564, 0.092)\}$$

（3.1）

我们以三元组 $B_i = (c_i, e_i, A_i)$ 为基础增加一个时间维度来表示用户动态的贡献行为，其元组为

$$b = (t, m_1, m_2, en, s)$$

（3.2）

式中，t 为一个时间单位；m_1 为用户在时间 t 内创建的词条数量；m_2 为用户在时间 t 内所进行的编辑次数；en 为用户创造和编辑的词条集合，在百度百科中词条

的 ID 以数字表示，所以在这里用一个数字代表一条词条；s 为用户创建和编辑词条所归属的主题集，同样可以使用数字进行表示。在对时间序列进行分析时，对于某一用户或事物进行观测时，在时间上是绝对递增的。所以，在表示上就省略掉时间，b 可以修改为

$$b = (m_i^1, m_i^2, \mathrm{en}_i, s_i) \tag{3.3}$$

其含义为：用户在第 i 个观察时间段内的行为特征。具体包括创造词条数量、编辑词条数量、词条集和主题集。将 b 转置，我们得到用户贡献行为的动态模型：

$$B^* = [b_1', b_2', \cdots, b_n']$$

$$= \begin{bmatrix} m_1^1 & m_2^1 & \cdots & m_n^1 \\ m_1^2 & m_2^2 & \cdots & m_n^2 \\ \mathrm{en}_1 & \mathrm{en}_2 & \cdots & \mathrm{en}_n \\ s_1 & s_2 & \cdots & s_n \end{bmatrix} \tag{3.4}$$

这个百科用户贡献行为的动态模型既包括对用户贡献行为数量特征的描述，也包括对用户贡献对象——词条的描述。利用数理统计的方法，既可以发现百科用户群体的贡献数量规律，也可以发掘群体贡献的词条主题分布特征，这些在以往的研究中多有体现。本书的主要工作是对百科用户的时间序列进行聚类，试图发现百科系统中不同的用户类型，试图了解不同用户所扮演的不同角色。通过模型，我们可以发现此模型既包括用户贡献词条又包括所属主题。但是由于词条主题内容的复杂性，本书并没有涉及，这是我们以后的研究重点。在本书的研究中，我们主要关注用户在百科系统中存留的时间和贡献数量两个方面。因此，在本书中研究中用户贡献行为模型就简化为

$$B^* = [\mathrm{num}_1, \mathrm{num}_2, \cdots, \mathrm{num}_n] \tag{3.5}$$

num_i 为用户在第 i 个单位时间内，贡献次数在数量上等于其创造词条数量和编辑词条数量之和。因为在以往的研究中，我们发现百科用户在贡献行为和编辑行为两者之间并没有偏好性，所以在本书中，我们将贡献行为与编辑行为融合。

3. 时间序列相异性界定及聚类算法

1）时间序列相异性界定

聚类是一个无监督的分类，它没有任何先验知识可用。聚类算法大致分为层次化聚类算法、划分式聚类算法、基于密度和网格的聚类算法和其他聚类算法[94]。其中属于划分式聚类算法的 K-means 算法和 K-medoids 算法是常用的算法，欧氏距离被广泛用于计算元素之间的相异度。但是，对于时间序列而言，欧氏距离不能处理局部的时间弯曲。举例说明，对于元素 $A = (45, 0, 45)$ 和 $B = (45, 45, 0)$，分别代表着 A 用户与 B 用户在三个月内贡献的词条数量。它们之间的欧氏距离为 0，如果根据以往的聚类方法，则 A 与 B 属于同一类，代表着同样的含义。但是，元素 A 与 B 其实代表着不同的含义。A 用户在三个月的创作过程中，中间一个月没有任何创作。而 B 用户是前两个月连续创作，只是在第三个月停止。所以，对于时间序列的聚类过程中，还需要新的相似性指标。本书在文献分析的基础上，采用演变相似性距离（evolution similarity distance，ESD）表示两个元素之间的相异性[95]。

定义单变量时间序列 $X = (x_1, x_2, \cdots, x_n)$，其中 x_i 表示在第 i 个取样时间点上的值，$|X| = n$ 表示时间序列 X 的长度为 n。定义 $X_s = (x_1, x_2, \cdots, x_{n-1})$ 是 X 被影射到 $n-1$ 维空间中的点，X_s 保留了原时间序列的静态信息，定义它为时间序列 X 演变的开始点。定义 $X_k = (x_2 - x_1, x_3 - x_2, \cdots, x_n - x_{n-1})$ 为时间序列 X 的演变向量。在时间序列演变分析（time series evolution analysis，TSEA）中，X_k 表示 X_s 拥有最大演变概率的方向。则时间序列 X 被定义为特殊向量，$X_r = (X_s, X_k)$。

计算两个时间序列 X 与 Y 的 ESD 需要以下三个步骤。

（1）将时间序列 X、Y 映射到多维空间，表示为 $X_r = (X_s, X_k)$，$Y_r = (Y_s, Y_k)$。

（2）将 X_k 投影到 $Y_s - X_s$ 方向上，投影的长度为 E_X^Y，它用来表示 X 在 $Y_s - X_s$ 方向上的演变概率，E_X^Y 可以表示为

$$E_X^Y = \frac{X_k \cdot (Y_s - X_s)}{|Y_s - X_s|} \tag{3.6}$$

式中，$X_k \cdot (Y_s - X_s)$ 表示 X_k 与 $(Y_s - X_s)$ 的点积；$|Y_s - X_s|$ 是 $(Y_s - X_s)$ 的模。

（3）计算 X_s 与 Y_s 的空间距离，表示为 $d(X_s,Y_s)$，其中 d 代表的是欧式距离公式。

定义时间序列 X 和 Y 之间的演变相似性距离定义如下：

$$\text{ESD}(X,Y) = \Theta[E_X^Y, d(X_s,Y_s)] \tag{3.7}$$

这里设置 $\Theta(\alpha,\beta) = \dfrac{\beta}{\alpha}$，可以得到时间序列 X 和 Y 之间的 ESD：

$$\text{ESD}(X,Y) = \frac{d(X_s,Y_s)\,|Y_s - X_s|}{X_s \cdot (Y_s - X_s)} = \frac{|Y_s - X_s|^2}{X_k \cdot (Y_s - X_s)} \tag{3.8}$$

但是在 ESD 的公式中，分母存在等于 0 的情况，以下对几种等于 0 的情况进行分析。

（1）$Y_s - X_s = [0,0,\cdots,0]$，这种情况下，$X$ 与 Y 的前 $n-1$ 个元素都相同。此时，我们认为 X 与 Y 基本相同，$\text{ESD} \approx 0$。

（2）$X_k = [0,0,\cdots,0]$，这种情况下，说明 X 的 n 个元素都相同，在随后的实验过程中，我们并没有发现这种情况。但是，我们定义此时 $\text{ESD}(X,Y) = d(X,Y)$，即此时我们利用两序列的欧氏距离来表示 ESD。

（3）$Y_s - X_s$ 和 X_k 中的元素不全为零，$X_k \cdot (Y_s - X_s) = 0$，$\text{ESD}(X,Y) = \infty$。因为此时在空间位置关系上，$X_k$ 与 $Y_s - X_s$ 垂直，也说明了 X 与 Y 在发展方向上是没有演变可能的。

2）聚类算法

在本书的研究中，聚类方法采用 K-means 算法，算法的具体过程如下。

（1）从数据集 $\{x_n\}_{n=1}^{N}$ 中任意选取 k 个对象作为初始的聚类中心 $c_1,c_2,\cdots,c_k$；

（2）对数据集中的每个样本点 x_i，计算其与每个聚类中心 c_j 的 ESD 并获取其类别标号；

（3）重新计算每个聚类的平均值；

（4）重复（2）和（3），直到不再发生变化。

3.4.2 百科用户贡献行为的数据和统计分析

1. 数据选择

本书选择国内最大的百科——百度百科为数据源，主要是考虑如下原因。

（1）百度百科与 Wikipedia 不同的一点是，百度百科只允许注册用户创建词条或进行编辑修改，而在 Wikipedia 中要创建或编辑词条并不要求是注册用户。而相关研究显示非注册用户与注册用户相比，同样贡献了大量的内容，且有相当数量高质量的词条版本[13]。但是，在 Wikipedia 中是以 IP 地址标识非注册用户的。由于非注册用户不一定在同一地址上网，无法完整地保留一名非注册用户的完整数据，所以在以往的 Wikipedia 用户研究中，往往不考虑非注册用户。但是，用户之间是相互影响的[24]，如果忽略非注册用户，则无法保证研究的精确性。所以，本书研究选择了只允许注册用户进行贡献行为的百度百科作为研究对象。

（2）在 Wikipedia 中，用户除了创建和编辑词条外，还可以做很多工作。Wikipedia 提供了 talk pages 这种空间,供用户讨论词条编辑和处理公共事务。Kittur 等将用户创造词条和编辑词条的行为称为 direct work，其他的行为称为 indirect work[74]。他们发现，direct work 的数量逐年下降，indirect work 的数量逐年增加。本书认为 direct work 减少的一个原因是随着百科词条的增多，用户增加新词条的困难也在增加。indirect work 的数量增加的原因是，随着词条的增多，用户数量的增多，提高词条质量而发生的讨论页也在增多，因此处理不良行为而开展的管理活动也增多。所以，在 Wikipedia 中用户的 direct work 与 indirect work 是有相互关系的。如果在研究 direct work 的时候，撇开 indirect work 是不科学的。而本书所要研究的百科用户的贡献行为就只包括创建词条、编辑词条两种行为，也就是所谓的 direct work，所以数据源选择了只允许用户创造词条或编辑词条的百度百科。

（3）百度百科在国内使用广泛，词条数量大、用户众多，以其为研究对象足以反映网络百科用户贡献行为的特点。截止到 2016 年 7 月 27 日，百度百科拥有的词条数目已经超过 1360 万条[96]。

2. 数据获取

与 Wikipedia 完全开放不同，百度百科并不提供词条资料和用户资料的下载服务。所以，本书利用开源爬虫软件进行对百度百科数据的爬取。在百度百科中，创建时间最早的词条——百度百科是用户"百科万事通"于 2006 年 4 月

5 日 15 时 37 分创建。选取 2006 年 4 月 5 日～10 月 5 日共 183 天内的所有用户贡献行为的历史数据，之所以选择这六个月的数据，一是在这段时间内百度百科并没有"荣誉系统"等激励措施，这段时间的数据更能反映用户的真实的行为模式；二是可以方便、完整地获取用户从使用百度百科开始至 2006 年 10 月 5 日的所有数据。表 3.2 为采集数据的种类及数量，表 3.3 为一个百度百科用户贡献行为数据的例子。

表 3.2　采集数据种类及数量

数据项	词条数量/条	贡献者/人	编辑次数/次
数量	419597	32242	561962

表 3.3　用户"kind20"的贡献行为历史数据

用户	贡献时间	贡献词条	行为
kind20	2006-4-22 14:50:00	李斯特	编辑词条
kind20	2006-4-22 14:59:00	罗丹	编辑词条
kind20	2006-4-22 15:18:00	莫奈	编辑词条
……	……	……	……
kind20	2006-5-16 20:06:00	玫瑰节	创建词条

注：百科用户的贡献行为分为创建词条和编辑词条两种，编辑词条是指在词条创建之后对词条进行添加、删除和修改的一系列的行为。

3. 百度百科的基本特点

在这一部分中，我们将对实验选取的数据进行基本的描述性分析。具体包括百科内容增长分析、词条编辑次数分布分析和用户贡献次数分布分析。

1）百科内容增长

在百科系统中，认为词条创建后用户的每一次编辑都是有价值的，都为百科内容的增长或质量的提升贡献了一定的价值。所以，在百科系统中内容增长既包括词条创建也包括词条编辑。在本书中，假定词条创建时这条词条即被编辑 1 次。如果词条编辑次数为 10 次，则说明词条被创建后又被更新修订了 9 次。百度百科内容的增长可以用词条编辑次数来表示。图 3.3 所示的是 2006 年 4～9 月百度百科累积编辑次数。

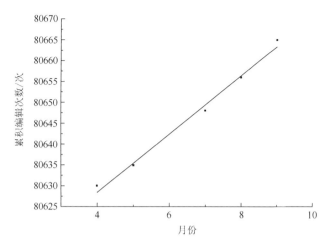

图 3.3　2006 年 4～9 月百度百科累积编辑次数

经过曲线拟合，函数关系为 $y = 7x + 80600.33333$，$R^2 = 0.987$，$x = 4, 5, \cdots, 9$。所以我们可以肯定百度百科在开始阶段，其内容以线性模式快速地增长，而这种模式是与 Wikipedia 在初期阶段的增长模式相同的[97]。

2）词条编辑次数分布

词条编辑次数是一条词条创建以后被用户编辑修订过的次数，其数量大小在一定程度上代表了词条的成熟度，即编辑次数越多的词条往往质量较高[37]。在本书中，编辑次数为 1 意味着词条创建后就再没有被修订过。图 3.4 为词条编辑次数分布图（数轴经过 log2 处理），可以看出词条编辑次数遵循幂率分布，与文献[52]中的研究结论一致。经过进一步地计算，词条的平均编辑次数为 1.34 次。其中，编辑次数为 1 即创建后就再没有被修订过的词条占总量的 78.30%，编辑次数不超过 2 次的词条占总量的 93.72%。根据这些数据我们可以得出这样的结论：百度百科在开始的前几个月中，用户的贡献行为以创建词条为主。在这段时间内，绝大部分词条还不成熟，其质量往往得不到保证。

3）用户贡献次数分布

贡献次数是指某一用户创建词条次数和编辑词条次数的总和，是用户贡献度的重要数量特征。图 3.5 为用户贡献次数分布图（数轴经过 log2 处理），可以看出用户贡献次数遵循幂率分布，并伴随着长尾现象，这与 Voss 的研究结果也一致[97]。经过进一步的计算，每一个用户的平均贡献次数为 17.43，标准差为 205.36，总的贡献次数为 1 的用户占总量的 47.73%,不超过两次的用户占总量的 64.00%,贡献次数超过 1000 次数量占总量的 0.22%的用户贡献了 35.44%的内容。根据这些数据,我们可以认定在百度百科中,用户的贡献度呈现极度不平衡的特点。

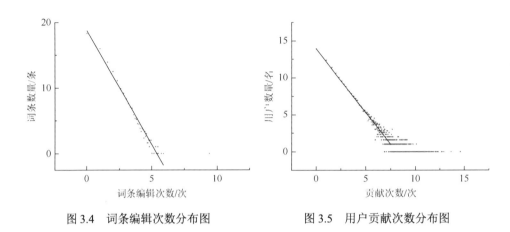

图 3.4　词条编辑次数分布图　　　　图 3.5　用户贡献次数分布图

从上述分析中,可以认定实验选取的数据具备网络百科的普遍性特点。并且,验证了中文百科与 Wikipedia 发展的过程是否基本一致的问题。

3.4.3　百科用户贡献行为的结果分析

1. 描述统计分析

在这一部分中,我们对用户贡献行为的基本动态特征进行分析。这些分析将有助于我们对用户的贡献行为有进一步地了解,也有利于系统设计者根据这些用户特征进行系统优化。

1)用户一天中的贡献分布

为了观察用户贡献行为在一天中分布的特征,我们汇总了所有用户的数据。图 3.6 是所有用户在一天中的贡献次数分布图。我们可以发现,在 0~5 点,用户贡献次数持续降低,这一时间段是绝大多数用户开始入睡的时间;在 5~10 点,用户贡献次数持续上升,然后在 10~17 点用户贡献次数呈现出一定的波动性,期间受上班、午饭等事情的影响;在 17 点达到最大值,随后又持续下降,这是因为大多数人在 17 点后进入晚饭时间,而饭后一般会进行看电视、上网等行为。从这些分析可以看出，百科用户贡献行为受到日常作息和工作时间的影响巨大。

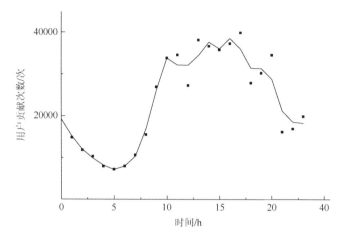

图 3.6 所有用户在一天中的贡献次数分布图

2）假日效应

为了更进一步地观察百科用户的贡献行为，研究选取 2006 年 9 月 25 日～10 月 5 日的用户数据，图 3.7 就是利用这些数据做的一个点图。我们可以发现一个有趣的现象，在 10 月 1 日之前，用户贡献行为呈现一定的波动性。但是到了 10 月 1 日，用户贡献次数急剧下降。这种现象的出现与我国的节假日有很大的关系。在 10 月

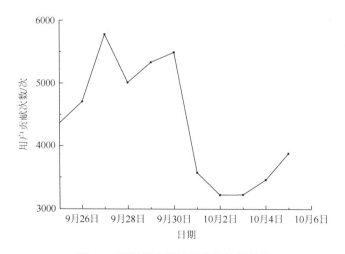

图 3.7 百科用户贡献行为的假日现象

1 日，大多数的人或许正在游玩的路上，而 10 月 2 日和 3 日大多人都在游玩。在 10 月 4 日之后，在外游玩的人陆续地回来，之后百科内容数量的增长速度才慢慢地恢复。我们称这种现象为假日效应。

2. 聚类分析

对于用户聚类，本书研究的是等长的时间序列，即截取的时间对于每个用户来说都是相同的。我们从 4 月出现的 9977 名用户中随机地抽取 1000 名用户，保证用户是在同一月份开始使用百度百科，采用的单位时间间隔为月。

1）基于贡献持续时间的用户分类

为了能够对比基于时间序列聚类的效果，我们首先从用户贡献持续时间的角度对用户进行简单的分类。定义用户贡献持续时间指的是在 2006 年 4～9 月这 6 个月的时间内，用户在百度百科中有所贡献的时间，所谓有所贡献指的是在当月用户贡献次数不能为 0。$B_4^* = [6,485,410,20,0,0]$，表示的是编号为 1 的用户在 6 个月的时间内，每一个月贡献词条的次数。在后两个月的时间内，由于用户贡献次数为 0，所以编号为 1 的用户在我们观察时间段内的贡献持续时间为 4 个月。在 Excel 中，选取前 1000 列、前 6 行用来存放 1000 名用户 6 个月的贡献次数，单元格 $cells(j,i)$ 代表的是第 i 号用户在第 j 月所贡献的词条数量。规定当 $cells(j,i) > 0$ 时，单元格的背景为灰色，当 $cells(j,i) = 0$ 时，单元格背景色为黑色，形成了百科用户贡献持续时间图，如图 3.8 所示。

图 3.8　百科用户贡献持续时间图

首先，可以直观地发现所有的用户在第一个月都有贡献，这是因为我们选取的数据都是有过贡献的用户数据，对于没有贡献但是使用百度百科的用户现在还无法获取。其次，持续时间只有 1 个月的用户占的比例最大，持续时间为 6 个月的用户只占很小的一部分。进一步地统计分析，贡献持续时间为 1 个月的用户数量为 766 名，2 个月的为 127 名，3 个月的为 52 名，4 个月的为 25 名，5 个月的为

19 名，6 个月的为 11 名。我们以贡献时间长短将用户划分为三种角色：短暂试用者（持续时间 1 个月）、中途退场者（持续时间 2~4 个月）和持续贡献者（5~6 个月）。

（1）短暂试用者。在 766 名用户中，有 358 名用户在这一个月的时间内的贡献次数只有 1 次，而贡献次数为 2 的用户也高达 129 名。可以看出，短暂试用者不但较早地停止了贡献行为，而且贡献度很低。这些用户往往是怀着好奇的心理去试用百科系统。然而，由于缺乏"利他精神"、耐心和知识储备，他们往往在简单地尝试之后，就迅速停止了贡献。他们的离开往往与系统的优劣没有关系，而这些短暂试用者在网络百科内容建设方面所扮演的角色也就不是那么重要。

（2）中途退场者。中途退场者是指在百科系统中持续贡献了一段时间，在百科系统中保留着他们的许多成果。他们贡献行为的停止应该引起系统设计者的警觉，因为他们的离开可能是系统的缺点及激励不当等造成的。

（3）持续贡献者。持续贡献者在所有用户中比例仅为 3%，他们的平均贡献次数也较前两者高很多。对于百科系统来说，持续贡献者有助于增加词条内容的数量和提高词条的整体质量。

通过对用户贡献持续时间的可视化分析及辅助的统计分析，我们将百科用户分为三种类型，并对三种类型进行了一定的分析。但是，我们发现这种简单的分类对于短暂试用者的分析还比较实用，因为他们的贡献行为持续时间短而且贡献次数少。但是，对于中途退场者和持续贡献者来说，这种划分并不十分精确，也就不能判断他们所扮演的真正角色。

2）基于时间序列的用户聚类

实验采用 MATLAB 作为聚类工具，通过准则函数 $E = \sum_{i=1}^{k} \sum_{p \in C_i} \text{ESD}(p, m_i)$ ［p 为数据对象；m_i 为属于簇 c_i 的平均值；$\text{ESD}(p, m_i)$ 为数据到其所属簇中心的距离］进行判断，发现当类别为 7，迭代次数为 4 时效果最好，实验结果见图 3.9。

从图 3.9（a）中可以直观地发现不同类型用户的分布情况。其中，第 5 种用户类型分布最广泛，其次为第 6 种用户类型，第 2 种用户类型的用户数量最少。通过图 3.9（b）可以进一步清晰地了解每一种用户的数量。第 5 种用户类型和第 6 种用户类型占总量的 95.8%，其余 4 种用户类型只占到 4.2%。上述是对聚类结果一个数量上的认识，下面为了更加清晰地理解这 7 种用户类型，将 7 个簇的中心进行可视化，每一个图像代表每一种用户类型，具体见图 3.10 和图 3.11。

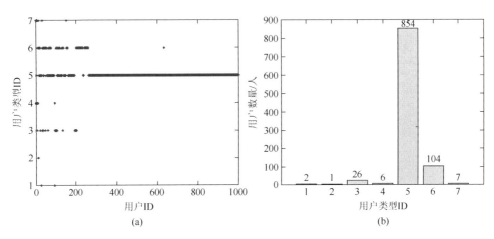

(a)   (b)

图 3.9　实验结果图

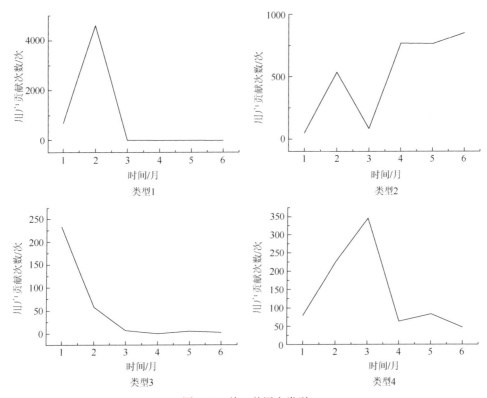

图 3.10　前 4 种用户类型

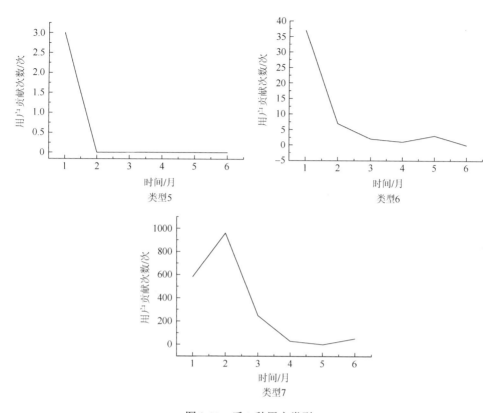

图 3.11　后 3 种用户类型

第 1 种类型的用户占总量的 0.20%。他们在第 2 个月贡献了大量词条的情况下，在第 3 个月仅贡献数条词条后就迅速停止了贡献。这种用户可以用中途退场者来形容，他们离开的原因可能是在贡献了大量的词条后，用户的知识枯竭或是系统的缺点而导致热情不足。

第 2 种类型的用户贡献数量是最少的，只占到总量的 0.10%。但是，他们不同于其他类型用户的一点是，他们的贡献热情并没有随着时间的推移而降低，反而呈现增长趋势。

第 3 种类型的用户占总量的 2.60%，这些用户的特点是在前两个月进行了相当多的贡献之后，其贡献度开始逐渐降低。在最后的三个月中，尽管这些用户仍在坚持贡献，但是其贡献数量已经很少，可以预见他们在不久的将来可能会彻底停止贡献。

第 4 种类型的用户占总量的 0.60%，这些用户在中间一段时间内经历了贡献数量增加后，其贡献热情也逐渐降低。这种用户的特点是通常需要一段时间去熟悉百科系统，在熟悉系统后，其贡献数量逐渐增多。但再随着时间的推移，用户的贡献热情也逐渐降低，但是其贡献次数在短期仍维持在相当高的水平。

第 5 种类型用户的数量最多，占总量的 85.40%。他们在少量数量的贡献后，就迅速停止了贡献行为，这类用户可以用短暂试用者形容。

第 6 种类型的用户数量占总量的 10.40%，是第二种重要的用户类型。这种类型的用户与第 3 种类型的用户相似，不同点是第 6 种类型的用户在起始阶段的贡献量要小，相同点是虽然短期内仍在坚持贡献，但是在不久的将来他们可能都会完全停止贡献。

第 7 种类型的用户数量占总量的 0.70%，这类用户在前半期的贡献次数较多。但是在后半期，尽管他们仍在坚持贡献，但贡献数量较前期有很大的降低。不过对比第 3 种和第 6 种类型用户，其贡献次数仍然处于一个相当高的水平。

基于以上分析，将这 7 种用户类型划归为 4 类，并分别命名为短暂试用者、中途退场者、延迟退场者和长期坚持者，具体如表 3.4 所示。

表 3.4　各类型用户比例及其贡献比例表　　　　（单位：%）

大类型	小类型	用户占总量的比例	贡献比例
短暂试用者	类型 5	85.40	7.14
中途退场者	类型 1	0.20	21.67
延迟退场者	类型 3、6	13.00	27.56
长期坚持者	类型 2、4、7	1.40	43.63

短暂试用者只包括第 5 种用户类型，他们的特点是在很短的时间内贡献了很少量的内容后，就彻底停止了贡献行为。这类用户离开的原因往往不是由于系统的不足，而是由于他们缺乏"利他精神"和必要的耐心而无法坚持下去。中途退场者只包括第 1 种用户类型，在中期贡献了大量内容后，他们就完全停止了贡献行为。延迟推迟者包括第 3 种和第 6 种用户类型，在六个月的观察时间内，他们并没有停止贡献行为。但是在后期他们的贡献数量已经很少，在不久的将来他们

可能也会彻底停止贡献行为。长期坚持者包括第 2 种、第 4 种和第 7 种用户类型，这些用户的数量是最少的，但是他们的贡献数量却是最多的。我们可以称长期坚持者为核心贡献者，他们是网络百科系统持续发展的核心要素。

基于以上分析，研究结果还可以给我们以下几点启示。

（1）对于百科系统来说，长期坚持者是百科系统的核心贡献者。他们平均贡献大，富有"利他精神"，具有耐心，而且具备良好的知识储备。百科系统的管理者应该针对他们有充分的信任，赋予他们一定的管理权限，这种做法不但有利于保持他们的热情，而且借助他们的经验和能力可以更好地保持百科系统的良好发展。

（2）中途退场者也是百科系统的中坚力量，针对这些用户的特点，百科系统应该增加一个预测系统，及时发现他们将要停止贡献的趋势。并且管理者要及时分析用户贡献减少或停止的原因，以针对原因改进系统或服务。另外，合适的激励机制对于中途退场者十分必要，可以延缓他们停止贡献的趋势。

（3）延迟退场者同样也是网络百科内容建设的中坚力量。作为百科系统的管理者，他们的首要任务就是要尽可能地对系统进行优化和更新，以保持这些用户的贡献热情。

（4）短暂试用者尽管不是百科系统核心贡献者，但是不断吸引新的用户的加入还是很有必要的。首先，因为这部分用户尽管贡献不多但还是有所贡献，其次，这部分用户其中的一部分有可能会有转化，关于这一点还有待进一步地验证。

3.5　本章小结

本章对目前针对互联网群体协作中用户的研究做了详细的综述，这方面的研究是目前的一个热点，并且已经取得了比较丰富的成果。在互联网群体协作中，用户拥有自主性和能动性，相互之间有交互行为、有协作也有冲突、在贡献和社交关系等方面都表现出强烈的异质性，同时他们的行为受到多种因素的影响。群体协作系统中的各种现象，如网络百科词条的指数增长、词条编辑的优先特征和协作冲突等现象，都是处于微观层面的成千上万的用户相互交互所产生的结果。

因此，可以肯定群体协作系统是一种典型的复杂自适应系统，而这些用户的特征也具有动态性和非线性的特点。但是，目前的研究在许多方面仍存在着不足。

在此基础上，本章主要研究了互联网群体协作中的用户类型、用户贡献行为动机与影响因素、社交关系和协作关系、协作系统演化等内容，并从社会角色视角对互联网群体协作中的用户行为进行了深入研究，社会角色作为一种有效的工具，起到了概括归纳用户群体的作用。

本章研究的对象是百科系统中的贡献者即创建词条或编辑词条的用户，针对以往研究中只考虑用户静态特征而忽略了用户行为动态变化的现状，在构建了用户贡献行为动态模型的基础上，使用百科用户的贡献行为时间数据，利用描述统计分析和聚类分析两种方法对用户进行了研究。研究过程中不但发现了用户贡献行为的一天中的贡献分布和假日效应的特征，而且发现了更为丰富的用户类型，以及这些用户在网络百科的内容建设场景中所扮演的角色。这些研究为下一步的系统优化打下了基础，并且对其他互联网用户行为的研究提供了借鉴作用。

参 考 文 献

[1] Agarwal N，Liu H. Blogosphere：Research issues，tools，and applications[J]. ACM SIGKDD Explorations Newsletter，2008，10（1）：18-31.

[2] 闫隽. 网络交往中的角色扮演[D]. 武汉：华中科技大学，2005.

[3] Howe J. The rise of crowdsourcing[J]. Wired Magazine，2006，14（6）：1-4.

[4] Giles J. Internet encyclopaedias go head to head[J]. Nature，2005，438（7070）：900-901.

[5] Perloff M. Learning from Wikipedia[J]. PMLA，2018，133（3）：694-699.

[6] Hertel G，Niedner S，Herrmann S. Motivation of software developers in Open Source projects：An Internet-based survey of contributors to the Linux kernel[J]. Research Policy，2003，32（7）：1159-1177.

[7] Yeh N C. Exploring the Unified Motivation Model towards Web 2.0 Usage-Using i-Partment and Chinese Wikipedia for examples[D]. Taipei：National Taiwan University of Science and Technology，2013.

[8] Ridings C，Gefen D，Arinze B. Psychological Barriers：Lurker and Poster Motivation and Behaviour in Online Communities[J]. Communications of the Association for Information Systems，2006，18（1）：329-354.

[9] Panciera K，Halfaker A，Terveen L. Wikipedians are born，not made：A study of power editors on Wikipedia[C]// Proceedings of the ACM 2009 International Conference on Supporting Group Work，2009：51-60.

[10] Liu J，Ram S. Who does what：Collaboration patterns in the wikipedia and their impact on data quality[C]//19th Workshop on Information Technologies and Systems，2009：175-180.

[11] Iba T，Nemoto K，Peters B，et al. Analyzing the creative editing behavior of Wikipedia editors：Through dynamic social network analysis[J]. Procedia-Social and Behavioral Sciences，2010，2（4）：6441-6456.

[12] Welser H T，Cosley D，Kossinets G，et al. Finding social roles in Wikipedia[C]//Proceedings of the 2011

i-Conference，2011：122-129.

[13]　Javanmardi S，Ganjisaffar Y，Lopes C，et al. User contribution and trust in Wikipedia[C]//5th International Conference on Collaborative Computing：Networking，Applications and Worksharing，2009：1-6.

[14]　Arelli H，Spezzano F，Shrestha A. Editing behavior analysis for predicting active and inactive users in Wikipedia // Kaya M.，Alhajj R. Influence and Behavior Analysis in Social Networks and Social Media[M]. Berlin：Springer，2018：127-147.

[15]　齐云飞，赵宇翔，朱庆华. 在线问答社区中参与者知识行为研究综述[J]. 图书情报知识，2018，183（3）：105-114.

[16]　常静，杨建梅. 百度百科用户参与行为与参与动机关系的实证研究[J]. 科学学研究，2009，27（8）：1213-1219.

[17]　常静，杨建梅，欧瑞秋. 基于 TAM 的百度百科用户参与意向的影响因素研究[J]. 软科学，2010，24（12）：34-37.

[18]　夏火松，王瑞新. 百度百科词条特性对知识共享意愿影响的实证研究[J]. 科学学研究，2010，28（12）：1877-1883，1890.

[19]　许博. 网络百科全书公众参与影响因素研究[J]. 科学学研究，2011，29（5）：665-669.

[20]　Yang H L，Lai C Y. Motivations of Wikipedia content contributors[J]. Computers in Human Behavior，2010，26（6）：1377-1383.

[21]　王骞敏，孙建军. 网络群体协作中用户持续贡献行为影响因素研究[J]. 图书馆杂志，2018，37（5）：12-20.

[22]　Okoli C，Oh W. Investigating recognition-based performance in an open content community：A social capital perspective[J]. Information & Management，2007，44（3）：240-252.

[23]　Park N，Oh H S，Kang N. Factors influencing intention to upload content on Wikipedia in South Korea：The effects of social norms and individual differences[J]. Computers in Human Behavior，2012，28（3）：898-905.

[24]　Zhang X Q，Zhu F. Group size and incentives to contribute：A natural experiment at Chinese Wikipedia[J]. American Economic Review，2011，101（4）：1601-1615.

[25]　Gears D A. Wiki Behavior in the Workplace：Emotional Aspects of Content Development[D]. Davie：Nova Southeastern University，2011.

[26]　Cho H，Chen M，Chung S. Testing an integrative theoretical model of knowledge-sharing behavior in the context of Wikipedia[J]. Journal of the American Society for Information Science and Technology，2010，61（6）：1198-1212.

[27]　Kuznetsov S. Motivations of contributors to Wikipedia[J]. ACM SIGCAS Computers and Society，2006，36（2）：1-7.

[28]　Allison L，Nina H. Becoming an online editor：Perceived roles and responsibilities of Wikipedia editors[J]. Information Research：An International Electronic Journal，2018，23（1）：1-12.

[29]　赵宇翔，朱庆华，吴克文，等. 基于用户贡献的 UGC 群体分类及其激励因素探讨[J]. 情报学报，2011，30（10）：1095-1107.

[30]　赵宇翔，范哲，朱庆华. 用户生成内容（UGC）概念解析及研究进展[J]. 中国图书馆学报，2012，56（5）：68-81.

[31]　张宁，袁勤俭，朱庆华. 个体认知专注与虚拟社区参与关系的元分析[J]. 情报学报，2018，37（2）：161-171.

[32]　Reinoso A J，Ortega F，González-Barahona J，et al. A quantitative approach to the use of the Wikipedia[C]//IEEE Symposium on Computers and Communications（ISCC 2009），2009：56-61.

[33]　Kämpf M，Tismer S，Kantelhardt J W，et al. Fluctuations in Wikipedia access-rate and edit-event data[J]. Physica A：Statistical Mechanics and its Applications，2012，391（23）：6101-6111.

[34] Massa P. Social networks of Wikipedia[C]//Proceedings of the 22nd ACM conference on Hypertext and hypermedia，2011：221-230.

[35] Ma P S. Commons-based peer production and Wikipedia：Social capital in action[D]. HongKong：University of HongKong，2006.

[36] Maniu S，Cautis B，Abdessalem T. Building a signed network from interactions in Wikipedia[C]//DBSocial '11 Databases and Social Networks，2011：19-24.

[37] Brandes U，Lerner J. Visual analysis of controversy in user-generated encyclopedias[J]. Information Visualization，2008，7（1）：34-48.

[38] Lin Y，Chen Y. Do less active participants make active participants more active? An examination of Chinese Wikipedia[J]. Decision Support Systems，2018，114：103-113.

[39] Laniado D，Tasso R. Co-authorship 2.0：Patterns of collaboration in Wikipedia[C]//Proceedings of the 22nd ACM Conference on Hypertext and Hypermedia，2011：201-210.

[40] Tang L V S，Biuk-Aghai R P，Fong S. A method for measuring co-authorship relationships in MediaWiki[C]// Proceedings of the 4th International Symposium on Wikis，2008，16：1-10.

[41] Kimmerle J，Moskaliuk J，Harrer A，et al. Visualizing co-evolution of individual and collective knowledge[J]. Information，Communication & Society，2010，13（8）：1099-1121.

[42] Aibek M. An Interaction-driven Approach for inferring the Polarity of Collaborations in Wikipedia and Political Preferences on Twitter[D]. Edmonton：University of Alberta，2012.

[43] Brian C B. System level motivating factors for collaboration on Wikipedia：A longitudinal network analysis[D]. West Lafayette：Purdue University，2011.

[44] Brandes U，Kenis P，Lerner J，et al. Network analysis of collaboration structure in Wikipedia[C]//Proceedings of the 18th international conference on World wide web，2009：731-740.

[45] Wilkinson D M，Huberman B A. Cooperation and quality in wikipedia[C]//Proceedings of the 2007 international symposium on Wikis，2007：157-164.

[46] Suh B，Chi E H，Pendleton B A，et al. Us vs. them：Understanding social dynamics in Wikipedia with revert graph visualizations[C]//Proceedings of the 2007 IEEE Symposium on Visual Analytics Science and Technology，2007：163-170.

[47] Yasseri T，Sumi R，Rung A，et al. Dynamics of conflicts in Wikipedia[J]. PloS one，2012，7（6）：1-12.

[48] Ransbotham S，Kane G，Gerald C. Membership turnover and collaboration success in online communities：Explaining rises and falls from grace in Wikipedia[J]. MIS Quarterly，2011，35（3）：613-627.

[49] Qiu J N，Wang C L，Cui M. The influence of cognitive conflict on the result of collaborative editing in Wikipedia[J]. Behaviour & Information Technology，2014，33（12）：1361-1370.

[50] 姚灿中，杨建梅. 基于多智能体的大众生产系统稳定性研究[J]. 计算机工程，2011，37（3）：13-15.

[51] 赵东杰，王华，李德毅，等. 基于 CAS 理论的群体协作维基词条编辑建模仿真[J]. 上海理工大学学报，2012，34（5）：441-446.

[52] 黄令贺，朱庆华. 百科词条特征及用户贡献行为研究——以百度百科为例[J]. 中国图书馆学报，2013，39（1）：79-88.

[53] Ciampaglia G L. A Bounded Confidence Approach to Understanding User Participation in Peer Production Systems[J]. Lecture Notes in Computer Science，2011，6984：269-282.

[54] Xu J，Yilmaz L，Zhang J. Agent simulation of collaborative knowledge processing in Wikipedia[C]//Proceedings of the 2008 Spring Simulation Multiconference，2008：19-25.

[55] 秦启文，周永康. 角色学导论[M]. 北京：中国社会科学出版社，2011.

[56] Linton R. The study of man：An introduction[M]. New York：Appleton Century Crofts，Inc. 1936：113-114.

[57] Goffman E. The Presentation of Self in Everyday Life[M]. London：Penguin，2009.

[58] Gleave E，Welser H，Lento T，et al. A conceptual and operational definition of 'social role' in online community[C]//42nd Hawaii International Conference on System Sciences，2009（HICSS'09），2009：1-11.

[59] Sandhu R S. Role-based access control[J]. Computers，1996，29（2）：38-47.

[60] Golder S A，Donath J. Social roles in electronic communities[C]//Proceedings of the International Conference of Internet Research，2004：13-22.

[61] Agarwal N，Liu H，Tang L，et al. Identifying the influential bloggers in a community[C]//Proceedings of the International Conference on Web Search and Web Data Mining（WSDM'08），2008：207-218.

[62] Himelboim I，Gleave E，Smith M. Discussion catalysts in online political discussions：Content importers and conversation starters[J].Journal of Computer Mediated Communication，2009，14（4）：771-789.

[63] Arazy O，Ortega F，Nov O，et al. Functional roles and career paths in wikipedia[C]//Proceedings of the 2015 ACM International Conference on Computer-Supported Cooperative Work and Social Computing，2015：1092-1105.

[64] Agrawal R，Rajagopalan S，Srikant R，et al. Ming newsgroups using networks arising from social behavior[C]// Proceedings of the 12th international conference on World Wide Web，2003：529-535.

[65] Bates F L. Position，role，and status：A reformulation of concepts[J]. Social Forces，1956，34（4）：313-321.

[66] Nov O. What motivates Wikipedians?[J]. Communications of the ACM，2007，50（11）：60-64.

[67] Boostrom R. The social construction of virtual reality and the stigmatized identity of the newbie[J]. Journal of Virtual Worlds Research，2008，1（2）：2-19.

[68] Song X D，Chi Y，Hino K，et al. Identifying opinion leaders in the blogosphere[C]//Proceedings of the Sixteenth ACM Conference on Information and Knowledge Management，2007：971-974.

[69] Nonneeke B，Preeee J. Lurker demographics：Counting the silent[C]//Proceedings of the SIGCHI Conference on Human Factors in Computing Systems，Hague，Netherlands. 2000：73-80.

[70] Arazy O，Lifshitz-Assaf H，Nov O，et al. On the "how" and "why" of emergent role behaviors in Wikipedia[C]// Proceedings of the 2017 ACM Conference on Computer Supported Cooperative Work and Social Computing，2017：2039-2051.

[71] Lamya B，Christine B，Mohamad G. The identification and influence of social roles in a social media product community[J]. Journal of Computer-Mediated Communication，2017，22（6）：337-362.

[72] 罗志成，关婉湫，张勤. 维基百科与百度百科比较分析[J]. 情报理论与实践，2009，32（4）：71-74.

[73] Nemoto K，Gloor P A. Analyzing cultural differences in collaborative innovation networks by analyzing editing behavior in different-language Wikipedias[J]. Procedia-Social and Behavioral Sciences，2011，26：180-190.

[74] Kittur A，Suh B，Pendleton B，et al. He says，she says：Conflict and coordination in Wikipedia[C]//Proceedings of the SIGCHI Conference on Human Factors in Computing Systems，2007：453-462.

[75] Littlejohn A，Hood N. Becoming an online editor：Perceived roles and responsibilities of Wikipedia editors[J]. Information Research，2018，23（1）：1.

[76] Forestier M，Velcin J，Zighed D A. Analyzing social roles using enriched social network on online sub-communities[C]// ICDS 2012：The Sixth International Conference on Digital Society，2012：17-22.

[77] Forestier M，Stavrianou A，Velcin J，et al. Roles in social networks：Methodologies and research issues[J]. Web Intelligence and Agent Systems，2012，10（1）：117-133.

[78] Morris M R，Counts S，Roseway A，et al. Tweeting is believing?：Understanding microblog credibility

perceptions[C]//Proceedings of the ACM 2012 conference on Computer Supported Cooperative Work，2012：441-450.

[79] 丁水木. 论先赋角色与自致角色[J]. 学术学刊，1988，32（12）：37-39.

[80] Viegas F，Wattenberg M，Kushel D. Studying cooperation and conflict between authors with history flow visualizations[C]//CHI 2004，Vienna，Austria，2004：575-582.

[81] Liao J，Li Y Y，Chen P，et al. Using data mining as a strategy for discovering user roles in CSCL[C]//Eighth IEEE International Conference on Advanced Learning Technologies，2008：960-964.

[82] Wierzbicki A，Turek P，Nielek R. Learning about team collaboration from Wikipedia edithistory[C]//Proceedings of the 6th International Symposium on Wikis and Open Collaboration，2010：1-2.

[83] Gruzd A，Wellman B，Takhteyev Y. Imagining twitter as an imagined community[J]. American Behavioral Scientist，2011，55（10）：1294-1318.

[84] Millennium Ecosystem Assessment. Ecosystems and Human Well-being：A Framework for Assessment[M]. Washington，DC：Island Press，2005.

[85] Chan J，hayes C，Daly E M. Decomposing discussion forums and boards using user roles[C]//Proceedings of the Fourth International AAAI Conference on Weblogs and Social Media，2010：215-218.

[86] List of Alexa Top Sites[EB/OL]. http://www.alexa.com/topsites[2013-05-01].

[87] London S. Web of words challenges traditional encyclopedias：The open-source Wikipedia.org site recently had more hits than Britannica but there are doubts about quality，writes Simon London[J]. Financial Times，2004：18.

[88] Anderka M，Stein B. A breakdown of quality flaws in Wikipedia[C]//Proceedings of the 2nd Joint WICOW/AIRWeb Workshop on Web Quality，2012：11-18.

[89] Zhu H，Kraut R E，Wang Y C，et al. Identifying shared leadership in Wikipedia[C]//Proceedings of the 2011 annual conference on Human factors in computing systems，2011：3431-3434.

[90] 李斌，谭立湘，章劲松，等. 面向数据挖掘的时间序列符号化方法研究[J]. 电路与系统学报，2000，5（2）：9-14.

[91] 潘定，沈钧毅. 时态数据挖掘的相似性发现技术[J]. 软件学报，2007，18（2）：246-258.

[92] 田铮. 动态数据处理的理论与方法[M]. 西安：西北工业大学出版社，1995.

[93] 中华人民共和国国家统计局. 中华人民共和国 2011 年国民经济和社会发展统计公报[EB/OL]. http://www.gov.cn/gzdt/2012-02/22/content_2073982.htm[2013-06-05].

[94] 孙吉贵，刘杰，赵连宇. 聚类算法研究[J]. 软件学报，2008，19（1）：48-61.

[95] 周原冰，左新强，顾杰，等. 基于时间序列演变分析的有效相似性定义和聚类[J]. 计算机工程与应用，2008，44（10）：138-141.

[96] 百度百科. 百度百科统计[EB/OL]. http://baike.baidu.com/[2016-07-27].

[97] Voss J. Measuring wikipedia[C]//Proceeding of the International Conference of the International Society for Scientometrics and Informetrics，2005：1-12.

4 互联网群体协作中冲突影响及特征
——以维基百科为例

无论是在学术研究领域，还是在商业实践领域，冲突均被视为影响团队绩效的关键问题。在群体协作过程中，当团队成员由于不兼容的目的或者兴趣而陷入与他人显性或者隐性的争议时，冲突便由此产生。本章主要讨论了虚拟协作中的冲突、冲突管理等问题，并以维基百科为例深入研究群体协作中的冲突现象，对冲突影响进行了评估，并探究互联网群体协作中的冲突网络结构分类。

4.1 互联网群体协作中冲突影响及特征问题的提出

互联网环境下的群体协作虽然属于虚拟协作的一种，但是具有区别于传统虚拟协作的独特模式，即成员流动门槛低、通常无强制性制度（如薪酬）约束、成员沟通方式以团队作品为中介、多对多的交流模式等。在大多数群体协作中，低水平用户和高水平用户均被系统平等对待（管理员除外）。专业用户上传高质量的信息，而低水平用户上传的信息的质量则无从保障。每一位用户均面临他上传至协作团队的信息（不管好坏）被他人修改或者删除的风险，而改动后的团队作品的最新版本则立刻向后继访问者展示[1]。这些编辑或者删除的行为代表了冲突事件的存在，显示团队成员之间由于不同目标或者爱好等所形成的观点不一致[2]。

从实际协作过程中看，如果群体协作团队成员之间产生冲突，可能（但不限于）发生如下情形。

（1）吸引新的成员加入，如当一个潜在成员在浏览团队作品时发现存在瑕疵，则其有可能会加入群体协作团队中并且改正该错误（贡献）；

（2）现有成员离开，如当一个成员的贡献被其他人修改或者删除时，他可能会觉得情绪上受到压抑，不能够接受，进而停止贡献，离开团队；

（3）成员互相攻击，如当多个成员针对某一子任务均坚持自己的观点，不断修改对方的观点；

（4）成员寻求共识，如当多个成员正对某一子任务持有不同的观点，他们可能会通过讨论等方式以达成共识。

因此，本章提出研究问题：群体协作中的冲突普遍吗？对协作过程有何影响？

4.2 互联网群体协作中冲突影响及特征相关概念及理论

⭐ 4.2.1 冲突的定义与分类

无论是在学术研究领域，还是在商业实践领域，冲突均被视为影响团队绩效的关键问题。团队成员在知识背景、文化、性别、信任等方面的差异已经被确认为是产生团队冲突的重要因素[3, 4]。冲突是当各方需求、价值观念和利益不兼容时产生的实际或者想象的反对表现[5]。在协作过程中，当团队成员由于不兼容的目的或者兴趣而陷入与他人显性或者隐性的争议时，冲突便由此产生[2, 6]。在冲突的定义上目前有两种分支，一种分支将冲突视为一种对各方争议的"知觉"[5]，另一种分支将冲突视为一方在另一方达到目的的过程中采取的干涉"事件"[7]。无论冲突是被定义为"知觉"还是"事件"，有一点是共同的，即认为冲突表明了涉事各方不一致的观点或意愿。

早期的研究倾向于分析团队冲突的负面影响，认为冲突可能会降低团队生产力和团队成员的满意程度[8]。但是，当冲突被细分后，不同类别的冲突也被发现存在不同的影响。现有研究普遍把冲突分为三类：关系型冲突、任务型冲突和过程型冲突[9, 10]。关系型冲突指的是人际关系中的不协调感，如紧张感和摩擦。关系型冲突一般包括基于个人原因的仇视、恼怒、烦恼、挫败感等。与关系型冲突不同，任务型冲突并不包含人与人之间的负面情感，而仅仅指的是团队任务中的意见不一致。过程型冲突指的是在如何完成任务这一问题上的争议（任务的完成方式、手段和过程），一般是围绕任务、责任、资源等方面的分配问题，如谁该做什么，或者谁该承担多少责任[11, 12]。

★ 4.2.2 虚拟协作中的冲突

在面对面团队协作的研究中，对于冲突的关注点通常集中在分析不同的冲突类型如何影响团队绩效。例如，关系型冲突对于个人和团队绩效有负面影响，并且也会降低团队成员的满意感和团队成员再次合作的概率[13, 14]。适当程度的任务型冲突会提升团队绩效，但是激烈的任务型冲突会引发关系型冲突，进而伤害团队绩效[15]。过程型冲突负面影响团队绩效，因为它会分散团队的注意力，并且降低任务划分的明晰程度，损害团队目标的明确度及降低团队协作的效率[15]。

对于虚拟协作（或虚拟团队）而言，协作的展开并不需要集中的办公场所，其所有参与者均使用虚拟媒介进行交流，在商业实践领域得到了日益广泛的应用[11]。部分研究显示，与面对面协作方式相比，虚拟协作在任务过程操作上和团队产出上均存在差异性[16]。例如，一项关于知识共享的研究显示，虚拟媒介限制了团队成员之间特定信息的交换（如声音、表情、动作等），虚拟团队比面对面团队更难建立起团队共识[17]。虚拟团队通常可以产生更多构想，但团队内部信息交流较少，并且需要更长时间去完成任务，这些特点表明虚拟协作更加适合于头脑风暴类的任务，但是并不适合于解决实际问题。另外，由于使用异步协作技术，虚拟团队可以允许更多的人员参与进协作过程中，并降低评估个体贡献所需要的时间和成本[4]。

由于地理位置的分隔，以及单纯依靠信息技术去交流和协作，虚拟团队常常被学界认为是冲突频发的协作方式[18-20]。但是也有例外，其中一种解释是，通过信息技术交流和协作的团队更容易将精力集中在任务进程上，而不会受到团队成员之间日常社交的影响，这样就会降低关系型冲突的产生[21]。如果虚拟团队的成员是初次协作，那么并没有产生关系型冲突的机会[22]。也有研究表明，虚拟协作相较于传统协作面临更大的过程型冲突，但是在关系型冲突上面并没有显著区别。但是产生这个结果的原因可能是该项研究的样本问题，该样本中的团队成员互相认识，并且在组建虚拟团队之前就已经建立起了团队共识和信任[14]。值得一提的是，目前没有研究显示虚拟协作会产生新型冲突。

4.2.3 冲突管理

由于冲突类型的多样性和冲突后果的复杂性，如何在不牺牲团队共识和团队成员归属感的条件下管理冲突并且利用冲突去增强团队绩效，成了学界关注的焦点[18]。现有研究普遍从团队过程和成员个体两个角度研究冲突管理。

团队过程角度的研究主要考虑的是团队能够有效管理冲突的程度，如对于冲突展开公开讨论的程度、冲突事件出现时是否有准备等[23]，研究结论并未统一。例如，高等级的冲突管理（如冲突的解决是通过团队内部的开放讨论）能够有效中和关系型冲突对团队凝聚力所带来的负面影响，而团队凝聚力对于团队绩效具有正面且显著的影响。但是同时，该种冲突管理方式会降低任务型冲突对于团队凝聚力的影响，换言之，使用高效的冲突管理方式会对任务型冲突比重较大的团队起到负面作用。而当团队采用的是低等级的冲突管理模式时（如通过隐性方式解决冲突），任务型冲突对于团队凝聚力的影响常常是正面的[23,24]。用户冲突种类不唯一，管理方法必须多样化[25]。为了解决虚拟协作过程中的冲突，多种方法都得到了验证，如增强领导力及提升沟通支持等[14]。沟通支持能够帮助虚拟团队比面对面团队更早发现冲突，因此能够在冲突管理上占得先机[14]。此外，只要团队成员适应了使用虚拟媒介进行沟通的方式，关系型、任务型和过程型冲突均可以被沟通支持降低甚至化解[26]。

成员个体层面的冲突管理研究主要注重于分析不同的冲突管理（应对）风格，以及领导角色在冲突管理中的作用。该类研究认为，冲突是否能够增强团队绩效取决于应对冲突的方式。对于团队的成功而言，如何管理冲突甚至比冲突本身更加重要[27]。Rahim 总结了五种冲突应对模式[19]，包括回避型（avoidance）、迁就型（accommodation）、竞争型（competition）、协作型（collaboration）和妥协型（compromise）[28, 29]。回避型冲突应对模式的主要特征是团队成员在面对冲突事件中的其他观点或人员时存在推诿、无法面对、漠不关心等反应；迁就型冲突应对模式的主要特征是团队成员不自我坚持、希望息事宁人；竞争型冲突应对模式的主要特征是一方追求其自身的利益而不顾对他人的影响，在行动上通常表现为一方试图强加自己的观点于其他人，并且对可替代方案存在负面态度或者掩盖相关信息；协作型冲突应对模式的主要特征是一方试图寻找能够满足各方要求的解决方案，该行为显示了对于不同观点的开放和客观的态度，并且愿意为解决问题付出共同的努力，达成共同优化的解决方案；最后，妥协型冲突应对模式是对利益进行取舍，适当让步以换取利益，具有该类特征的团队成员通常承认冲突中各方的差异，并且试图寻找折中的方案[28, 30]。现有研究显示，冲突管理风格越具有合作性，就越可能产生积极的个体和团队绩效输出[27, 31]。通过综合集成多样化观点，将会产生综合性的决策，因此提升了团队一致性和内部对于决策的认同感[27]。竞争型冲突应对模式会对社会整合（social integration，即社会各个子系统之间的相互配合）和团队凝聚力产生负面影响，由此损害团队绩效[28]。回避型和迁就型冲突应对模式通常并不可取，因为它们将会导致不充分的或者消极的参与行为，以及对于各个可选方案的不完整评估。协作型和妥协型冲突应对模式通常能够有益于团队协作，这二者均在不同程度上反映了团队成员对于任务的共同努力，如找寻更完备信息，有针对性的评估解决方案等[28]。

此外，在论及团队领导角色对于冲突管理的作用时，现有研究认为，当领导角色能够较好适配冲突产生的背景时，特定的领导能力能够增强团队绩效表现。例如，"调解人"角色能够提升团队凝聚力，减少关系型冲突的危害。"监督人"角色能够分析任务中潜在的问题，减少任务型冲突。"导师型"角色能够帮助成员了解各自的责任和义务，因此降低关系型冲突的危害[26]。而增强领导者的辩证思维能力有助于团队冲突管理，提高团队成员绩效[32]。

4.3　群体协作中的冲突现象

维基百科（Wikipedia）是维基（wiki）技术在百科全书领域的一个具体应用，

同时，维基百科也被现有文献视为除开源软件（如 Linux、Apache、Mozilla）之外最具代表性的群体协作应用[33-36]。自 2001 年诞生以来，通过聚集大众智慧，维基百科已经快速发展成为全球最大的在线免费百科全书，其英文版所包含的内容超过其商业化竞争对手——《不列颠百科全书》62 倍，并且二者具有相似的严重错误率[37]。除此之外，维基百科具有惊人的自我修复能力，研究发现其内部42%的恶意破坏内容能够立刻被修复[38, 39]。

在维基系统中，每个用户均有权利创建、编辑或者删除文章，并且所有改动能够立即被随后的访问者所见[1]。如果一个用户在阅读维基百科中某篇文章时，发现了不适当的内容（如内容错误、链接错误等），他可能愿意去改正这个错误，其他后续的用户在遇到此类问题时也会有同样的意愿。维基系统使用"页面历史（page history）"工具去记录每篇文章的每次修改记录，如图 4.1 所示。这种做法带来许多优势：第一，页面历史显示"谁"，在"什么时间"，在"什么页面"改变了"什么内容"，有时甚至显示"什么原因改动"，这种功能能够帮助查找存在问题的修改和鉴别恶意修改的用户。第二，用户可以使用"页面历史"工具去轻松修正其他用户不恰当的修改。第三，用户可以从页面历史中获得社区声誉，因为编辑历史一直对所有人可见[40]。

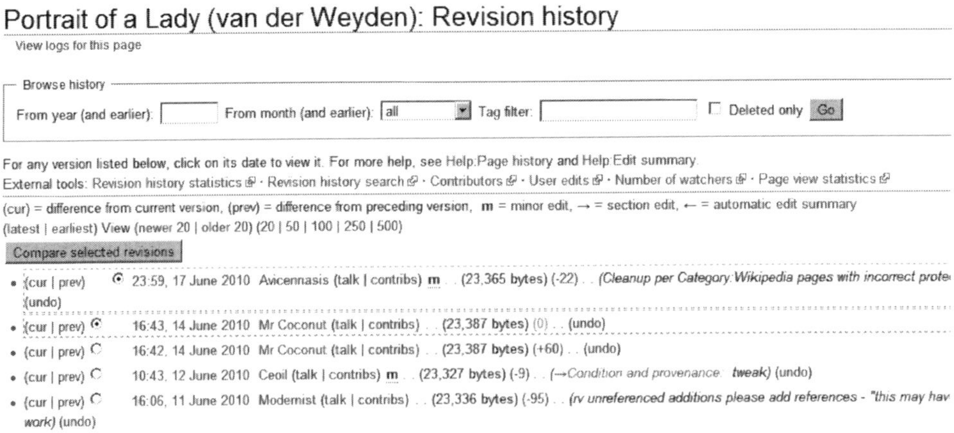

图 4.1　维基系统中页面历史举例

在文章创作过程中，如果一个用户不同意之前别的用户所做的改动，他可以使用"回滚"（Revert）或"部分撤销"（Undo）操作将文章还原到之前的"好"

版本。"回滚"操作允许用户将一个页面彻底还原到之前的一个版本，但是，这种还原方法将会摧毁两个版本之间的"好"版本。"部分撤销"操作允许用户只还原某一个特定的修改，而不会破坏两个版本之间的其他版本。在表 4.1 所示的修改历史中，在版本 4，用户 D 还原了用户 B 和用户 C 的改动，将文章内容还原到了最初状态，在随后的编辑中，用户 G 还原了用户 E 的编辑，而保留了中间用户 F 的改动。由于用户的每一次贡献均可以视为其对自己观点的表法，因此"回滚"和"部分撤销"的操作可以视为冲突的反映，这与现有其他针对维基百科的研究一致[①]。

表 4.1　维基系统中"回滚"和"部分撤销"操作举例

版本	用户	Action
1	A	创建页面
2	B	添加内容
3	C	添加 1 张图片
4	D	撤销 B 的编辑
5	E	确定一个拼写错误
6	F	确定一个错误的链接
7	G	还原 E 的修改
8	D	还原 G 的修改

在表 4.1 中，因为用户之间存在不同的观点（冲突），用户 D 作为用户 B 和用户 C 的后续访问者，使用"回滚"操作表达了自己不同的观点（版本 4），因此与用户 B 和用户 C 在冲突网络中建立了冲突关系。对于用户 G 来说，因为他对于用户 E 所做出的改动存在异议，因此他使用"部分撤销"操作撤销了用户 E 的改动，因此用户 G 和用户 E 建立了冲突关系（版本 7）。类似的冲突关系还发生在用户 D 和用户 G 之间（版本 8）。通过上述一系列的操作，整个冲突关系网络（以下简称冲突网络）逐渐浮现，如图 4.2 所示。本书所涉及的冲突网

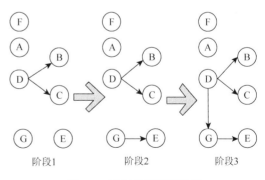

图 4.2　冲突关系网络举例

---

① "回滚"和"部分撤销"的操作可以视为显性的冲突事件，还有一种不易被技术手段所检测到的是用户直接更改内容而不使用这两种操作，可以视为隐性的冲突事件。

络均以此方法构建，并且将一次冲突事件的影响定义为其"回滚"或者"部分撤销"操作所影响的全部编辑数。以维基百科中随机选取的文章（编号 63137）为例，如图 4.3 和图 4.4 所示，在文章诞生的前两年（2004～2006 年），冲突关系较少，而随着用户协作编辑的展开，到第六年（2010 年）时，冲突网络已经变得较为复杂。

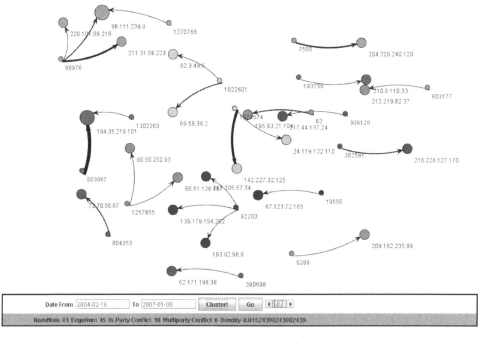

图 4.3　维基百科中某文章诞生前两年的冲突关系网络（不含孤立节点）

但是，在实际分析维基百科数据库的过程中，还涉及如何识别（显性）冲突，即"回滚"和"部分撤销"操作。本章使用两种方法来提取冲突关系，分别是基于用户标签的方法和基于数据的方法[1, 41]。

基于用户标签的方法主要是基于用户操作时留下的备注，如图 4.1 中每条编辑历史的字节（bytes）数后的文字部分。检测的标识主要是"revert""undo"及其缩写和变形，如"rv""undid"和"rvt"等。该方法的优势在于它能够检测到"部分撤销"操作，但是如果用户在进行"回滚"或"部分撤销"操作时将自动生成的备注删除，则会丢失这部分冲突关系数据。

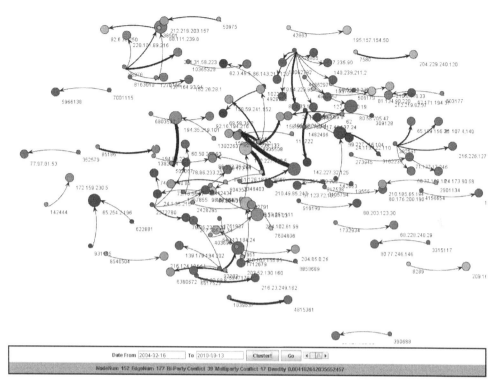

图 4.4 维基百科中某文章诞生第六年时的冲突关系网络（不含孤立节点）

基于数据的方法主要是使用 MD5 算法对前后版本的内容进行比较。MD5 是一种信息摘要算法，在互联网上被广泛用于确定信息资源的唯一性。在维基系统的历史页面中，如果前后版本的 MD5 值相同，则表示后一个版本为前一个版本经过"回滚"后的版本。基于数据的方法的缺陷在于不能监测到"部分撤销"操作，但是不会遗漏任何没有备注标记的"回滚"版本。需要注意的是，虽然每条维基编辑历史（如图 4.1）后均有文字容量的统计信息，但是相同的文字容量并不能代表两个版本是完全相同的（如具有相同的字数但是不同的内容），因此不能作为检测手段。

维基百科中的冲突现象不容忽视，并且已经占据越来越多的协作成本。经本书统计，平均每 100 次成员贡献中，有 6.8 次引发冲突事件，涉及其他 34.6 次贡献。下面以随机选取的一篇文章为例，如图 4.5 所示。可以看出，随着编辑数的增长，冲突数也在不断增加，并且其增加的速度高于编辑数的增长。基于用户标签的冲突检测方法所检查出的冲突数在整个时间序列中均小于编辑数，但是基于

MD5 值的冲突检测方法所检查出的冲突数随着时间的推移呈现高速增长，并且很快超过了编辑数。需要指出的是，在本书的设定中，冲突数的数值是可以超过编辑数的，因为某个编辑（贡献）是可以被卷入多个冲突事件的。图 4.5 也同时表明，用户的许多"回滚"行为（冲突）并不会记录在其操作备注中，因而基于用户标签的冲突检测存在大量的数据遗漏情况。

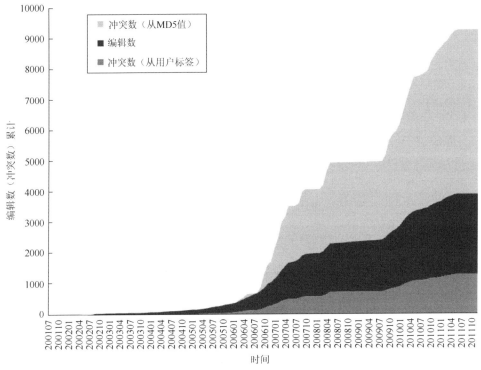

图 4.5 某文章编辑数和两种方法检测到的冲突数增长情况

4.4 群体协作中冲突影响的评估

本章研究群体协作中冲突对于其他变量的影响，研究模型包括成员参与、冲突、任务复杂性和团队绩效等四个变量。其中，冲突的定义已经在 4.2 节有所阐述，其余三个变量定义如下：成员参与被定义为团队中成员参与与团队任务有关的各种活动的程度，如为了准备团队任务有关的各种信息或讨论资料所耗费的时间或精力[42]。任务复杂性指的是完成任务所需要耗费的时间或精力[43]。团队绩效指的是团队目标的完成程度，包括最终成果的质量，以及团队成员在整个协作过程中的效率[44, 45]。

★ 4.4.1 群体协作中冲突影响的理论模型

1. 成员参与

成员参与被普遍认为是影响团队绩效的重要因素[46]。在现有关于组织行为的研究里，活跃的成员参与已经被发现是影响团队产出的关键前置因素[47]。也有研究指出，在决策制定过程中，成员参与是一个非常有效的策略，因为它增强了组织中的信息流和重要信息的使用概率[48]。员工通常比管理层在具体任务的实施上具有更完备的知识和经验，因此，如果员工能够参与到决策制定中（而不是仅仅由员工代表或者管理层进行决策），可能会产生更好的决策方案和实施效果[49]。

在虚拟环境中，由于虚拟协作社区的成功运作离不开其成员的贡献行为，因此成员参与显得更加重要[50]。但是，由于成员之间相互缺乏信任，并且缺乏物理上的可见性，因此每个成员需要在工作交接的时候反复确认对方的成果，并且有可能无法完成自己本应该完成的任务[51, 52]，这将会导致整个虚拟团队持续承受"搭便车"和"低质量贡献"的负面后果[53]。群体协作团队非常依赖于成员的参与行为，因为所有的内容均是由成员所贡献的（UGC 模式），并且团队成果的更新或升级很大程度上取决于成员之间的相互协作和讨论。

成员参与同时也会影响冲突。研究显示，冲突是一个相对直观、正常的团队现象，通常情况下由团队成员的多样性引起[54]。而团队多样性又受团队规模和团队结构影响[55]。例如，有研究显示，团队规模越大，其内部越有可能产生派系或联盟，从而导致冲突事件的增加及获得一致意见的难度加大[56]。在群体协作中，大量的具有不同知识背景的用户参与到协作过程中，并且他们都依据自身的知识背景和感知进行贡献，当观点相冲突时则会产生冲突。成员的异质性和观点的多样性不仅会直接增加协作过程中的信息负荷，也会增加综合这些观点所需要的额外步骤。例如，在协同创作中，需要增加额外的分类去涵盖特定的主题，以及在协同编程中需要增加额外的控制方式去应对复杂的条件。因此，在群体协作中，本书提出以下假设。

假设 1：成员参与正向影响团队绩效。

假设 2：成员参与正向影响冲突。

假设 3：成员参与正向影响任务复杂性。

2. 任务复杂性

许多研究已经检验了任务复杂性（包括显性和隐性元素）对于绩效的影响[57]。虽然任务复杂性有许多种定义[58]，但是它经常被认为包含以下三种类型：协作复杂性、组件复杂性和动态复杂性[59, 60]。协作复杂性指的是任务输入与产品之间的联系，如各项活动所需要的时间、频率和顺序。协作复杂性越高，任务所包含的冲突元素越多（如冲突的流程、冲突的子任务）[61]。但是，团队熟悉程度或任务熟悉程度（如成员之间互相熟悉、在相似任务上面有过经验）对于解决协作复杂性有帮助[62]。组件复杂性指的是完成任务所需要的活动数量和信息数量。随着任务所需活动数量的增长，完成任务所需要的知识和技能水平也同时在增长[61]。动态复杂性指的是周边环境的改变所带来的任务输入/输出元素之间关系的改变，任务和成员必须经常去适应这种改变。动态复杂性经常被认为是有害的，因为它会增加维护和验证成本（动态复杂性导致的额外的工作）[63]，例如，由于会计规则变化导致的会计软件的版本升级。

虽然任务复杂性被视为会损害团队绩效，但是也存在不同的观点。由动态复杂性导致的产品改动可能是由于产品在初期设计阶段就存在瑕疵。例如，市场导致的软件升级可能是因为在初期设计时人员没有考虑足够的用户需求（如可修改的计算公式，而不是嵌入的固定公式）。此外，现代软件设计原则也要求企业级的信息系统应当具备足够的弹性以适应动态市场变化（如 SOA 架构①和"永远 beta"的软件发布策略）。而外部环境或者协作流程改变导致的组件复杂性的增长同时也意味着产品品质的增长。

通常情况下，群体协作平台中的操作规则都是既定的，成员之间相互协作时均遵守相同的规则，并且成员不能改动这些规则，因此降低了协作复杂性。此外，由于群体协作中的贡献都是自愿的，当某个子任务的复杂性已经超过某成员的能力时，其没有必要做出自己的贡献。但是，其他能够解决此问题的成员则可以进

---

① 面向服务的架构（service-oriented architecture）。

行贡献，甚至会更加有效率地解决问题。群体协作团队的结构和规模均不稳定，意味着总是有带着新知识的新成员加入。新成员的加入不仅会带来新的想法，同时也会带进新的约束条件，团队输出需要考虑到这些新的约束条件，导致最终团队成果在面临动态的外部环境时具有更好的容忍性。因此，在群体协作中，本书提出以下假设。

假设 4：任务复杂性正向影响团队绩效。

假设 5：任务复杂性正向影响冲突。

3. 冲突

如 4.2 节所述，中等程度的冲突（尤其是任务型冲突）有益于团队绩效。群体协作过程中发生的冲突更类似于任务型冲突，而不是关系型或过程型冲突。在大多数情况下，人们是抱着善意的动机加入协作过程[40]。从经济学角度看，群体协作的团队任务（作品）可以视为一种公共物品。研究显示，大型团队能够比小型团队更有效地提供公共物品，因为公共物品高的边际效益能够导致更少的"搭便车"行为，并且提升协作效率[64]。在协作过程中，一个成员修改其他成员的贡献常常是仅因为后者贡献的内容失当，而不是两个成员之间存在敌对的人际关系。一项基于维基百科的内容分析研究也显示，该平台内部最常见的争议是关于：什么样的信息应当被加入，以及内容应当如何组织[65]。此外，类似维基百科的群体协作平台有着预定的、成熟的协作政策（如管理员提名政策）和指导细则（如列表形式手册等），以及明确定义权限和责任的用户角色（如管理员等）。每个成员在使用群体协作系统的过程中遵循社区规范，因此产生类似如何去做、谁去做协作工作的过程型冲突的概率将会降低。因此，在群体协作中，本书提出如下假设。

假设 6：冲突正向影响团队绩效。

综上，本章提出的理论模型如图 4.6 所示。

⭐ 4.4.2 群体协作中冲突影响的理论模型变量测度

1. 成员参与

成员参与的测度项如表 4.2 所示。

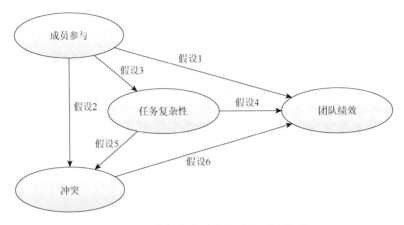

图 4.6 群体协作中冲突影响的理论模型

表 4.2 变量"成员参与"的测度项

编号	测度项说明
PA1	注册用户数
PA2	匿名用户数
PA3	注册用户的平均编辑次数
PA4	编辑次数高于本书平均编辑次数的用户数
PA5	编辑次数高于维基百科内用户平均编辑次数的用户数
PA6	功能使用的个数超过维基百科内用户平均功能使用个数的用户数
PA7	账户年龄超过维基百科内平均账户年龄的用户数
PA8	文章编辑次数
PA9	文章匿名编辑次数

成员参与从两个方面进行测度：用户贡献的数量和质量。从贡献的数量上看，参与群体协作的用户数量越大，带进这个团队的知识就越多，因此更有可能得到一个高质量的团队成果（对应 PA1，PA2，PA8，PA9）。从贡献的质量上看，活跃的用户越多表明团队内部知识交流越频繁，因此有可能对团队绩效产生正面影响（如高团队默契）（对应 PA3，PA4，PA5）。另外，用户在维基系统内部使用功能的广泛程度反映了他的使用经验（PA6），同时，具有较丰富团队合作经验的成员比例也常常被视为团队成功的重要因素（PA7）。

贡献的次数（被用于描述用户经验）已经被用于研究维基百科中的成员流动（membership turnover）[66]，结果显示无论是新成员还是老成员的贡献都会使维基百科文章的质量增长到最高的概率。编辑者的数量和编辑的次数也已经被用于研究维基百科中的信息质量，并且均被发现正向影响文章质量。但是，其他指标如活跃编辑者数量（PA4，PA5），功能使用广泛的编辑者数量（PA6），以及具有较长账户时间的编辑者数量（PA7）并没有被其他研究所使用。

在维基百科中，用户的每一次修改都可以被人为标记为"小改动"，用以反映本次修改的程度。但是，本书在计算测度项（如 PA8 和 PA9）时忽略这个选项，因为这个选项是用户在编辑时人为勾选，并不能表示本次贡献的量是否微小。

2. 任务复杂性

任务复杂性的测度项如表 4.3 所示。

表 4.3 变量"任务复杂性"的测度项

编号	测度项说明
CO1	文章二级标题的个数
CO2	文章的维基百科系统内部链接数
CO3	文章的维基百科系统外部链接数
CO4	文章的图片数
CO5	文章的引用数
CO6	文章的句子数
CO7	文章的表格数
CO8	文章的分类标签数
CO9	文章的 Flesch-Kincaid 阅读等级数

任务复杂度由 9 个测度项测度，主要反映文章的信息富足度（information richness）。文章的句子数（CO6），章节数（CO1），内部链接和外部链接数（CO2，CO3），图片数（CO4），参考文献数（CO5），表格数（CO7）和可阅读性（CO9）被纳入测度是因为这些指标反映了群体协作中成员的工作量。此外，文章的类目数（CO8）也被考虑，因为其反映了文章所涉及的领域知识数量，直接涉及整个团队为了完成任务所需要的知识的多样性。

一项扎根研究显示，文章的长度（类似于 CO6），内部链接和外部链接数（CO2，CO3），以及图片数（CO4）等测量型指标被视为影响文章质量的重要指标。此外，主题覆盖度、内容结构和写作风格等非测量型指标也会显著影响文章质量[67]。因此，CO1 和 CO8 均被用于反映主题覆盖度，而 CO9 被用于反映写作风格。参考文献数（CO5）被认为会增加文章被推荐到特色条目的概率[66]。但是，表格数（CO7）还没有被现有文献所使用。

3. 冲突

冲突的测度项如表 4.4 所示。

表 4.4　变量"冲突"的测度项

编号	测度项说明
TC1	"回滚"和"部分撤销"影响的编辑比例
TC2	冲突网络的密度
TC3	冲突网络的点度中心度
TC4	多边冲突数
TC5	多边冲突涉及的用户数
TC6	在"讨论"页面进行交流的用户数
TC7	使用"回滚"或"部分撤销"的注册用户数
TC8	双边冲突数
TC9	使用"回滚"或"部分撤销"的匿名用户数

冲突由 9 个测度项所测度，主要是基于页面历史和讨论页面的数据。注册成员（TC7）和非注册成员（TC9）的全部"回滚"和"部分撤销"操作的数目被纳入测度是因为这两种操作直接反映了冲突事件。冲突事件的影响范围（TC1）也同时被考虑，如在图 4.2 中，由于用户 D 在版本 4 上的"回滚"操作影响了用户 B 在的版本 2，和用户 C 在版本 3 上的贡献，因此用户 D 的回滚操作影响范围是 3。基于这种计算方式，在版本 7 中用户 G 的部分撤销操作的影响范围是 2。冲突网络的构建是基于页面历史，并且 SNA 指标（如 TC2 密度和 TC3 中心度）能够帮助刻画群体协作团队中的冲突严重程度。讨论页面（TC6）被纳入考虑范围是因为该页面是成员表达不同观点和取得一致性意见的页面。成员在讨论页面中将子话题分成若干个章节，以此分类组织便于"讨论"。

在本书中，双边冲突（TC8）被定义为含有两个成员的冲突子群，而多边冲突（TC4）被定义为含有两个以上成员的冲突子群。在图 4.2 中，第一阶段含有 1 个多边冲突，而第二阶段含有 1 个双边冲突和 1 个多边冲突，而第三阶段含有 1 个多边冲突。为了进一步研究多边冲突的范围，将多边冲突所包含的人数（TC5）也纳入测度。密度和点度中心度（degree centrality）已经被用于研究团队领导力[68]，但是对于网络中边的定义目前尚未找到和本书类似的研究。其他指标（TC1，TC4，TC5，TC6，TC7，TC8，TC9）均未被发现在其他文献中所使用。

4. 团队绩效

团队绩效的测度项如表 4.5 所示。

表 4.5　变量"团队绩效"的测度项

编号	测度项说明
PE1	维基百科系统内评估的文章质量等级
PE2	文章第一次达到其最好质量等级所用的时间，单位：年

团队绩效由两个测度项测度：文章的内容质量等级（PE1）和文章从产生到其第一次获得最佳质量等级所消耗的时间（PE2）。文章的内容质量等级（PE1）直接反映群体协作中团队目标的达到程度，而 PE2 反映了群体协作在完成其任务目标的效率。目前还没有发现有文献使用这两个指标。在数据准备过程中，剔除未被质量分级的文章，如果一篇文章在不同类目中被多次分级成不同的等级，出现频率最高的质量等级将被认定为是这篇文章的分级。

4.4.3　群体协作中冲突影响的理论模型数据分析

1. 样本描述

本章选取维基百科为实证平台的主要原因是其开放数据源（Mediawiki 组织提供数据源下载）。因此，维基百科提供给了研究人员一个基于开放数据深入探讨其内在运作模式的机会。本章中使用的维基百科数据集日期为 2011 年 6 月 20 日。维基百科的开放数据集非常巨大，进行数据清洗后，其数据量仍然超过了 200GB，已经超过了普通计算机的处理能力。因此，本书从数据集中随机选取 2000 篇文章（样本 A）作为后续分析的数据源。样本 A 的数据分布情况如表 4.6 所示，可以看

出样本 A 的数据分布情况和总数据集中的分布情况基本相同。本章研究所使用的软件为 SPSS13 和 Amos17。

表 4.6 群体协作应用平台特性

质量等级	总数据集/%	样本集 A/%
FA	2.168	2.600
A	0.016	0.100
GA	0.598	2.550
B	22.785	22.400
C	18.528	17.250
Start	43.656	43.150
Stub	12.249	11.950

2. 测量模型测度

本章的测量模型测度主要是检验：①个体测度项的信度，主要通过观察个体测度项在其对应潜在变量内的负载值；②内部一致性，主要由每个潜在变量的组合信度（composite reliability，CR）所反映；③区别效度，主要由每个潜在变量的平均方差提取值（average variances extracted，AVE）所反映[47]。

因子分析的结果如表 4.7 所示。对于单个测度项的信度，过往研究认为因子载荷超过 0.7 是非常理想的，但是低于 0.5 则被视为不理想[69]。因此，本书将阈值设为 0.5。由于因子载荷没有超过 0.5，PA3，CO7 和 TC4 因此被剔除。

表 4.7 测量模型测度结果

潜在变量	测度项	1	2	3	4	CR	AVE	均值	标准差
	PA1	0.833	0.294	0.415	0.180			284.8	313.5
	PA2	0.849	0.326	0.318	0.168			304.4	434.5
	PA3	~~0.146~~	0.049	0.527	0.478				
	PA4	0.835	0.264	0.306	0.115			52.1	53.32
成员参与	PA5	0.822	0.281	0.434	0.187	0.991	0.9323	240.2	249.5
	PA6	0.828	0.291	0.421	0.185			202.3	216.3
	PA7	0.811	0.318	0.387	0.157			66.7	77.2
	PA8	0.788	0.300	0.437	0.206			1202	1673
	PA9	0.840	0.320	0.332	0.165			477.5	698.3
	CO1	0.234	0.048	0.643	0.288			7.974	3.787
任务复杂性	CO2	0.288	0.099	0.745	0.040	0.9357	0.6476	243.0	222.1
	CO3	0.308	0.093	0.627	0.322			26.03	36.31

潜在变量	测度项	1	2	3	4	CR	AVE	均值	标准差
任务复杂性	CO4	0.209	0.148	0.671	0.111			10.32	14.61
	CO5	0.278	0.118	0.671	0.362			31.64	49.75
	CO6	0.258	0.074	0.815	0.264	0.9357	0.6476	136.8	135.6
	CO7	0.363	0.002	0.457	0.040				
	CO8	0.240	0.071	0.738	0.138			21.28	19.77
	CO9	0.312	0.084	0.839	0.266			58.80	49.18
冲突	TC1	0.218	0.783	0.738	0.138			0.122	0.356
	TC2	0.287	0.804	0.839	0.266			0.144	0.338
	TC3	0.229	0.877	0.047	0.302			0.041	0.112
	TC4	0.828	0.348	0.002	0.300				
	TC5	0.538	0.792	0.101	0.092	0.9523	0.7167	126.7	377.1
	TC6	0.243	0.703	0.216	0.076			2.90	4.37
	TC7	0.294	0.889	0.189	0.016			24.1	87.6
	TC8	0.356	0.860	0.153	0.317			40.13	102.3
	TC9	0.010	0.918	0.124	0.157			12.97	57.55
团队绩效	PE1	0.186	0.059	0.402	0.753	0.9126	0.9323	2.72	1.25
	PE2	0.240	0.080	0.370	0.731			8.31	0.589

组合信度和克龙巴赫系数（Cronbach's α）均被用于测度潜在变量的内在信度。但是这两个指标存在细微的区别。此处只考虑组合信度，因为 Cronbach's α 假设潜在变量的所有测度项对于解释信度均起到同等作用[70]。0.7 是判断内在信度好坏经常设定的阈值[69]。如表 4.7 所示，所有的潜在变量均有高组合信度值，因此满足条件。

平均方差提取值反映了每个潜在变量所解释的变异量中有多少来自该潜变量所拥有的题目。表 4.7 中显示的所有 AVE 值均大于 0.5，表明潜变量能够很好地被测度项所解释，具有良好的收敛性[71]。此外，区别效度的另一个判别方法是在因子负载表中，测度项的交叉负载（在其他因子上的负载）不能超过在本因子上的负载，表 4.7 显示，除了删除掉的测度项，其余所有测度项均满足这一要求。

3. 结构模型测度

对于结构模型测度来说，接受或者拒绝某个模型的决定通常是基于对其整体卡方值的适配性的判断。卡方检验反映了理论模型和观测模型的契合程度。但是，卡方检验有其局限性，即该检验对于样本容量非常敏感。随着样本量的增加，甚至非常细微的残差都可能导致模型被拒绝。因此，在实际结构模型的测度中，卡方检验只是作为其中一种检验指标加以参考，除此之外，许多具有替代性的统计指标已经被提出，用来综合判断模型的优劣[70]。

因此本书选取了六种常用的模型测度指标来反映数据和模型的拟合程度，分别是：卡方检验（the chi-square χ^2 test），近似误差平方根（root mean square error of approximation，RMSEA），适配度指标（goodness-of-fit index，GFI）及其修正版（adjusted goodness-of-fit index，AGFI），比较适配指标（comparative fit index，CFI）和非规范适配指标（nonnormed fit index，NNFI）[71]。RMSEA 反映的是理论模型与饱和模型的差距，其优点在于不受样本数和模型复杂度的影响。该值越小越好，一般而言，小于 0.06 表明模型具有良好的适配度，而 0.08 一般被视为接受/拒绝的阈值[71]。CFI 反映的是假设模型和独立模型的非中央性差异，一般而言该值应当超过 0.95。GFI 和 AGFI 反映的是假设模型可以解释观测数据的比例，其中，AGFI 对 GFI 的差异性在于其考虑了模型复杂度，一般而言 GFI 的值应当超过 0.90，AGFI 的值应当超过 0.85。NNFI 是（考虑了模型复杂度以后的）比较假设模型和独立模型的卡方差异，一般而言该值应当超过 0.90。

表 4.8 显示了模型变量之间的相关系数，表 4.9 显示了模型适配指标的结果。其中，χ^2/df 的值（9.226）超过了建议值是由于本书的样本量较大（$N = 2000$），本章研究并不简单依赖于该指标。其他五种指标均达到了对应的阈值，表明本书的理论模型和实际数据的适配性良好。

表 4.8　模型变量之间的相关系数

序号	变量	1	2	3	4
1	成员参与	1.000			
2	任务复杂性	0.704	1.000		
3	冲突	0.615	−0.225	1.000	
4	团队绩效	0.542	0.478	0.117	1.000

注：样本量为 2000，所有相关系数均达到显著水平：$p < 0.001$。

表 4.9　模型适配指标结果

适配指标	χ^2/df(p)	RMSEA	GFI	AGFI	NNFI	CFI
推荐值	<3	<0.08	>0.90	>0.85	>0.90	>0.95
本书模型结果	9.226（$p < 0.001$）	0.064	0.904	0.885	0.965	0.968

图 4.7 显示了群体协作中冲突影响的模型分析结果。结果显示，在群体协作中，成员参与对于团队绩效（$\beta = 0.13$，$t\text{-value} = 3.883$①）、任务复杂性（$\beta = 0.72$，$t\text{-value} = 32.726$）和冲突（$\beta = 0.78$，$t\text{-value} = 25.181$）有显著正向影响。因此，假设 1、假设 2、假设 3 得到支持。结果同时显示任务复杂性会提升团队绩效（$\beta = 0.33$，$t\text{-value} = 11.113$），但是会降低冲突（$\beta = 0.21$，$t\text{-value} = -7.875$）。因此，假设 4 被接受，假设 5 被拒绝。最后，冲突对于团队绩效的正向影响也十分显著（$\beta = 0.29$，$t\text{-value} = 11.116$），由此假设 6 得到支持。此外，任务复杂性、冲突和团队绩效的方差解释度（R^2）分别为 0.52、0.42 和 0.40。

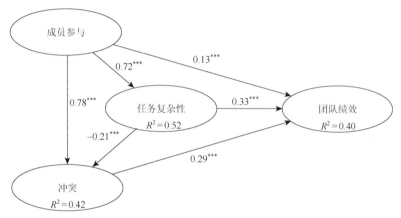

图 4.7　群体协作中冲突影响的模型分析结果

***$p < 0.001$ 表示所有相关系数均达到显著水平

4. 实验结果重测

为了验证上述分析结果，该部分随机选取了另一组包含 20000 篇文章的样本（样本 B）对模型进行重测。重测后得到的模型指标结果与之前样本 A 的分析结果基本相同，除了一个更大的 χ^2/df 值。产生这个问题的原因是大的样本容量。其他测量模型和结构模型的指标都达到了标准，因此本书的模型在样本 B 上仍然符合。

4.4.4　群体协作中冲突影响的理论模型结果讨论

本章研究中，诸如团队规模、贡献数量、成员声誉等指标能够很好地反映成

---

① β 为标准化路径系数，$t\text{-value}$ 为显著性检验结果。

员参与这个变量（除 PA3 以外，PA1 至 PA9 的负载均超过了 0.9）。充分的成员参与不仅为团队带来了多样化的知识，也带来了更多需要解决的问题（如沟通问题、人际关系问题），在团队任务变得更富有创新性和包容性的同时，其中的协调成本变得较高。任务的某些直接特征，如内容量和阅读的难易程度，对于测度任务的工作量具有重要意义，因为这些特征形成了对于任务复杂性的直观反映（CO6 和 CO9 的负载超过 0.9）。知识多样性同样重要，因为它反映了成员的知识储备情况（CO8 的负载约为 0.8）。但是，其对于任务中的附加材料，如任务之间的联系，显得并不十分重要（CO2、CO3 和 CO5 的负载均高于 0.7 但是低于 0.8）。冲突网络的中心性和冲突的范围（如冲突设计的成员和子群）能够很好地反映冲突这个变量（TC3、TC5 和 TC8 的负载均高于 0.9），显示社会网络指标适用于描述冲突。

模型测度的结果支持了本章的部分研究假设：成员参与正向影响任务复杂性、冲突和团队绩效。任务复杂性和冲突正向影响团队绩效。但是结果也拒绝了本书的一项假设，显示任务复杂性负向影响冲突。冲突对于团队绩效的正向影响和其他虚拟协作的研究结果一致，但是研究中并不能找到有关任务复杂性会降低冲突的文献。任务复杂性会降低冲突产生有几种原因可以解释。首先，对于任务复杂度的不同测度方式会影响研究结果，本书对于任务复杂度的测度主要是基于对于维基百科内文章的信息富足性的测度，其在定义上与成分复杂性类似。成分复杂性经常被视为会增加冲突发生的数量。本书的基本假设是，文章（任务）的内容越准确和全面，需要的贡献行为越多。需要指出的是，除非有新的测度指标能够被提出，否则其他两种任务复杂性（协作复杂性和动态复杂性）将很难被基于元数据的测度指标所测度。其次，当任务（文章）的某些特征（如一篇文章具有很多的章节、图表等）较为明显时，可能令成员对其质量的感知较高，因此，即使该任务的实际质量较低（如一篇满是无用文字的文章），成员也不愿意进行贡献。包含具有争议观点的信息片段可能不容易被成员注意到，也可能成员并没有足够的兴趣去贡献新的观点，因为他们已经对文章的大部分内容表示了满意，并且决定忽略细小但是具有争议的地方。最后，随着任务的内容变得越来越庞大，随后的每一次贡献的成本均在增加。成员可能会认为他们的单次贡献并不会在许多之前的贡献中产生有影响力的效果，即感知的反馈并不足以激励成员去贡献，如不显著的任务质量和声誉的提升。

本章的研究结果同时产生了以下几点启示。

第一，本章结果显示冲突正向影响团队绩效，同时，现有研究认为，将团队规范显性化能够提升成员的社交行为，由此提升个体或团队绩效[72]。此外，认知失调理论（cognitive dissonance theory）认为，当人们同时持有相互冲突的观点时，会感到一种不适，而人们会自发地被驱动去寻找某些途径降低这种不适感[73]。例如，在完成团队任务时，当一个成员发现自己之前的贡献被他人修改时，往往会产生一种不适感，并试图找寻合理的解释原因接受或者抵制他人的改动。在维基百科中，一个普通用户在阅读或者使用文章的某个片段时，常常不能注意到该片段背后隐藏的冲突事件。同样的事情也发生在开源软件项目中，一个用户并不知道该开源软件背后隐藏的冲突事件，除非他检查 SVN（开放源代码的版本控制系统）中的修改记录。一个在享受群体协作成果的观众（潜在参与者）可能只在意他需要的信息片段是否值得信任（如在维基百科中），或者他需要的程序功能是否被正确编译（如在开源软件中）。因此，如果平台运营商能够开发出一些能够将冲突变得显性化的功能组件，可能会刺激这些现有参与者（或观众）进行贡献，并促进团队的绩效。例如，一个维基百科的插件，能够在每篇文章标题旁边用"火焰"标识显示该文章的冲突严重程度，或者能够显示用户所选内容片断的内容演化历史以帮助用户了解观点的变化情况。此外，根据社会认同理论，这种设计可能会对成员贡献行为起到激励作用，因为这种设计能够提升他的社区声誉。对于研究人员来说，一个控制组（使用原始维基系统）和一个实验组（使用改进设计的维基系统，该改进设计能够将冲突显性化）能够帮助确认这种设计是否能够促进用户的贡献行为。

第二，任务复杂性和冲突的关系需要在不同的群体协作环境中进行调研。①自愿使用和强制使用。在强制使用的环境下，成员受制于团队章程、薪水制度等因素而不得不使用群体协作平台去完成任务目标，在这过程中需要解决所有协作中遇到的问题，因此可以认为，高任务复杂性引起高信息负荷、低任务福利性、低任务例行性等情况，由此产生更多的冲突[61]。而在自愿使用的环境下，当任务复杂性较高时，一个潜在的贡献者可能不会愿意参与到协作过程中，因为这可能消耗他很多资源，而他预计取得的回报可能较少。他可能会选择等待其他人来解决这个问题，而不是自己。在这种情况下，任务复杂性对冲突的产生有负面影响。对于研究人员来说，需要使用荟萃分析进行分析，对于平台运营商来说，一个能够显示目前任务亟须改善方面（如补充资料、投票）的个性化工具，或显示距离任务目标的进度条，能够将任务目标更加明确化，并且由此吸引更多的成员贡献。②任务的本质。McGrath 将任务分为四种类型：观点或计划生成型、备选方案选择型、冲突协调型和任务执行型[74]。根据 Doan 等的细分，目前的群体协作平台的类型不限于评价（如 Amazon 的评论与投票系统）、资源分享（如 Youtube 和 Yahoo! Answers）、网络构建（如 Facebook）、团队作品（如维基百科和 Apache），以及任务执行（如外包商业任务 Innovitaive 和找寻失踪人员的网站）[75]。不同的任务类型有着不同的沟通或协作方式，以及子任务之间不同的关联性。因此，任务复杂性是否负面影响冲突需要进一步在不同的群体协作平台中得到解释。

第三，虽然已经有许多研究使用社会网络分析法来解释组织行为[76]，但是研究中并没有找到足够的使用冲突关系构建社会网络的研究。经典的社会网络理论，如强关系/弱关系理论需要被拓展至解释团队冲突，同时，历时研究可能更加适合于研究冲突网络的演化。需要指出的是，使用模式识别方法（如关联规则）去分析冲突网络的演化可能有助于研究人员发现某种网络结构模式是有意的还是有害的。例如，研究在何种情况下，一个冲突事件会从最初的几个人发展成为最后的"冲突战争"。

第四，目前关于用户声誉的研究通常认为，用户声誉作为一种激励机制，能够促进参与者的贡献行为，由此产生正面的结果，如贡献资源质量的提升[77]。本章研究也发现，活跃的、功能涉猎全面的用户和账户年龄较高的老用户在推动维基百科文章质量上起到了重要作用。但是，当平台设计者将用户声誉变得显性以后，群体协作过程如何变化仍然无法预料。独立性是"群体智慧"的重要特征[78]，因此，将用户声誉显性化将会打破这种协作成员之间的独立性。由于群体协作中成员妥协、沉默、加入/离开等行为的成本非常低，因此社会影响的作用力可能会很大。本书认为，将用户声誉显性化的平台组件不仅会促进成员贡献，也会增加协作过程中其他成员的信息负荷。后者可能会更加具有危害性，一方面，该种信息负荷有可能成为用户表达不同意见的一种阻碍，尤其是当他们面对其他具有更高声誉的用户的压力时。另一方面，这种信息负荷也会通过"羊群效应"（不加思考地跟随某个人的行为）扩大错误的影响范围，尤其是当犯错误的成员具有较高的声誉时。因此，学界和业界均有必要研究在群体协作环境下将用户声誉显性化是否合适。

4.5　群体协作中冲突网络结构的分类

承接 4.4 节的研究，本节试图使用社会网络分析法和结构方程模型来找出冲突网络中最经常出现的冲突模式及其对团队绩效的影响。在本节中，冲突网络结构被定义为：团队成员在协作过程中产生冲突时所映射的网络拓扑结构。与其他涉及网络结构类团队协作研究中类似概念不同的是，本节的冲突网络结构指的并不是整个团队冲突网络的拓扑结构，而是每一个冲突子团队所呈现出的拓扑结构。在本章后续的研究中，冲突网络结构将会根据实际数据被分割成不同的结构类目。

✦ 4.5.1　群体协作中冲突网络结构的理论模型

本节继承 4.4 节假设 1～假设 5。

假设 1：成员参与正向影响团队绩效。

假设 2：成员参与正向影响冲突。

假设 3：成员参与正向影响任务复杂性。

假设 4：任务复杂性正向影响团队绩效。

假设 5：任务复杂性正向影响冲突。

冲突网络随着成员的交互而产生。冲突网络的拓扑结构反映了不同的冲突（争论）模式。例如，一个星型的结构反映了存在一个处在中心地位的成员，他与其他成员均存在不同的观点。一个冲突网络同时可以被视为一种知识交换网络，每一次冲突关系的产生都代表了知识在相关方之间的流动。如果冲突各方在争议焦点处最终获得了一致的意见，那么这样的冲突对于团队绩效是有益的。但是，由于存在不同的冲突管理方式，成员可能在达到一致意见之前就停止了争议，由此对团队绩效产生负面作用（如团队作品的低质量、成员流失等）。典型的情况如：成员对冲突不做任何回应（回避型），坚持自己的观点的同时不停与他人争执而没有任何实质性的改进（竞争型），使用自己的高级权限迫使他人服从（竞争型），总结出一个能让各方均满意的折中方案（妥协型）。

因此，本节提出假设 6，在群体协作中，作为成员之间交互的反映，不同的冲突网络结构对团队绩效有不同的影响。

4.5.2　群体协作中冲突网络结构的理论模型变量测度

1. 成员参与、任务复杂性和团队绩效

团队规模（PA1、PA2）和贡献次数（PA8、PA9）被用作衡量成员参与的指标，因为这两个指标在 4.4.2 节研究中显示能够良好反映成员参与这个变量。进入群体协作团队的成员越多，带入该团队的知识也越多，由此提升了该团队有高质量产出的概率。同时，随着贡献数的增加，成员间的知识流动也在增长。贡献次数（多用于反映用户经验）已经被用于研究成员流动性问题[66]。结论显示从新人或者有经验的人处获得的贡献能够提升文章达到最高质量等级的概率。与 4.4.2 节相同，本章在数据处理时忽略了"小贡献"这个选项。

任务复杂性使用五个指标进行度量，其中绝大多数指标反映的是文章的信息富足度。文章的内部链接数（CO2）和外部链接数（CO3），图片数（CO4），参考文献数（CO5）反映的是团队投入在任务中的工作量。此外，文章的标签分类数（CO8）反映的是团队在完成任务时所需要的知识的多样化程度。

一项扎根分析结果显示，这些可度量的指标，如内部链接数、外部链接数、图片数是反映文章质量的重要依据。而参考文献数（CO5）已经被证明是能够提升文章被评为特色文章的概率[66]。此外，不可度量的指标，如主题覆盖度同样对于文章的质量非常重要[67]。而 CO8 可以被用于反映文章的主题覆盖度。

团队绩效使用两个指标进行度量：文章的质量等级（PE1）和文章从其诞生到第一次达到其最好质量等级所用的年数（PE2）。两个指标的内涵已在 4.4.2 节中介绍。

2. 冲突网络结构的生成

冲突网络结构按照以下方法生成：①识别每一篇文章的整体冲突关系网络中高度链接的子群。从整体冲突关系网络到各个冲突子群的划分采用了 Clauset 的

The Community-Structure-Partition 算法，并通过 Mathematica 8 内含的图像工具包进行具体实现[79]。②计算每一种冲突网络结构出现的次数。在本步骤中，节点的标识（成员名）被忽略，只有网络的拓扑结构被用于计数。最常见的冲突网络结构可见表 4.10。③网络结构分类。由于只有少数几种网络结构出现得较为频繁，而大部分网络结构均出现非常少的次数，因此，在进行网络结构分类时，本书将其分为 5 个类目，分别是：双边冲突，即冲突子群只包含两个成员（节点）；自我冲突，即某个成员更改了自己之前的贡献；大规模冲突，即冲突子群包含超过 10 个成员，通常反映了成员之间激烈的观点交换；星型冲突，反映了大部分成员对于中心成员（节点）均具有冲突关系，显示了网络边缘和核心之间的不均衡性；链状冲突，即网络拓扑结构显得更"直"，该种网络通常不含有处于冲突中心地位的节点，反映了冲突各方之间的均衡性。

表 4.10　最常见的冲突网络结构

序号	模式	分类	序号	模式	分类
1		双边冲突	11		星型冲突
2		自我冲突	12		星型冲突
3		链状冲突	13		链状冲突
4	Group Size＞10	大规模冲突	14		星型冲突
5		星型冲突	15		星型冲突
6		双边冲突	16		星型冲突
7		链状冲突	17		星型冲突
8		星型冲突	18		星型冲突
9		星型冲突	19		链状冲突
10		链状冲突	20		链状冲突

4.5.3 群体协作中冲突网络结构的理论模型数据分析

1. 样本描述

本书从数据集中随机选取了 4000 篇文章用于以下的数据分析。样本的分布如表 4.11 所示。从表 4.11 中可以看出,本书的样本和维基百科数据集的整体样本分布情况大致相同。

表 4.11　样本描述

质量等级	总体分布/%	本章样本分布/%
FA	2.168	1.125
A	0.016	0.125
GA	0.598	1.275
B	22.785	22.575
C	18.528	20.275
Start	43.656	42.650
Stub	12.249	11.975

以下分析全部使用偏最小二乘法(partial least square,PLS)软件 WarpPLS2.0[80]。WarpPLS2.0 中的 PLS 算法更为先进,是由于其能够检测到变量之间的非线性关系。而这种变量间的非线性关系广泛存在于客观世界中,注入许多与用户行为有关的变量[81]。

2. 测量模型测度

测量模型的测度通过以下两个方面展开:①内部一致性,通过度量每一个变量的组合信度和克龙巴赫系数进行判断;②区分效度,通过度量每一个变量的平均方差提取值进行判断。

组合信度和克龙巴赫系数均被用于衡量变量的内部一致性,对于这两个指标而言,0.7 是现有研究推荐的阈值[69]。从表 4.12 可以看出,所有变量的两个指标的值均达到了阈值要求。由于部分变量只包含一个测度项,因此信度值均被设置为 1。

AVE 计算的是各个变量的测度项对于该变量的平均方差解释能力。经计算(未标出）表 4.12 中所有变量的 AVE 值均超过了 0.5，显示测度项能够解释其对应的变量的大部分方差[71]。此外，区分效度还要求表 4.12 中的对角线值（AVE 的平方根）大于其他非对角线上的行元素。表 4.12 显示，所有的变量跟其自身的测度项的相关性比与其他变量更强，由此，区分效度得到验证。

表 4.12　信度与变量相关度

	构念	CR	Cronbach's α	1	2	3	4	5	6	7	8
1	成员参与	0.996	0.991	(0.996)							
2	任务复杂性	0.843	0.763	0.738	(0.724)						
3	团队绩效	0.953	0.901	0.409	0.493	(0.954)					
4	冲突网络：双边	1.000	1.000	0.754	0.550	0.309	(1.000)				
5	冲突网络：自我	1.000	1.000	0.741	0.555	0.347	0.879	(1.000)			
6	冲突网络：大规模	1.000	1.000	0.832	0.597	0.380	0.863	0.819	(1.000)		
7	冲突网络：星型	1.000	1.000	0.719	0.564	0.368	0.900	0.834	0.807	(1.000)	
8	冲突网络：链状	1.000	1.000	0.725	0.520	0.228	0.837	0.833	0.823	0.855	(1.000)

注：对角线值代表 AVE 的平方根；所有相关系数显著性 $p < 0.001$。

3. 结构模型测度

WarpPLS2.0 软件提供了其他 PLS 软件所不能提供的三种模型适配指标，分别是平均路径系数（average path coefficient，APC）、平均卡方（average R-squared，ARS）和平均方差膨胀因子（average variance inflation factor，AVIF）。Kock[82]指出，在适配良好的模型中，APC 和 ARS 的显著水平需要达到 $p < 0.05$ 水平，而 AVIF 的值应当小于 5。在本模型中，APC 的值是 0.419，ARS 的值为 0.625，两个指标的显著水平均达到了 $p < 0.001$ 水平，显示模型具有良好的适配性。AVIF 的值是 3.25，表明在模型的测度项中不存在严重的多重共线性问题。

图 4.8 为群体协作中冲突网络结构的模型分析结果。结果显示在群体协作中，成员参与正向影响团队绩效（$\beta = 0.17$），任务复杂性（$\beta = 0.77$）和冲突（所

有 β 系数均为正且显著），因此，假设1、假设2、假设3得到支持。结果同时显示，任务复杂性正向影响团队绩效（$\beta = 0.34$），但是负向影响冲突（所有 β 系数均为负且显著）。因此，假设4得到支持，假设5被拒绝。最后，假设6得到支持，因为不同的冲突网络结构对于协作绩效有不同的影响。双边冲突网络结构（$\beta = -0.28$）和链状冲突网络结构（$\beta = -0.19$）负向影响团队绩效，而自我冲突网络结构（$\beta = 0.14$），大规模冲突网络结构（$\beta = 0.23$）和星型冲突网络结构（$\beta = 0.18$）正向影响团队绩效。此外，任务复杂性、团队绩效、双边冲突、自我冲突、大规模冲突、星型冲突和链状冲突的方差解释度（R^2）分别为0.60、0.37、0.69、0.68、0.76、0.65和0.63。

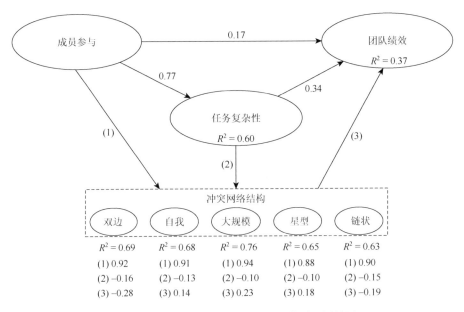

图4.8　群体协作中冲突网络结构的模型分析结果

由于篇幅限制，β 系数在冲突网络结构图下单独列示；所有系数值在 $p < 0.01$ 时均为正

4. 模型重测

以上分析步骤是在将大规模冲突定义为包含10个或以上成员的基础上进行的。在模型重测中，本书将此阈值分别提高至20，30，40，50和60进行重测。结果发现，当设定值为50或者更小时，模型的结果与第3部分结构模型测度的结

果几乎一致。但是，当设定值超过 60 时，对应的结果（路径系数）将会变得不显著，因为在该阈值设定下将会没有充分的大规模冲突数据进行分析。

4.5.4 群体协作中冲突网络结构的理论模型结果讨论

本章的研究结果再次支持了以下假设：成员参与正向影响任务复杂性、冲突和团队绩效；任务复杂性正向影响团队绩效，但是负向影响冲突。

此外，研究结果还显示，不同的冲突网络结构对团队绩效有不同的影响。第一，自我冲突网络结构（自我回滚）被发现正向影响团队绩效。成员的自我回滚行为至少有两种解释，即更新信息和修正之前的贡献。自我回滚显示了该成员强烈的责任感，因为当他认为贡献的内容过时或者失当时，能够主动更新这部分内容。而成员故意将自己的贡献改动至他认为较低质量的情况则较不常见。第二，双边冲突网络结构被发现负向影响团队绩效。在维基百科中，双边冲突占据了冲突事件的绝大多数情况，造成这种现象的原因可能是维基百科的"三次回滚原则"所限定，即 24 小时内不允许用户"回滚"同一个页面超过 3 次[1]。一个用户并不能通过单次的双边冲突判断该冲突事件对团队绩效的影响，这种修改可能是好的（如改正错别字）、中性的（如不同的观点）或者有害的（如恶意攻击）。此外，双边冲突是除自我冲突以外所有其他冲突的起始阶段。当维基百科中的某篇文章仍然处于初期或者在低质量等级时，冲突网络中可能存在较多的双边冲突子群，随着越来越多的成员加入内容贡献，双边冲突模式将会演化到更加复杂的模式。第三，大规模冲突网络结构被发现正向影响团队绩效。大规模冲突的发生通常是文章中具有争议片段，从而引发多样化观点的讨论。大规模的讨论可能从许多方面对于团队绩效有益，如提升内容的信息富足性（导致多样化的观点），提升撰写规范性（纠正不常见的撰写方式），以及成员之间知识的积累等。第四，链状和星型网络结构具有不同的影响结果，前者负面影响团队绩效，而后者则相反。与大规模冲突网络结构不同，链状和星型网络结构表明每一个冲突结束于较小的范围内。这两种冲突解决过程包含着完全不同的含义。链状冲突网络结构并不明显包含中央节点，表明每一个后继用户修改了前一个用户的贡献。链状冲突网络结构并不能代表"稳定"，因为根据该结构并不能判定它是否表示"敌人的敌人就是我的朋友"的逻辑或者多样化的观点。在该结构中，似乎并没有一个用户能够对冲突给出最终的判定。但是，星型冲突网络结构所表现出的权利分布则将含义表明得较为明显，每一个处在网络结构边缘的用户均和处在中心位置的用户具有不同的观点。

现有研究主要集中于冲突的静态层面，如高等级/低等级的任务型冲突及其影响。但是，研究不同冲突模式的形成和后果可能更具有重要性[9]。本章研究确认了对冲突网络结构的分析能够揭开隐藏在协作背后的模式。随着各种具体的冲突结构被不断析出，对于群体协作的理解将会更为全面。

对于本章的结果来说，首先，自我回滚的冲突模式反映了成员的观点变化，但是该种冲突在目前的维基百科研究中常常被忽略[83]。发现自我冲突背后的原因可能对于理解团队成员的自我成长过程具有帮助作用。例如，理解其对于团队规范和共识的感知，理解其冲突管理风格等。其次，本章的研究并不能解释是什么原因导致了两个成员之间的反复互相"回滚"的"编辑战争"。两个成员之间长时间反复"回滚"表明了他们之间存在激烈的分歧，而这种激烈的任务型冲突会演化至激烈的关系型冲突，进而伤害团队绩效。在极端情况下，两个具有强烈关系型冲突的成员可能不需要任何原因就摧毁对方的贡献。此外，由于双边冲突网络结构占据了绝大多数情况，并且该结构是其他结构模式的起源，因此，详细分析产生双边冲突的原因，并且探索将该结构引导至更加复杂但是有益于团队绩效的结构的方法，可能是十分必要的。再次，虽然大规模冲突对团队绩效具有正面的效果，但是很明显它消耗了过多的团队资源。大规模冲突从表面上看似乎杂乱无序，但是非常有必要将观点各方进行细分以促进协作。最后，将链状冲突网络结构和星型冲突网络结构进行对比能够发现，一个冲突子群是否存在中心节点可能能够在一定程度上决定该冲突子群是否对其整个团队有益。然而，由于其他网络拓扑结构（如环型、全连接型）在样本中出现频率较少，本书并不能提供一个针对冲突网络不同的拓扑结构所带来影响的全面评估。如果样本能够满足需求，那么评估这些网络拓扑结构的影响将会变得十分有意义。

在链接的属性方面，现有研究仅考虑了正面链接，而本书则考虑了负面链接。但是，目前针对网络结构稳定性的研究主要集中于使用结构平衡理论（theory of structural balance）[83, 84]，该理论要求研究者同时考虑正面链接和负面链接。在本书中，研究人员可以同时使用两种链接（合作性链接和冲突性链接）构建协作网络，以发现网络中常见的结构模式，评估稳定性和影响。由于目前的冲突管理理论主要集中于解释个体对于冲突的响应方式，几乎没有研究从结构角度评估冲突的各类问题，因此，建立和应用结构角度的冲突管理理论显得十分必要。

在商业实践方面，虽然成员为群体协作团队带来了新的知识和丰富的贡献，但是冲突的产生来源于各个方面。现有的群体协作系统并不一定都具有冲突管理机制，其中有的平台具有特定的流程来解决冲突，例如，在维基百科中具有专门的投票程序来解决多方争议。但是，这种流程是非常耗时的，也不能用于解决所有的冲突问题。现有研究指出，具有较少关系型冲突但是具有较多任务型冲突的团队不应当过度管理成员之间的针对任务的不一致观点，而应当让成员通过沟通和表达形成共识[24]。但是，在群体协作系统中，如维基百科，成员可能并不能轻易觉察到协作任务（文章）背后所包含的冲突，因为任务的最新版本在每次贡献之后立刻被呈现，而新旧版本之间的区别隐藏在页面历史中，成员需要花费大量时间来查阅版本历史，以找到争议的焦点和持有不同观点的成员。将冲突网络进行可视化能够帮助成员了解到任务中具有争议的片段，并且能够帮助成员更快速找到正确的交流对象，由此提升成员之间的沟通效率。此外，如果能够设计出面向冲突的网络结构监测功能，则能够帮助团队减少或避免冲突导致的各种潜在风险，如在有害的冲突交互模式出现之初就进行预警。

4.6　本　章　小　结

本章主要讨论了虚拟协作中的冲突、冲突管理等问题，并以维基百科为例深入研究了群体协作中的冲突现象，对冲突影响进行了评估，并探究了互联网群体协作中的冲突网络结构分类。

在评估冲突影响的过程中，本章结果显示冲突正向影响团队绩效，将团队规范显性化能够提升成员的社交行为，由此提升个体或团队绩效。同时，任务复杂性和冲突的关系需要在不同的群体协作环境中进行调研，因为在强制使用的环境下，成员受制于团队章程、薪水制度等因素而不得不使用群体协作平台去完成任务目标，在这过程中需要解决所有协作中遇到的问题，由此产生更多的冲突。而在自愿使用的环境下，任务复杂性对冲突的产生有负面影响。因而对于研究人员来说，需要使用荟萃分析进行分析，将任务目标更加明确化，并且由此吸引更多的成员贡献。

在探究群体协作中的冲突网络结构分类时，本章的研究结果再次支持了以下假设：成员参与正向影响任务复杂性、冲突和团队绩效；任务复杂性正向影响团队绩效，但是负向影响冲突。此外，研究结果还显示，不同的冲突网络结构对团队绩效有不同的影响。现有研究主要集中于冲突的静态层面，如高等级/低等级的任务型冲突及其影响。但是，研究不同冲突模式的形成和后果可能更具有重要性。本章研究确认了对冲突网络结构的分析能够揭开隐藏在协作背后的模式。随着各种具体的冲突结构被不断析出，对于群体协作的理解将会更为全面。

参 考 文 献

[1] Kittur A，Suh B，Pendleton B A，et al. He says，she says: Conflict and coordination in Wikipedia[C]//Proceedings of the SIGCHI Conference on Human Factors in Computing Systems. New York: ACM，2007: 453-462.

[2] Robbins S P. Managing Organizational Conflict: A Nontraditional Approach[M]. Englewood Cliffs，NJ: Prentice-Hall，1974.

[3] Walton R E，Dutton J M. The management of interdepartmental conflict: A model and review[J]. Administrative Science Quarterly，1969，14（1）: 73-84.

[4] Furst S，Blackburn R，Rosen B. Virtual team effectiveness: A proposed research agenda[J]. Information Systems Journal，1999，9（4）: 249-269.

[5] Boulding K E. Conflict and Defense: A General Theory[M]. Oxford，England: Harper，1962.

[6] Maltarich M A，Kukenberger M，Reilly G，et al. Conflict in teams: Modeling early and late conflict states and the interactive effects of conflict processes[J]. Group & Organization Management，2018，43（1）: 6-37.

[7] Schmidt S M，Kochan T A. Conflict: Toward conceptual clarity[J]. Administrative Science Quarterly，1972，17（3）: 359-370.

[8] Wall J A，Callister R R. Conflict and its management[J]. Journal of Management，1995，21（3）: 515-558.

[9] Jehn K A，Mannix E A. The dynamic nature of conflict: A longitudinal study of intragroup conflict and group performance[J]. Academy of Management Journal，2001，44（2）: 238-251.

[10] Pinkley R L. Dimensions of conflict frame: Disputant interpretations of conflict[J]. Journal of Applied Psychology，1990，75（2）: 117.

[11] Hinds P J，Bailey D E. Out of sight，out of sync: Understanding conflict in distributed teams[J]. Organization Science，2003，14（6）: 615-632.

[12] Zhan L，Wang N，Shen X，et al. Knowledge quality of collaborative editing in wikipedia: An integrative perspective

of social capital and team conflict[C]//PACIS 2015 Proceedings，2015：171.

[13] Medina F J，Munduate L，Dorado M A，et al. Types of intragroup conflict and affective reactions[J]. Journal of Managerial Psychology，2005，20（3/4）：219-230.

[14] Gibson C B，Cohen S G. Virtual Teams That Work：Creating Conditions for Virtual Team Effectiveness[M]. New Jersey：Wiley，2003.

[15] Behfar K J，Mannix E A，Peterson R S，et al. Conflict in small groups：The meaning and consequences of process conflict[J]. Small Group Research，2011，42（2）：127-176.

[16] Simpson D. Advantages and disadvantages of international virtual project teams[J]. International Business and Global Economy，2017，36（1）：275-287.

[17] Cramton C D. The mutual knowledge problem and its consequences for dispersed collaboration[J]. Organization Science，2001，12（3）：346-371.

[18] Amason A C. Distinguishing the effects of functional and dysfunctional conflict on strategic decision making：Resolving a paradox for top management teams[J]. Academy of Management Journal，1996，39（1）：123-148.

[19] Rahim M A. Managing Conflict in Organizations[M]. New York：Transaction Books，2011.

[20] Tsvetkova M，García-Gavilanes R，Floridi L，et al. Even good bots fight：The case of Wikipedia[J]. PLOS ONE，2017，12（2）：1-13.

[21] Mortensen M，Hinds P J. Conflict and shared identity in geographically distributed teams[J]. International Journal of Conflict Management，2001，12（3）：212-238.

[22] Jordan P J，Troth A C. Managing emotions during team problem solving：Emotional intelligence and conflict resolution[J]. Human Performance，2004，17（2）：195-218.

[23] Tekleab A G，Quigley N R，Tesluk P E. A longitudinal study of team conflict，conflict management，cohesion，and team effectiveness[J]. Group & Organization Management，2009，34（2）：170-205.

[24] Murnighan J K，Conlon D E. The dynamics of intense work groups：A study of British string quartets[J]. Administrative Science Quarterly，1991，36（2）：165-186.

[25] 黄令贺，张迎军，程靖淇，等. 网络百科内容生产过程中的用户冲突研究——以"PX 词条保卫战"为例[J]. 图书情报工作，2016，61（3）：114-120.

[26] Wakefield R L，Leidner D E，Garrison G. Research note—A model of conflict，leadership，and performance in virtual teams[J]. Information Systems Research，2008，19（4）：434-455.

[27] Paul S，Seetharaman P，Samarah I，et al. Impact of heterogeneity and collaborative conflict management style on the performance of synchronous global virtual teams[J]. Information & Management，2004，41（3）：303-321.

[28] Montoya-Weiss M M，Massey A P，Song M. Getting it together：Temporal coordination and conflict management in global virtual teams[J]. Academy of Management Journal，2001，44（6）：1251-1262.

[29] 陈晓红，赵可. 团队冲突，冲突管理与绩效关系的实证研究[J]. 南开管理评论，2010，13（5）：31-35.

[30] Liu X，Magjuka R J，Lee S. An examination of the relationship among structure，trust，and conflict management styles in virtual teams[J]. Performance Improvement Quarterly，2008，21（1）：77-93.

[31] Lu W，Wang J. The influence of conflict management styles on relationship quality：The moderating effect of the level of task conflict[J]. International Journal of Project Management，2017，35（8）：1483-1494.

[32] Bai Y，Harms P，Han G，et al. Good and bad simultaneously?：Leaders using dialectical thinking foster positive conflict and employee performance[J]. International Journal of Conflict Management，2015，26（3）：245-267.

[33] Zammuto R F，Griffith T L，Majchrzak A，et al. Information technology and the changing fabric of organization[J]. Organization Science，2007，18（5）：749-762.

[34]   Fathianathan M，Panchal J H，Nee A Y C. A platform for facilitating mass collaborative product realization[J]. CIRP Annals-Manufacturing Technology，2009，58（1）：127-130.

[35]   Panchal J H，Fathianathan M. Product realization in the age of mass collaboration[C]//ASME Design Automation Conference，2008：3-6.

[36]   Kim D，Lee S，Maeng S，et al. Developing Idea Generation for the Interface Design Process with Mass Collaboration System[M]//Design，User Experience，and Usability：Theory，Methods，Tools and Practice. Berlin Heidelberg：Springer，2011：69-76.

[37]   Giles J. Internet encyclopaedias go head to head[J]. Nature，2005，438（7070）：900-901.

[38]   Viégas F B，Wattenberg M，Dave K. Studying cooperation and conflict between authors with history flow visualizations[C]//Proceedings of the SIGCHI Conference on Human Factors in Computing Systems. New York：ACM，2004：575-582.

[39]   Priedhorsky R，Chen J，Lam S T K，et al. Creating，destroying，and restoring value in Wikipedia[C]//Proceedings of the 2007 International ACM Conference on Supporting Group Work. New York：ACM，2007：259-268.

[40]   Broughton J. Wikipedia：The Missing Manual[M]. California：O'Reilly，2008.

[41]   Bongwon S，Chi E H，Pendleton B A，et al. Us vs. Them：Understanding social dynamics in wikipedia with revert graph visualizations[C]//Proceeding of the Visual Analytics Science and Technology，in IEEE Symposium，2007：163-170.

[42]   Robey D，Smith L A，Vijayasarathy L R. Perceptions of conflict and success in information systems development projects[J]. Journal of Management Information Systems，1993，10（1）：123-139.

[43]   Morris C G. Task effects on group interaction[J]. Journal of Personality and Social Psychology，1966，4（5）：545.

[44]   Austin J R. Transactive memory in organizational groups：The effects of content，consensus，specialization，and accuracy on group performance[J]. Journal of Applied Psychology，2003，88（5）：866.

[45]   Nelson K M，Cooprider J G. The contribution of shared knowledge to IS group performance[J]. MIS quarterly，1996，20（4）：409-432.

[46]   Cotton J L，Vollrath D A，Froggatt K L，et al. Employee participation：Diverse forms and different outcomes[J]. Academy of Management Review，1988，13（1）：8-22.

[47]   Yoo Y，Alavi M. Media and group cohesion：Relative influences on social presence，task participation，and group consensus[J]. MIS quarterly，2001，25（3）：371-390.

[48]   Miller K I，Monge P R. Participation，satisfaction，and productivity：A meta-analytic review[J]. Academy of management Journal，1986，29（4）：727-753.

[49]   Coch L，French Jr J R P. Overcoming resistance to change[J]. Human relations，1948，1（4）：512-532.

[50]   Ardichvili A，Page V，Wentling T. Motivation and barriers to participation in virtual knowledge-sharing communities of practice[J]. Journal of Knowledge Management，2003，7（1）：64-77.

[51]   Watson-Manheim M B，Bélanger F. Support for communication-based work processes in virtual work[J]. E-service Journal，2002，1（3）：61-82.

[52]   Mohammad A，Dawn G，Ronald R. Virtual team effectiveness：The role of knowledge sharing and trust[J]. Information & Management，2017，54（4）：479-490.

[53]   Pillis E，Furumo K. Counting the cost of virtual teams[J]. Communications of the ACM，2007，50（12）：93-95.

[54]   Pelled L H，Eisenhardt K M，Xin K R. Exploring the black box：An analysis of work group diversity，conflict and performance[J]. Administrative Science Quarterly，1999，44（1）：1-28.

[55]   Wanous J P，Youtz M A. Solution diversity and the quality of groups decisions[J]. Academy of Management Journal，

1986，29（1）：149-159.

[56] Boeker W. Executive migration and strategic change: The effect of top manager movement on product-market entry[J]. Administrative Science Quarterly，1997，42（2）：213-236.

[57] Verstegen D，Dailey-Hebert A，Fonteijn H，et al. How do Virtual Teams Collaborate in Online Learning Tasks in a MOOC?[J]. The International Review of Research in Open and Distributed Learning，2018，19（4）：39-55.

[58] Gill T G，Hicks R C. Task complexity and informing science: A synthesis[J]. Informing Science，2006，9（1）：1-30.

[59] Wood R E. Task complexity: Definition of the construct[J]. Organizational Behavior And Human Decision Processes，1986，37（1）：60-82.

[60] Zigurs I，Buckland B K. A theory of task/technology fit and group support systems effectiveness[J]. MIS Quarterly，1998，22（3）：313-334.

[61] Campbell D J. Task complexity: A review and analysis[J]. Academy of Management Review，1988，13（1）：40-52.

[62] Espinosa J A，Slaughter S A，Kraut R E，et al. Familiarity，complexity，and team performance in geographically distributed software development[J]. Organization Science，2007，18（4）：613-630.

[63] Banker R D，Davis G B，Slaughter S A. Software development practices，software complexity，and software maintenance performance: A field study[J]. Management Science，1998，44（4）：433-450.

[64] Isaac R M，Walker J M，Williams A W. Group size and the voluntary provision of public goods: Experimental evidence utilizing large groups[J]. Journal of Public Economics，1994，54（1）：1-36.

[65] Kane G C，Fichman R G. The shoemaker's children: Using Wikis for information systems teaching，research，and publication[J]. MIS Quarterly，2009，33（1）：1-17.

[66] Ransbotham S，Kane G C. Membership turnover and collaboration success in online communities: Explaining rises and falls from grace in Wikipedia[J]. MIS Quarterly-Management Information Systems，2011，35（3）：613-627.

[67] Yaari E，Baruchson-Arbib S，Bar-Ilan J. Information quality assessment of community generated content: A user study of Wikipedia[J]. Journal of Information Science，2011，37（5）：487-498.

[68] Balkundi P，Kilduff M. The ties that lead: A social network approach to leadership[J]. The Leadership Quarterly，2006，17（4）：419-439.

[69] Bagozzi R P. Measurement and meaning in information systems and organizational research: Methodological and philosophical foundations[J]. MIS Quarterly，2011，35（2）：261-292.

[70] Bollen K A. Structural equations with latent variables[M]. New Jersey: Wiley，1989.

[71] MacKenzie S B，Podsakoff P M，Podsakoff N P. Construct measurement and validation procedures in MIS and behavioral research: Integrating new and existing techniques[J]. MIS Quarterly，2011，35（2）：293-334.

[72] Harper F M，Li S X，Chen Y，et al. Social Comparisons to Motivate Contributions to An Online Community[M]// Persuasive Technology. Berlin Heidelberg: Springer，2007：148-159.

[73] Festinger L. A Theory of Cognitive Dissonance[M]. California: Stanford University Press，1957.

[74] McGrath J E. Time，interaction，and performance（TIP）A Theory of Groups[J]. Small Group Research，1991，22（2）：147-174.

[75] Doan A H，Ramakrishnan R，Halevy A Y. Mass collaboration systems on the world-wide web[J]. Communications of the ACM，2010，15（2）：196-216.

[76] Tichy N M，Tushman M L，Fombrun C. Social network analysis for organizations[J]. Academy of Management Review，1979，4（4）：507-519.

[77] Vassileva J. Motivating Participation in Peer to Peer Communities[M]//Engineering Societies in the Agents World

Ⅲ. Berlin Heidelberg：Springer，2003：141-155.

[78] Bonabeau E. Decisions 2.0：The power of collective intelligence[J]. MIT Sloan Management Review，2009，50（2）：45-52.

[79] Clauset A. Finding local community structure in networks[J]. Physical Review E，2005，72（2）：026132.

[80] Kock N. Using WarpPLS in e-collaboration studies：Mediating effects，control and second order variables，and algorithm choices[J]. International Journal of e-Collaboration（IJeC），2011，7（3）：1-13.

[81] Koch N. WarpPLS 2.0 user manual[R]. Laredo，Texas：ScriptWarp Systems，2011.

[82] Kock N. Warpls user manual[EB/OL]. www.scriptwarp.com/warppls/[2010-12-25].

[83] Cartwright D，Harary F. Structural balance：A generalization of Heider's theory[J]. Psychological Review，1956，63（5）：277.

[84] Leskovec J，Huttenlocher D，Kleinberg J. Signed networks in social media[C]. Proceedings of the SIGCHI Conference on Human Factors in Computing Systems. New York：ACM，2010：1361-1370.

| 5 |　基于互联网群体协作的网络学习

协作的过程是团队成员相互学习、观点协调的过程。但是，冲突事件常常直到各方的兴趣平衡被打破才能被发现。有效的冲突管理的基础是团队成员如何理解冲突事件。区别于设计复杂的冲突监测系统，本章提供了一个成本较低且较简单的冲突管理方案。通过提升任务型冲突知觉，团队成员能够在较早阶段发现冲突、理解冲突演化并且与相关人员协商。

5.1　互联网群体协作网络学习冲突影响因素问题的提出

作为虚拟协作的新模式，群体协作目前已经作为一种知识管理工具在各类组织中得到了广泛使用。具体到某个领域，如网络协作学习（以下简称网络学习）领域，群体协作提供了更好支持协作学习活动的可能性。网络学习发展至今已有诸多成熟的平台，如维基平台、大型开放式网络课程（massive open online course，MOOC）、知乎等社会化问答社区。MOOC 指的是大规模、开放、在线课程，已经成为现在教育领域的主要研究热点之一[1]。社会化问答社区将社交和问答结合起来，引入社交网络来生产、传播和共享知识，满足用户精准化、垂直化及个性化知识需求，帮助用户高效获取和利用知识，促进知识的流动和交互，迅速发展成为网络用户获取知识的重要渠道[2]。以维基平台为例，研究显示，维基平台是网络学习中的一个强大工具，它能够增加学生之间的协作行为[3]，使知识的产生和贡献更加方便[3, 4]，以及允许学生基于各自的经验，通过自组织的方式协作建立动态的知识库和增强个体的社区归属感[5, 6]等。但是该类研究也同时指出，维基这类群体协作技术（平台）在应用过程中有若干问题需要注意，这些问题将会直接影响到群体协作技术（平台）的实施。以网络学习领域为例，其中一些问题，如班级规模、外部奖励和文化差异[7, 8]，在实际的应用中一般不容易轻易改变，而"操作不熟悉"[7]导致的问题可以通过培训解决。Xu 和 Li 对维基百科内容贡献行为与社区参与行为动机研究中发现，内容贡献行为更易受外在动机的影响[9]。缺乏听众感（sense of audience）（对于自己的观点是否存在听众的感觉）被视为影响学生贡献行为的关键因素[10]。如果缺乏听众感，学生将没有意愿去贡献，或者在不和其他人进行互动的条件下做出大量低质的贡献。感知易用性（编辑功能和步骤、审核效率等）也会影响学生的持续贡献行为[11]。此外，评论也显示在线协作创作平台（如维基百科和 Google Docs）并不能很好解决用户的心理所有权问题[12]，也不能很好支持基于文档记录的信息查询和知识交换行为。这些问题对于网络学习的效果和吸引（或保留）学生贡献有较大负面影响。

由于目前维基技术在网络学习领域中的应用较为多见，因此本章基于维基平台提出研究问题：如何对现有群体协作平台进行改进以更好地支持网络学习？由于网络学习的本质是虚拟团队协作，因此在以下表述上并不严格区分"学生"与"团队成员"等概念。

在绝大部分维基平台的应用中，"页面历史"是用户查询页面的全部修改记录，并且是比较任意两个历史版本之间区别的唯一入口（图 5.1）。但是，这个功能在以下多种情况下并不能满足用户需求。

（1）情景 1：信息检索（内容信任）问题。当一个用户需要阅读或者使用某个页面中的一段内容时，他最在意的是该段内容的质量（而不是全文内容的质量）。而如果该内容与他预想的非常不一致，或者在他没有其他信息源可以考证时，他可能无法判断该信息的质量。如果该用户能够知道该段内容的更新历史，如他在考察该段内容的每一个版本时，发现每一个新版本仅仅是丰富了前一个版本的主题内容，而不是前后两个版本之间无休止的互相修改核心观点，那么这个用户将会对该段内容的质量更有信心。

（2）情景2：知识交流问题。当一个贡献者希望与其他人交流知识以提升某个页面的内容质量时，他可能非常想知道其他人关于此内容的观点变化情况，如果可能，他也需要知道谁持着这些观点并且进行下一步的交流。

（3）情景3：心理所有权问题[13]。当一个贡献者希望与他人进行知识交流并建立听众感时，他可能非常想知道在经过（其他人）多次的内容修订之后，他上传的内容还有多少属于他自己。有文献指出，一些贡献者对于内容所有权的改变尤其敏感[14]。

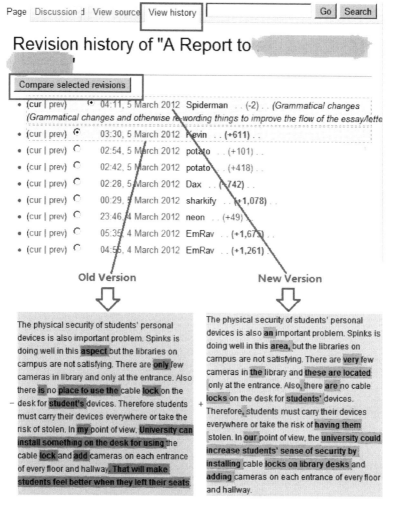

图 5.1　原始维基平台中版本比较举例

在上述的三个情景中，能够检查内容质量（情景 1）、寻找多样的观点（情景 2）和确定内容所有权（情景 3）的唯一方法是使用"页面历史"工具，从相关的历史版本中通过两两比较的方式找出内容的变化。然而，因为用户并不知道哪些版本中包含对该段信息的修改（有的版本是对别处信息的修改，并不涉及该段信息）。用户需要两两比较所有的历史版本去定位修改内容，当页面包含许多历史版本和许多段落时，这个过程将会是非常痛苦和费时费力的。例如，在一个有 12 个历史版本的文章中，只有 2 个版本与作者需要查找的文章段落相关，其他版本均为文章其他部分的修改。在极端情况下，用户需要比较 66 次才能找到正确的版本，成功率仅为 3.03%。在正常的使用过程中，如此低的成功率将会令大部分用户放弃在"页面历史"中查找相关信息。由此，上述的三种情况，信息检索（内容信任）问题、知识交流问题和心理所有权问题均不能得到满足。

5.2　网络学习相关概念及理论

⭐ 5.2.1　冲突知觉

冲突一般体现的是涉事各方在观点或者目标上的不同。冲突现象已经被研究多年，并被分为了三种类型：关系型、过程型和任务型冲突[15]。关系型冲突指的是人际关系中的不协调感，如紧张感和摩擦。关系型冲突一般包括基于个人原因的仇视、恼怒、烦恼、挫败感等。过程型冲突指的是在如何完成任务这一问题上的争议（任务的完成方式、手段和过程），一般是围绕任务、责任、资源等方面的分配问题，如谁该做什么，或者谁该承担多少责任[16]。与关系型冲突不同，任务型冲突并不包含人与人之间的负面情感，而仅仅指的是团队任务上的意见不一致。

在本章中，我们主要关注维基系统中的任务型冲突。理由如下：一方面，现有针对关系型和过程型冲突的研究取得了较为一致的发现，认为这两种冲突通常对于团队绩效有害[17]。而任务型冲突的影响则较为复杂。例如，Gibson 和 Cohen 研究认为，含有任务型冲突的团队能够取得更好的决策质量，因为任务型冲突鼓励多样化的观点[18]。De Clercq 等研究发现任务型冲突可以提高员工的创造力[19, 20]。但是，也有研究发现任务型冲突对团队绩效有害，其一是因为未解决的任务事件造成的负面影响[21]，其二是因为如果任务型冲突较为激烈，它将会触发关系型冲突并且降低成员满意度[22, 23]。另一方面，在维基系统中，每一位用户（除了管理员）都具有相同的编辑他人内容的权限。因此每一位用户均面临他贡献的内容（不论质量好坏）被他人修改或者删除的风险，并且所有的改动都能立即呈现在后继用户面前[24]。这些编辑或者删除的行为代表了冲突事件的存在，显示了团队成员之间由于不同目标或者爱好等原因所形成的观点不一致[25]。需要指出的是，维基系统中的冲突更像是任务型冲突[26]，因为在许多情况下，用户之间并不互相了解，他们改动其他人贡献的内容仅仅是因为他们认为内容失当或者不正确，而不是因为改动与被改动的用户之间存在负面人际关系。一项针对维基的内容分析研究发现，维基用户之间关于内容上最常见的争议是什么样的信息应当被加入或者移除，以及文章的内容应当如何组织[27]。

现有研究并不区分冲突知觉和冲突事件。在文献中，冲突有时被定义为一种知觉，也有时被定义为一种事件[28]。但是，由于冲突知觉只可能发生在冲突事件之后，因此，将冲突知觉与冲突事件这两个概念分开显得非常有必要。在 5.2.2 节和 5.2.3 节研究中，通过使用维基系统和适当的实验设计，研究者能够单独测度（任务型）冲突知觉的影响。

此外，现有的大多数冲突（尤其是针对任务型冲突）研究所进行的情景均为传统团队协作或传统虚拟协作。而基于维基的（群体）协作具有明显区别于传统协作的特征，如多对多交流机制[29]。因此，研究基于维基的虚拟协作能够丰富现有的冲突研究成果。

⭐ **5.2.2 任务型冲突与用户参与**

团队成员能否活跃地参与到知识产生和共享的过程中被视为决定一个虚拟知识共享设计成败的关键因素[30]。如果没有丰富的知识供给，即成员良好的知识共享意愿，虚拟协作的意义将无法展现[31]。目前用户行为领域的研究已经发现并验证了许多影响用户参与的因素，如信任[32, 33]，感知有用性和感知易用性[34-36]，以及主管规范[37]等。

关于任务型冲突和用户参与之间的关系，研究者从现有研究中发现了至少四种观点。第一，用户参与能够导致任务型冲突，用户背景、兴趣、目的等方面的（功能性）差异能够导致观点不同（由此产生任务型冲突）[38]。第二，用户参与能够降低任务型冲突，因为良好的信息交流和共享能够提升互信（互知）[39]。第三，任务型冲突能够引起用户参与，因为任务型冲突激发了用户之间的交流频率和对冲突事件的认真评估[40-42]。第四，任务型冲突能够降低用户参与，因为它会增强压力、紧张和不适感[43,44]。

上述的四种关系展示了这两个变量之间的复杂关系，由此突出了继续研究这二者相互关系的必要性。以下将深入探讨任务型冲突所导致的正面影响。与现有研究不同，本章将会在网络协作学习的情景下，试图通过设计新的维基插件来最大化利用任务型冲突的有益之处。

5.2.3　现有基于维基的冲突可视化设计

现有维基平台存在两个突出的问题，一是系统中的著作权信息是被隐藏的，二是不能在出现冲突事件时为用户有效地提供冲突线索。

维基系统中隐藏著作权信息的设计具有多方面的好处。例如，模糊的著作权信息能够降低社会偏歧，令用户更加专注于内容本身，引发多样化的观点[45]。但是，当用户需要通过贡献手段进行自我推销（或社区地位塑造）时，维基中模糊的著作权信息会减弱用户的贡献动机[46]。同时，由于各种冲突管理手段只能在发现冲突事件之后才能实施[47]，模糊的内容著作权信息将会隐藏各种冲突事件的细节因素，由此拖延用户的冲突管理行为（如图 5.2 所示）。例如，"哪里有冲突事件？""谁和我持有冲突观点？""对方持有什么样的观点？""其他人什么时候改动我的贡献？"等。

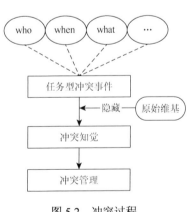

图 5.2　冲突过程

基于此，开发人员或者研究人员开发出了许多高级的维基设计（插件）用来有意或者无意地增强用户对于冲突的知觉。但是这些设计均有其内在不足之处。首先，许多可视化工具仅用于任务型冲突的描述性分析[48]，而没有被用于支持协作过程。其次，这些设计所能提供的信息也较为有限。例如，Viégas 等设计的历史流可视化工具只能够反映维基文章的整体变化，而不能促进用户之间的交流，因为其并不提供任何（与内容变化相关的）用户信息[49]。最后，当文章历史版本较多时，该工具的可用性和可理解性较差。同样的问题也存在于 Wattenberg 等设计的以色块的方式反映时间序列上不同编辑行为的工具[50]。Ekstrand 和 Riedl 设计的树型历史可视化工具能够给用户提供完整的内容演化路径（如"增加""回滚"等）[51]，该工具指出了内容改变路径，因此可以展示出哪些用户之间存在不同的观点，并由此方便用户之间的沟通。但是，该工具不能提供内容的具体改变信息（而仅仅告知"改变了"这一状态），也不能告知用户经过了多次的修改后团队作品中属于该用户的比例。Arazy 等设计了一个嵌入式工具，该工具能够反映页面级的统计信息，如饼图反映了每一个用户的贡献比例。该工具能够显示每一个编辑者的总体贡献比例，因此能够反映一部分著作权信息，但是它并不能指出何时、何地及内容是如何改变的[46]。

　　针对现有维基平台不能在出现冲突事件时为用户有效地提供冲突线索的问题，本章提出面向冲突的可视化设计方案来解决这个问题。该设计方案是基于如下三种假设：第一，通过提供基于段落的编辑历史，用户可以减少浪费在长版本列表中定位相关段落的时间和精力，从而可以更加集中精力于需要关注的内容片断；第二，通过提供段落的完整编辑历史，用户能够知晓关于该内容片断的所有观点演变情况，以及观点的持有人信息；第三，通过提供基于字的文本归属可视化展示，不仅可以满足用户的心理所有权感，还可以了解到自己在社区中的个人影响力，以此促进贡献行为。

　　本章的冲突可视化设计主要包括两个部分，如图 5.3 所示。这两个部分是通过采用 PHP，基于 Java 的 Web Service、Lucene 搜索技术和 jQuery 脚本技术实现。由于该设计的原理是计算维基文章不同版本之间的文本相似度，因此，当某部分文字内容被修改、移动甚至删除时，该设计仍然有效。整个设计被嵌入对话框并存在于维基文章的主内容页面中，能够节省用户在"页面"和"页面历史"之间来回切换查阅的时间和精力。

　　用户在浏览文章内容时，将鼠标滑过目标段落的上方，将会在段尾激活一个"查看历史"的超链接。这个超链接被点击后，将会弹出如图 5.3 所示的对话框。

第一个设计是基于段落的编辑历史，该部分能够高亮展示每一对前后版本之间的区别（内容加减情况），版本可以按照前后顺序正序或者倒序排列；同时，它也会提供对应贡献者的信息以利于进一步交流（点击用户名将会使浏览器定位到该用户的交谈页面），以及展示该部分的冲突（流行、受关注）程度。为了避免许多细小修改造成的长修订列表，本设计通过设定阈值来判定内容的改变程序是否需要被实现。第二个设计展示的是基于字的内容归属，当用户将鼠标滑过特定词或句子的上方，将会显示其所有人。

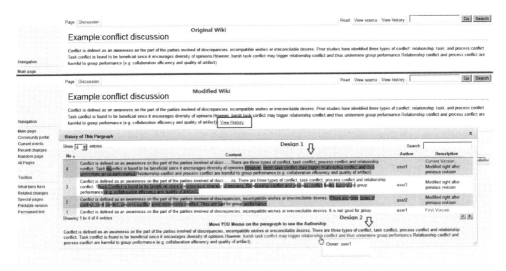

图 5.3　维基平台中基于冲突的可视化设计

5.3　网络学习冲突模型

5.3.1　网络学习冲突模型构建

本章选取 Robey 等的理论模型作为研究框架的基础[21]，这是因为该冲突模型是一个能够反映团队协作学习过程的典型模型。该模型已经被多个研究所验证。本章研究模型和 Robey 等的理论模型区别之处主要有三点：第一，本章研究主要集中于维基情景，而原始模型尚未在该情景下得到验证；第二，本章研究侧重于任务型冲突，而原始模型中的冲突为普遍意义上的冲突；第三，原始模型中的"冲突"变量在本章模型中被替换为"冲突知觉"，同时相应的假设也有所改变。

在本章研究中，成员参与被定义为团队成员（本书为学生）参与到协作过程（本书为协作式学习）有关活动中的程度，包括协作过程中的贡献行为和协作前的相关准备活动。个体影响被定义为团队成员影响团队协作最终输出（团队作品等）的程度。冲突知觉被定义为团队成员在协作过程中感觉到的冲突的激烈程度。冲突解决被定义为反映冲突的争论被一致观点或共识替代的程度。而团队绩效作为团队协作过程的产出，被定义为团队目标的达到程度，不仅包括团队作品的品质，也包括协作过程中的效率。以上对于研究变量的定义和现有研究一致[52]。

团队成员的参与正向影响个人影响，因为个体影响的效果只有在参与之后才能得到显现。显然，在一个团队中，某位成员共享的观点或知识越多，其从其他成员处获得的个人影响越大。如果没有充分的成员参与，团队就没有足够的信息资源（或观点）来共享，甚至无法完成团队作品所需要的各类活动。现有信息系统类研究已经确认了成员参与对于个体影响和团队绩效的正向影响作用。因此，本章提出以下假设。

假设 1：成员参与正向影响个体影响。

假设 2：成员参与正向影响团队绩效。

如果没有个体影响的作用，团队成员之间就不存在了解对方观点或兴趣的机会。在个体影响的作用下，当团队成员面临冲突事件时，团队共识或者妥协将会更有效地达成，富有建设性的解决方案也同时被提出。个体影响反映了团队内部的社会权利（social power）和领导力（leadership），而这两者经常被认为正向影响团队绩效[53]。此外，现有研究已经确认了个体影响对于冲突解决和团队绩效的正向影响[54]。因此，本章提出以下假设。

假设 3：个体影响正向影响冲突解决。

假设 4：个体影响正向影响团队绩效。

未解决的冲突问题经常被认为对任务的成功完成具有负面影响。此外，冲突的解决对于团队成员来说是有益的，如在冲突解决过程中增强了团队规范（group norms）和沟通技巧。Robey 等的模型已经确认了冲突解决对于团队绩效的正向影响关系。因此，本章提出以下假设。

假设 5：冲突解决正向影响团队绩效。

由任务型冲突引起的团队成员之间的讨论能够产生更多的观点，由此获得更好的团队绩效。此外，研究也显示将团队规范显式化能够促进团队成员的参与行为[55]。同时，认知失调理论认为当人们面临认知失调（一种因同时持有相互冲突的观点而导致的不适感）时，会有潜在的动力去进行某些行为以降低不适感[56]。因此，将冲突事件显性化能够使团队成员注意到冲突，并且促进用户的参与行为，因为显性化后各方观点能够引起用户的不适感并且促使用户通过"与他人沟通""仔细审查任务因素""深层次参与相关信息的处理"等方式进行参与[57]。在这过程中，用户的知识或者技能能够被逐渐提高，使得整个团队在寻找冲突解决方案（如找到争议点、取得团队共识）时更加高效。更好的团队绩效也会被达成，因为冲突解决过程能够提升用户对于任务的理解，提升决策质量和团队忠诚度[58]。现有关于协作式学习的研究已经发现，冲突知觉能够激发学生的参与动机和冲突解决动力[59, 60]。基于此，本章提出以下假设。

假设 6：冲突知觉正向影响成员参与。

假设 7：冲突知觉正向影响冲突解决。

假设 8：冲突知觉正向影响团队绩效。

但是，由于原始维基平台和修改后的维基平台（指 5.2.3 节提出的面向冲突的可视化设计方案）在冲突展示方面存在差异，因此当团队成员面对冲突事件时，对冲突的感知会因平台设计的不同而不同。当冲突的可见性较高时，团队成员能够迅速注意到冲突事件，并且了解争议的焦点，由此产生更多的参与行为、迅速有效的冲突解决方案和更好的团队绩效。因此，本章提出以下假设。

假设 9：在冲突可见性较高的团队中，冲突知觉对于成员参与的正向影响更强。

假设 10：在冲突可见性较高的团队中，冲突知觉对于冲突解决的正向影响更强。

假设 11：在冲突可见性较高的团队中，冲突知觉对于团队绩效的影响更强。

由此，本章研究模型如图 5.4 所示。

⭐ 5.3.2 网络学习冲突模型实验设计

对于新设计有效性的研究主要是基于对照试验，分为前测和正式调研两个阶段，并且在受控环境下进行，并非选取实际环境进行测试。选择受控环境的原因

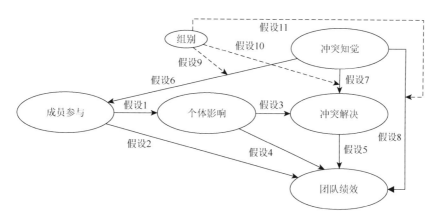

图 5.4　研究模型

主要有四点：第一，如果严格按照群体协作的定义设计实验，需要大量的（成千上万）参与者，并且给予参与者极大的随意性（流动性），导致研究的可行性差；第二，本章的新设计与维基平台紧密结合，而出于风险考虑，现有维基应用平台（如维基百科）能够在短时间内采纳并且配合研究的概率极小，导致研究的可实施性差；第三，本章的新设计仅仅基于内容，并不受参与者数量的影响，因此新设计的有效性并不需要在大规模环境下进行；第四，在受控环境下进行有利于排除与实验不相关的因素（如种族差异），有利于突出研究结果的显著性。实验过程如下所述。

（1）在实验开始前，我们通过一个 10 分钟的面对面教学令志愿者充分知晓如何使用维基系统。随后，再利用一个 10 分钟的演讲令志愿者充分知晓冲突的定义和类型以帮助他们进行区分，并强调本章注重于任务型冲突。

（2）所有志愿者被随机分为大致相同人数规模的三个组。每一个组被指定一个团队任务（即网络协作学习的讨论话题）。每一个任务的目标是志愿者在维基系统中协作撰写高质量的话题讨论文章，该文章应当包含对应话题的各个方面的观点。

（3）参与过程是匿名的，每位志愿者均使用别名与其他人进行沟通。这种设定与维基技术的许多应用类似，如 Wikipedia。

（4）在每组中，一半的志愿者使用原始维基系统（受控组），另一半志愿者使用带有新设计的维基系统（实验组）。

（5）两个维基系统共享同一个数据库。即在每一个话题中，志愿者在同一个维基页面中进行讨论，受控组和实验组唯一的区别是实验组能看见新设计。

（6）整个讨论过程只需要使用非常基础的维基操作技能，如投票等高级技能并不涉及。因此，本实验降低了产生过程型冲突的概率。需要指出的是，原始维基中的"讨论"选项卡依然有效。

（7）所有话题的讨论同时展开并持续两周。

（8）在话题讨论结束时，问卷立即被送出。同时，任务型冲突的概念描述再一次被介绍，以帮助志愿者回忆和区分。

本实验一共邀请到了 322 名本科生作为志愿者。他们是某大学校级选修课计算机伦理学课程的学生。使用该样本具有如下优势：第一，通过给予额外的课程分数奖励，能够吸引到更多学生参与到该实验中。在问卷结束后，导师将会根据三组讨论报告撰写质量的不同给予不同的奖励分数。需要指出，同一组内的学生获得的分数是一样的（但是学生不知道这一点），因为很难找到一种具有说服力的评分标准来区分不同类型贡献（如添加、删除）的分数奖励。同时，由于匿名制的限制，导师也不知道学生网名所对应的学号。第二，选修课的学生通常来自于学校的各个院系，因此学生之间相互认识的概率并不高。本实验中的匿名制可以降低关系型冲突产生的概率。第三，本科生通常更加熟悉网络中各类应用的使用，并且相较于其他类型的人群更同质化[61]。因此，该样本非常适合本次对照实验的展开。

整个样本被分为三组，每组人数分别为 106、106 和 108。每组使用原始维基和修改后维基的人数分别为 53/53、53/53 和 54/54。讨论的三个话题是我们经过协商以后认为具有非常多角度可以进行展开的话题，以最大化激发学生辩论的热情。话题名称为：盗版软件、计算机职业病和网络游戏。

问卷包括两个部分。第一部分，如表 5.1 所示，反映的是参与者如何注意到冲突事件，并且愿意解决冲突的程度。第二部分，如表 5.2 所示，使用 5 级 Likert 量表测度参与者的感知。表 5.2 中的大部分问题是来源于 Robey 等[21]的研究，但根据实际研究情景做出细微改动。一小部分问题是由本项目研究人员自行开发以更好反映参与者的协作经历。基于问卷的 PLS 分析是分析问卷并验证假设时采用的主要方法。本书选取的 PLS 软件为 WarpPLS 3.0[62]。

表 5.1　前测中使用的问题（英文问卷）

序号	介绍
1	总体而言，在本轮讨论中，当我注意到了冲突现象，我倾向于：（单选） A. 置之不理；B. 只有当冲突事件与我有关时我才试着去解决；C. 我不管自己是否卷入，只要我注意到了冲突就试着去解决；D. 其他，请告诉我们：＿＿＿＿＿＿＿
2	在本轮讨论中，我一般如何注意到冲突现象：（单选） A. 直接观察内容；B. 使用"页面历史"工具；C. 使用段落后弹出的"查看历史"；D. 其他，请告诉我们：＿＿＿＿＿＿＿

表 5.2　正式调研中使用的问题（英文问卷）

构念	编号	问题内容	问题来源
冲突知觉 （conflict awareness）	CA1	在协作过程中你觉得团队中有多少冲突？	自行开发
	CA2	在团队过程中你和其他人之间争论的激烈程度如何？	Robey 等[21]
	CA3	你直接卷入了多少意见分歧的事件中？	Robey 等[21]
	CA4	如果你和他人产生冲突，对方答复你的速度如何？	自行开发
成员参与 （participation）	PA1	你为了准备这个话题所消耗的时间有多少？	Robey 等[21]
	PA2	与其他人相比，你觉得自己贡献的内容有多少？	自行开发
	PA3	在本次讨论中，你在维基系统中贡献（增、删、改）的频率有多少？	自行开发
个人影响 （personal influence）	IN1	在本次讨论中，你如何评价自己在其他人那里的个人影响力？	Robey 等[21]
	IN2	你在团队中宣扬自己观点的成功率如何？	Robey 等[21]
	IN3	你能够让其他人考虑你观点的程度如何？	Robey 等[21]
	IN4	总体上看，你对自己的个人影响力如何打分？	Robey 等[21]
冲突解决 （conflict resolution）	RE1	为了令所有涉及人员均感到满意，差异化的观点最终的解决程度如何？	Robey 等[21]
	RE2	站在自己角度看这些冲突的解决情况如何？	Robey 等[21]
	RE3	你和其他人之间产生意见分歧时，需要多长时间达成共识？	Robey 等[21]
团队绩效 （group performance）	PE1	团队协作的效率	Robey 等[21]
	PE2	团队作品的规模	Robey 等[21]
	PE3	团队作品的质量	Robey 等[21]
	PE4	团队协作与计划进度的契合度	Robey 等[21]
	PE5	团队成员之间交互的效果	Robey 等[21]

5.4　网络学习冲突模型结果分析

在基于维基的在线讨论后，共发出了 322 份问卷。其中有 21 份反馈是无效的，因为有 13 位学生由于个人原因中途退出，8 位在受控组的学生问卷选项错误（声称他们通过新设计注意到了冲突）。实验最终获得 301 份有效反馈（受控组 151 份，实验组 150 份）。这 301 份问卷均有效是因为整个问卷填写过程受控于计算机程序，并不允许有漏选存在。301 位学生的样本分布情况如表 5.3 所示,可以看出,受控组和对照组的样本的分布基本平均。

表 5.3　参与者的人口统计特征

项目		全部	受控组	实验组
年级	一年级	237	120	117
	二年级	64	31	33
年龄	18～22 岁	298	149	149
	23～25 岁	3	2	1
之前是否有在线学习的经历	有	17	10	7
	无	284	141	143
之前 Wikipedia 使用经历	没用过	110	44	66
	只阅读	144	79	65
	贡献至少一次	47	28	19
	Wikipedia 管理员	0	0	0
每日网络使用	≤1 小时	35	12	23
	>1 小时,<3 小时	202	104	98
	≥3 小时	64	35	29

注:由于匿名制原因,性别信息没有被收集。

　　关于参与者如何注意到冲突的问题(表 5.1 中问题 2),如图 5.5 所示,在受控组中,31 位(20.5%)学生直接从内容变化中注意到冲突,而 64 位(42.4%)学生从“页面历史”工具中注意到冲突。此外,56 位(37.1%)学生并没有注意到任何冲突。在实验组中,113 位(75.3%)学生表示通过新设计注意到了冲突,而 19 位(12.7%)学生直接从内容变化中注意到冲突,同时,有 11 位(7.3%)学生从“页面历史”工具注意到冲突。此外,还有 7 位(4.7%)学生并没有注意到任何冲突。因此,与受控组相比,实验组中的系统具有更高的冲突可见性。

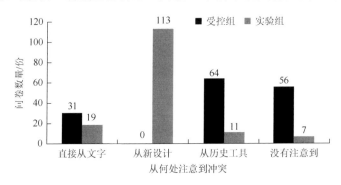

图 5.5　问卷第一部分结果总结

关于参与者面对冲突事件如何做出反应的问题（表 5.1 中问题 1），共有 49 位（16.3%）学生表示不愿意解决冲突问题，157 位（52.1%）学生仅当冲突事件跟自己有关时才愿意解决，而剩余 95 位（31.6%）学生表示不论冲突事件是否与自己有关，都愿意解决冲突。

综上，问卷的第一部分结果显示，大部分志愿者愿意解决冲突问题，并且新设计能够帮助用户发现协作过程中的冲突。

⭐ 5.4.1 网络学习冲突测量模型

在 PLS 分析中，测量模型的测度主要检验：①个体测度项的信度，主要通过观察个体测度项在其对应构念内的负载值；②内部一致性，主要由每个构念的 Cronbach's α 和 CR 所反映；③区别效度，主要由每个构念的平均提取方差值所反映[63]。测量模型的结果如表 5.4 和表 5.5 所示。同时共同方法偏差（common method bias）分析被进一步用于检测样本选择所带来的潜在问题。

表 5.4 测度项的负载和交叉负载

项目		总样本					受控组					实验组				
		1	2	3	4	5	1	2	3	4	5	1	2	3	4	5
成员参与	PA1	**0.875**	0.585	0.652	0.638	0.479	**0.694**	0.436	0.529	0.416	0.284	**0.912**	0.518	0.672	0.538	0.657
	PA2	**0.912**	0.507	0.538	0.528	0.358	**0.969**	0.536	0.445	0.437	0.163	**0.856**	0.504	0.625	0.619	0.542
	PA3	**0.911**	0.471	0.505	0.530	0.391	**0.862**	0.392	0.306	0.350	0.237	**0.946**	0.575	0.697	0.701	0.545
个人影响	IN1	0.489	**0.861**	0.414	0.487	0.463	0.389	**0.823**	0.326	0.413	0.389	0.595	**0.883**	0.502	0.555	0.521
	IN2	0.535	**0.935**	0.479	0.550	0.469	0.471	**0.844**	0.378	0.469	0.339	0.620	**0.974**	0.578	0.622	0.572
	IN3	0.534	**0.907**	0.494	0.571	0.506	0.506	**0.840**	0.381	0.491	0.393	0.588	**0.944**	0.602	0.644	0.601
	IN4	0.456	**0.778**	0.435	0.428	0.456	0.399	**0.775**	0.297	0.332	0.348	0.511	**0.837**	0.573	0.517	0.552
冲突解决	RE1	0.575	0.460	**0.886**	0.524	0.414	0.455	0.389	**0.952**	0.344	0.310	0.684	0.524	**0.822**	0.686	0.506
	RE2	0.440	0.375	**0.845**	0.452	0.513	0.344	0.276	**0.814**	0.312	0.392	0.517	0.487	**0.881**	0.578	0.718
	RE3	0.633	0.540	**0.908**	0.539	0.475	0.491	0.430	**0.839**	0.279	0.290	0.764	0.646	**0.967**	0.773	0.648
冲突知觉	CA1	0.590	0.514	0.533	**0.860**	0.571	0.507	0.523	0.353	**0.870**	0.531	0.671	0.507	0.611	**0.863**	0.611
	CA2	0.577	0.598	0.547	**0.902**	0.592	0.431	0.549	0.374	**0.836**	0.524	0.725	0.628	0.718	**0.964**	0.649
	CA3	0.463	0.381	0.379	**0.817**	0.563	0.252	0.244	0.143	**0.768**	0.469	0.652	0.519	0.611	**0.865**	0.648
	CA4	0.555	0.541	0.538	**0.905**	0.655	0.323	0.351	0.287	**0.775**	0.506	0.773	0.716	0.783	**0.924**	0.785
团队绩效	PE1	0.393	0.486	0.463	0.499	**0.753**	0.195	0.383	0.379	0.343	**0.681**	0.582	0.569	0.551	0.635	**0.801**
	PE2	0.292	0.391	0.363	0.494	**0.667**	0.123	0.323	0.160	0.437	**0.518**	0.448	0.459	0.564	0.546	**0.785**
	PE3	0.403	0.387	0.451	0.648	**0.842**	0.223	0.317	0.246	0.655	**0.816**	0.557	0.471	0.656	0.649	**0.878**
	PE4	0.432	0.472	0.480	0.605	**0.824**	0.330	0.418	0.351	0.587	**0.848**	0.524	0.517	0.604	0.626	**0.816**
	PE5	0.124	0.272	0.174	0.245	**0.617**	0.013	0.165	0.055	0.159	**0.664**	0.217	0.384	0.294	0.326	**0.592**

注：1、2、3、4、5 分别表示成员参与、个人影响、冲突解决、冲突知觉、团队绩效；黑体数值为每组数值的最大值。

表 5.5　信度、效度和变量相关

		AVE	CR	Cronbach's α	1	2	3	4	5
总样本	成员参与	0.809	0.927	0.881	(0.899)				
	个人影响	0.761	0.927	0.893	0.579	(0.872)			
	冲突解决	0.774	0.911	0.854	0.627	0.523	(0.880)		
	冲突知觉	0.760	0.927	0.894	0.628	0.586	0.575	(0.872)	
	团队绩效	0.556	0.861	0.796	0.454	0.543	0.530	0.684	(0.746)
受控组	成员参与	0.722	0.884	0.842	(0.849)				
	个人影响	0.674	0.892	0.897	0.537	(0.821)			
	冲突解决	0.758	0.903	0.872	0.491	0.422	(0.870)		
	冲突知觉	0.661	0.886	0.881	0.469	0.522	0.360	(0.813)	
	团队绩效	0.512	0.836	0.763	0.259	0.448	0.343	0.624	(0.715)
实验组	成员参与	0.913	0.969	0.921	(0.956)				
	个人影响	0.835	0.953	0.896	0.633	(0.914)			
	冲突解决	0.802	0.924	0.839	0.733	0.617	(0.896)		
	冲突知觉	0.868	0.963	0.907	0.758	0.642	0.759	(0.932)	
	团队绩效	0.609	0.885	0.825	0.611	0.615	0.699	0.726	(0.780)

注：1、2、3、4、5 分别表示成员参与、个人影响、冲突解决、冲突知觉、团队绩效；对角线上括号内的值为对应构念 AVE 值的平方根；括号下方的数值为相关系数。

对于个体测度项的信度，0.7 为因子负载的推荐阈值，而小于 0.5 则表示该测度项的方差并不具有明显特征性[64]。因此，本书将阈值设为 0.5。从表 5.4 可以看出，总样本、受控组和实验组的所有的因子负载均超过了 0.5。

组合信度和 Cronbach's α 均被用于评估构念的内部一致性，0.7 为研究所推荐阈值。从表 5.5 中可以看出总样本、受控组和实验组中所有构念的两种信度指标均达到了这一标准。

AVE 描述的是构念和其测度项之间共享的平均方差。表 5.5 所示的所有 AVE 值均超过了推荐值 0.5，显示构念和测度项之间共享了大部分方差[65]。此外，表 5.5 显示的所有 AVE 值的平方根均大于其所属构念和其他构念之间的相关系数。因此，总样本、受控组和实验组的测量模型达到了区别效度的要求。

在表 5.5 中，部分构念之间的相关系数，如总样本中成员参与和团队绩效的相关系数，实验组中冲突知觉和冲突解决的相关系数高于 0.6，表明多重共线性可能是一个潜在问题[66]。与 Ke 和 Zhang 的研究相同，本书使用方差膨胀因素和容忍度（tolerance）作为衡量多重共线性是否严重的指标[67]。通常来讲，判断多重共线性是否严重的度量指标是：方差膨胀因素值高于 10 或者容忍度值低于 0.1[68]。在本书中，结果显示方差膨胀因素值，在总样本中最高为 2.569，受控组中最高为 2.035，实验组中最高为 3.526。容忍度值，在总样本中最低为 0.389，受控组中最低为 0.491，实验组中最低为 0.284。综上，多重共线性在本书中并不是一个严重问题。

此外，由于本书的数据是测度"感知"并且是在一个时间针对一个样本所做出的，因此，共同方法偏差可能是影响结论有效性的问题。本书使用了 Harman 单因素检验（Harman's one-factor test）检验共同方法偏差的严重性。首先，样本大小的合适性使用 KMO（Kaiser-Meyer-Olkin）检验进行判定，结论显示样本 KMO 值为 0.860，样本适合用作因子分析。其次，使用带旋转功能的主成分分析，结果显示有五个构念的特征值（eigenvalues）大于 1.0。这五个构念总共解释了 71.38% 的方差，而方差解释最大的构念只解释了 19.32% 的方差。因此，共同方法偏差在本书中并不是一个严重的问题。

5.4.2 网络学习冲突结构模型

在结构模型的测度中，WarpPLS 软件提供了 3 种适配指标，具体为平均路径系数（APC）、平均卡方（ARS）和平均方差膨胀因子（AVIF）。WarpPLS 认为平均路径系数和平均卡方的显著水平需要达到 0.05，同时平均方差膨胀因子的值需要小于 5[69]。从表 5.6 可以看出，在总样本、受控组和实验组中，APC 和 ARS 的显著水平都达到了 $p < 0.001$ 等级，显示模型适配良好。而 AVIF 值均低于 5，显示并不存在多重共线性问题。

表 5.6　模型适配结果

组别	APC（$p < 0.05$[a]）	ARS（$p < 0.05$[a]）	AVIF（< 5[a]）
总样本	0.362***	0.411***	1.866
受控组	0.317***	0.319***	2.020
实验组	0.399***	0.554***	2.190

a 表示对应指标的推荐阈值；***表示 $p < 0.001$。

图 5.6 显示的是网络学习冲突的模型分析结果。测试假设 1～假设 8 使用的为总样本。结果显示，成员参与正向显著影响个人影响（$\beta = 0.60$，$p<0.001$），但是对于团队绩效的影响不显著（$\beta = 0.09$，$p>0.05$）。因此，假设 1 支持，假设 2 被拒绝。个人影响正向显著影响冲突解决（$\beta = 0.25$，$p<0.001$）和团队绩效（$\beta = 0.19$，$p<0.001$）。因此，假设 3 和假设 4 得到支持。结论同时显示冲突解决正向显著影响团队绩效（$\beta = 0.21$，$p<0.001$）。由此，假设 5 得到支持。冲突知觉正向显著影响成员参与（$\beta = 0.63$，$p<0.001$）、冲突解决（$\beta = 0.43$，$p<0.001$）和团队绩效（$\beta = 0.50$，$p<0.001$）。因此，假设 6～假设 8 得到支持。此外，成员参与、个人影响、冲突解决和团队绩效的方差解释度（R^2）分别为 0.40、0.36、0.39 和 0.50。

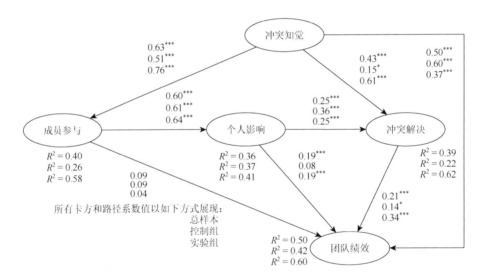

图 5.6　网络学习冲突的模型分析结果

显著水平表示 *$p<0.05$；***表示 $p<0.001$；无标识表示不显著

对照分析（用于验证假设 9～假设 11）遵循 Keil 等[70]的步骤，实验组的维基系统比受控组的维基系统具有更高的冲突可见性。分析结果显示，冲突知觉对于成员参与的影响在实验组中要强于控制组（$p<0.001$）。同时，冲突知觉对于冲突解决的影响在实验组中要强于控制组（$p<0.001$）。但是，冲突知觉对于团队绩效的影响在实验组中要弱于控制组（$p<0.001$）。由此，假设 9 和假设 10 得到支持，但是假设 11 被拒绝。

5.5 本 章 小 结

本章研究结论可以归纳为如下。

（1）关于冲突模型的结论。通过问卷，本书发现成员参与正向影响个体影响，个体影响正向影响冲突解决和团队绩效，冲突解决正向影响团队绩效。这些结论与现有研究结果一致[21]，体现出结论在多个情景下的稳定性。在虚拟协作环境下，学生（成员）可以通过活跃的参与建立起自己的个体影响（社会资本），并且在冲突管理的过程中施加自己的影响，使得更好的冲突解决和团队产出。

冲突知觉正向影响成员参与、冲突解决和团队绩效。这些结论也与现有研究一致[59, 60]。在管理冲突事件时，能够发现冲突是非常重要的一步。尤其在维基环境下，当用户访问某一篇文章时，系统仅仅显示了该文章的最新版本，而不显示内容变化的情况。因此，帮助用户去感知任务型冲突的存在对于基于维基的协作非常重要。

但是，成员参与对团队绩效的影响并不显著，该结论与 Robey 等的研究模型以及其他研究的结论并不一致[71, 72]，但在某种程度上与另一些研究一致[73, 74]。可能的解释如下：成员参与行为能够为整个团队带入更多的知识，因此，适度的参与能够对团队绩效有益。但是，过多的成员参与则会提升团队成员的信息负荷。以维基为例，如果之前的用户已经贡献了许多的内容（过长的文章），后继用户需要花费大量时间阅读并寻找可以贡献的地方，同时，发现有争议的观点也会变得较为困难。在这种情况下，过多的成员参与对于团队绩效可能有害。

（2）关于对照分析的结论。在本章中，新设计的弹出框能够显著增强冲突知觉对于成员参与和冲突解决的影响。换句话说，该设计能够促进用户贡献并且支持团队协作。通过提供有关任务型冲突的详细信息，新设计能够帮助用户发现冲突并且迅速了解多方观点及持有人。由此，5.1 节中提出的三个问题能够得以解决。有趣的是，本书发现在受控组中，冲突知觉对于团队绩效的影响比实验组更强，即新设计减弱了冲突知觉对于团队绩效的影响。虽然在现有研究中并没有发现类似结论，但是可以通过如下方式进行解释：在一个冲突并不明显的团队中，冲突知觉对于团队绩效显得更为重要，因为对于冲突事件的每一次发现都能让用户知晓何处存在有争议的地方。否则，用户将会忽视冲突并且让争议点一直存在至任务结束。反之，在一个冲突显性化高的团队中，有争议的问题能够被非常容易地发现，用户可以将更多精力放在达成共识上，而不是放在找寻冲突上。

受益于匿名参与和维基系统的特征，本章能够将冲突限定为任务型冲突，并且评估了面向反映任务型冲突的新设计的有效性。需要指出的是，本章的设定忽略了新设计对于增加其他类型冲突（如关系型冲突和过程型冲突）的知觉的有效性。此外，虽然在研究过程中我们并未从非正式面对面交流中或者维基修改备注中发现关系型冲突或过程型冲突，但这两种冲突仍然可能被任务型冲突所激发，导致消极的参与行为。

参 考 文 献

[1] 徐光，刘鲁川. MOOCs 研究现状及学习科学视角分析[J]. 中国海洋大学学报，2015（4）：98-105.

[2] 郭顺利. 社会化问答社区用户生成答案知识聚合及服务研究[D]. 长春：吉林大学，2018.

[3] Notari M. How to use a Wiki in education：'Wiki based effective constructive learning'[C]//Proceedings of the 2006 International Symposium on Wikis. Odense，Denmark：ACM，2006：131-132.

[4] Moskaliuk J，Kimmerle J，Cress U. Collaborative knowledge building with wikis：The impact of redundancy and polarity[J]. Computers & Education，2012，58（4）：1049-1057.

[5] Pusey P，Meiselwitz G. Heuristics for Implementation of Wiki Technology in Higher Education Learning[M]//Online Communities and Social Computing. Berlin Heidelberg：Springer，2009：507-514.

[6] Reinhold S. WikiTrails：Augmenting Wiki structure for collaborative，interdisciplinary learning[C]//Proceedings of the 2006 International Symposium on Wikis. Odense，Denmark：ACM，2006：47-58.

[7] Raman M，Ryan T，Olfman L. Designing knowledge management systems for teaching and learning with wiki technology[J]. Journal of Information Systems Education，2005，16（3）：311-321.

[8] Forte A，Bruckman A. Constructing text：Wiki as a toolkit for（collaborative?）learning[C]//International Symposium on Wikis：Proceedings of the 2007 International Symposium on Wikis. 2007，21（25）：31-42.

[9] Xu B，Li D. An empirical study of the motivations for content contribution and community participation in Wikipedia[J]. Information & Management，2015，52（3）：275-286.

[10] Forte A，Bruckman A. From Wikipedia to the classroom：Exploring online publication and learning[C]//Proceedings of the 7th International Conference on Learning Sciences. International Society of the Learning Sciences，2006：182-188.

[11] Liao Y W，Huang Y M，Chen H C，et al. Exploring the antecedents of collaborative learning performance over social networking sites in a ubiquitous learning context[J]. Computers in Human Behavior，2015，43：313-323.

[12] Blau I，Caspi A. What type of collaboration helps? Psychological ownership，perceived learning and outcome quality of collaboration using Google Docs[C]//Proceedings of the Chais Conference on Instructional Technologies Research，2009：48-55.

[13] Zeng H，Alhossaini M A，Ding L，et al. Computing trust from revision history[R]. Stanford：Stanford University，Knowledge System Lab，2006.

[14] Wheeler S，Yeomans P，Wheeler D. The good，the bad and the wiki：Evaluating student-generated content for collaborative learning[J]. British Journal of Educational Technology，2008，39（6）：987-995.

[15]　Jehn K A，Mannix E A. The dynamic nature of conflict：A longitudinal study of intragroup conflict and group performance[J]. Academy of Management Journal，2001，44（2）：238-251.

[16]　Hinds P J，Bailey D E. Out of sight，out of sync：Understanding conflict in distributed teams[J]. Organization Science，2003，14（6）：615-632.

[17]　Jehn K A，Northcraft G B，Neale M A. Why differences make a difference：A field study of diversity，conflict and performance in workgroups[J]. Administrative Science Quarterly，1999，44（4）：741-763.

[18]　Gibson C B，Cohen S G. Virtual Teams That Work：Creating Conditions for Virtual Team Effectiveness[M]. San Francisco：Wiley，2003.

[19]　De Clercq D，Mohammad R Z，Belausteguigoitia I. Task Conflict and Employee Creativity：The Critical Roles of Learning Orientation and Goal Congruence[J]. Human resource management，2017，56（1）：93-109.

[20]　GiebelsEllen，De ReuverRenee S M，RispensSonja.The Critical Roles of Task Conflict and Job Autonomy in the Relationship Between Proactive Personalities and Innovative Employee Behavior[J]. The Journal of Applied Behavioral Science，2016，52（3）：320-341. DOI：10.1177/0021886316648774.

[21]　Robey D，Smith L A，Vijayasarathy L R. Perceptions of conflict and success in information systems development projects[J]. Journal of Management Information Systems，1993，10：123-139.

[22]　Simons T L，Peterson R S. Task conflict and relationship conflict in top management teams：The pivotal role of intragroup trust[J]. Journal of Applied Psychology，2000，85（1）：102-111.

[23]　Misty L. Loughry，Allen C. Amason.Why won't task conflict cooperate? Deciphering stubborn results[J]. International Journal of Conflict Management，2014，25（4）：333-358.

[24]　Kittur A，Suh B，Pendleton B A，et al. He says, she says: conflict and coordination in Wikipedia[C]//Proceedings of the SIGCHI Conference on Human Factors in Computing Systems. California：ACM，2007：453-462.

[25]　Robbins S P. Managing Organizational Conflict：A Nontraditional Approach[M]. Englewood Cliffs，NJ：Prentice-Hall，1974.

[26]　Arazy O，Nov O，Patterson R，et al. Information quality in Wikipedia：The effects of group composition and task conflict[J]. Journal of Management Information Systems，2011，27（4）：71-98.

[27]　Kane G C，Fichman R G. The shoemaker's children：Using Wikis for information systems teaching，research，and publication[J]. MIS Quarterly，2009，33（1）：1-17.

[28]　Schmidt S M，Kochan T A. Conflict：Toward conceptual clarity[J]. Administrative Science Quarterly，1972：359-370.

[29]　Zammuto R F，Griffith T L，Majchrzak A，et al. Information technology and the changing fabric of organization[J]. Organization Science，2007，18（5）：749-762.

[30]　Ardichvili A，Page V，Wentling T. Motivation and barriers to participation in virtual knowledge-sharing communities of practice[J]. Journal of Knowledge Management，2003，7（1）：64-77.

[31]　Chiu C M，Hsu M H，Wang E T G. Understanding knowledge sharing in virtual communities：An integration of social capital and social cognitive theories[J]. Decision Support Systems，2006，42（3）：1872-1888.

[32]　Chen C J，Hung S W. To give or to receive? Factors influencing members' knowledge sharing and community promotion in professional virtual communities[J]. Information & Management，2010，47（4）：226-236.

[33]　赵宇翔，刘周颖. 知识众包社区中用户参与意愿的实证研究：基于虚拟社区归属感的视角[J]. 情报资料工作，2018，（3）：69-79.

[34]　Kulkarni U R，Ravindran S，Freeze R. A knowledge management success model：Theoretical development and empirical validation[J]. Journal of Management Information Systems，2007，23（3）：309-347.

[35] 张宝生，张庆普. 基于扎根理论的社会化问答社区用户知识贡献行为意向影响因素研究[J]. 情报学报，2018，37（10）：1034-1045. DOI：10.3772/j.issn.1000-0135.2018.10.007.

[36] 王晰巍，李师萌，王楠阿雪，等. 新媒体环境下用户信息交互意愿影响因素与实证——以汽车新媒体为例[J]. 图书情报工作，2017，（15）：15-24. DOI：10.13266/j.issn.0252-3116.2017.15.002.

[37] Chow W S，Chan L S. Social network，social trust and shared goals in organizational knowledge sharing[J]. Information & Management，2008，45（7）：458-465.

[38] Kankanhalli A，Tan B C Y，Wei K K. Conflict and performance in global virtual teams[J]. Journal of Management Information Systems，2007，23（3）：237-274.

[39] De Dreu C K W. When too little or too much hurts：Evidence for a curvilinear relationship between task conflict and innovation in teams[J]. Journal of Management，2006，32（1）：83-107.

[40] De Dreu C K W，Weingart L R. Task versus relationship conflict，team performance，and team member satisfaction：A meta-analysis[J]. Journal of Applied Psychology，2003，88（4）：741-749.

[41] Todorova G，Bear J B，Weingart L R. Can conflict be energizing? A study of task conflict，positive emotions，and job satisfaction[J]. Journal of Applied Psychology，2014，99（3）：451-467.

[42] Son S，Park H. Conflict management in a virtual team[C]//Information Science and Service Science（NISS），2011 5th International Conference on New Trends in. Macao：IEEE，2011，2：273-276.

[43] Shaw J D，Zhu J，Duffy M K，et al. A contingency model of conflict and team effectiveness[J]. Journal of Applied Psychology，2011，96（2）：391-400.

[44] De Clercq D，Belausteguigoitia I. Overcoming the dark side of task conflict：Buffering roles of transformational leadership，tenacity，and passion for work[J]. European Management Journal：EMJ，2017，35（1）：78-90.

[45] Sunstein C R. Infotopia：How Many Minds Produce Knowledge[M]. New York：Oxford University Press，2006.

[46] Arazy O，Stroulia E，Ruecker S，et al. Recognizing contributions in wikis：Authorship categories，algorithms，and visualizations[J]. Journal of the American Society for Information Science and Technology，2010，61（6）：1166-1179.

[47] De Dreu C K W，Vliert E V D. Using Conflict in Organizations[M]. London：Sage，1997.

[48] Kittur A，Chi E H，Suh B. What's in Wikipedia?：mapping topics and conflict using socially annotated category structure[C]//Proceedings of the SIGCHI Conference on Human Factors in Computing Systems. New York：ACM，2009：1509-1512.

[49] Viégas F B，Wattenberg M，Dave K. Studying cooperation and conflict between authors with history flow visualizations[C]//Proceedings of the SIGCHI Conference on Human Factors in Computing Systems. New York：ACM，2004，575-582.

[50] Wattenberg M，Viégas F B，Hollenbach K. Visualizing activity on wikipedia with chromograms[C]//Human-Computer Interaction-INTERACT 2007. Berlin Heidelberg：Springer，2007：272-287.

[51] Ekstrand M D，Riedl J T. rv you're dumb：Identifying discarded work in Wiki article history[C]//Proceedings of the 5th international Symposium on Wikis and Open Collaboration. New York：ACM，2009：1-10.

[52] Robey D，Farrow D L，Franz C R. Group process and conflict in system development[J]. Management Science，1989，35（10）：1172-1191.

[53] Semadar A，Robins G，Ferris G R. Comparing the validity of multiple social effectiveness constructs in the prediction of managerial job performance[J]. Journal of Organizational Behavior，2006，27（4）：443-461.

[54] Barki H，Hartwick J. User participation，conflict，and conflict resolution：The mediating roles of influence[J]. Information Systems Research，1994，5（4）：422-438.

[55] Harper F M，Li S X，Chen Y，et al. Social Comparisons to Motivate Contributions to An Online community[M]// Persuasive Technology. Berlin Heidelberg：Springer，2007：148-159.

[56] Festinger L. A Theory of Cognitive Dissonance[M]. Stanford：Stanford University Press，1957.

[57] Yan J. An empirical examination of the interactive effects of goal orientation，participative leadership and task conflict on innovation in small business[J]. Journal of Developmental Entrepreneurship，2011，16（3）：393-408.

[58] Amason A C. Distinguishing the effects of functional and dysfunctional conflict on strategic decision making：Resolving a paradox for top management teams[J]. Academy of Management Journal，1996，39（1）：123-148.

[59] Johnson D W，Johnson R T，Holubec E J. Cooperation in the Classroom[M]. Edina，MN：Interaction Book Company，1998.

[60] Pagnucci G S，Mauriello N. The masquerade：Gender，identity，and writing for the web[J]. Computers and Composition，1999，16（1）：141-151.

[61] Cho C H，Cheon H J. Why do people avoid advertising on the internet?[J]. Journal of Advertising，2004，33（4）：89-97.

[62] Kock N. Using WarpPLS in e-collaboration studies: Descriptive statistics, settings[J]. Interdisciplinary Applications of Electronic Collaboration Approaches and Technologies，2013：62.

[63] Yoo Y，Alavi M. Media and group cohesion: Relative influences on social presence, task participation, and group consensus[J]. MIS Quarterly，2001，25（3）：371-390.

[64] Bagozzi R P. Measurement and meaning in information systems and organizational research：Methodological and philosophical foundations[J]. MIS Quarterly，2011，35（2）：261-292.

[65] MacKenzie S B，Podsakoff P M，Podsakoff N P. Construct measurement and validation procedures in MIS and behavioral research：Integrating new and existing techniques[J]. MIS Quarterly，2011，35（2）：293-334.

[66] Grewal R，Cote J A，Baumgartner H. Multicollinearity and measurement error in structural equation models：Implications for theory testing[J]. Marketing Science，2004，23（4）：519-529.

[67] Ke W，Zhang P. The effects of extrinsic motivations and satisfaction in open source software development[J]. Journal of the Association for Information Systems，2010，11（12）：784-808.

[68] Mason C H，Perreault Jr W D. Collinearity，power，and interpretation of multiple regression analysis[J]. Journal of Marketing Research，1991：268-280.

[69] Koch N. WarpPLS 2.0 User Manual[R]. Laredo，Texas：ScriptWarp Systems，2011.

[70] Keil M，Tan B C Y，Wei K K，et al. A cross-cultural study on escalation of commitment behavior in software projects[J]. MIS Quarterly，2000：299-325.

[71] Shaw R S. The relationships among group size，participation，and performance of programming language learning supported with online forums[J]. Computers & Education，2013，62：196-207.

[72] Miller K I，Monge P R. Participation，satisfaction，and productivity：A meta-analytic review[J]. Academy of Management Journal，1986，29（4）：727-753.

[73] Davies J，Graff M. Performance in e-learning：Online participation and student grades[J]. British Journal of Educational Technology，2005，36（4）：657-663.

[74] Locke E A，Feren D B，McCaleb V M，et al. The relative effectiveness of four methods of motivating employee performance[J]. Changes in Working Life，1980：363-388.

6 | 基于互联网群体协作的网络口碑

本章围绕口碑交流这一消费者网络协作中的主要行为，对两个层次的三个研究问题进行了探讨：影响消费者对网络口碑接受的因素；意见领袖通过哪些因素影响消费者的购买意愿；消费者对网络口碑管理系统的功能需求如何。通过对三个研究问题的探讨，本章从理论与实践两个方面提出了相应的启示。

6.1 消费者网络口碑接受影响因素问题的提出

当需要网购一件商品时你会怎么做？到购物网站或者网络社区搜索信息，查看关注的达人的推荐；在收到商品后，去购物网站撰写评论，通过社交媒体与他人分享使用的感受，甚至接受网友的进一步咨询。在当下，这样的场景已经司空见惯。社会化媒体的普及使分享成为一种潮流。其实购物时的分享与协作早已存在，我们会向亲人、朋友或者同事寻求建议，还会根据排队人数的多少来估算一家餐馆提供的食品的美味程度。在协作过程中，我们通过各种手段交换和解读关于产品和服务的观点和意见。这样一种没有商业意图的消费者间的对话过程就是口碑传播过程（word-of-mouth communication）[1]。

因特网的普及拓展了消费者口碑交流的深度和广度，传统口碑交流开始向网络口碑（eWOM）交流转变，商品评论作为网络口碑的一种，已经成为消费者共同创作的一种典型范例[2]。网络口碑也开始成为消费者购物时的重要信息参考[3-5]。网络口碑是营销人员和消费者作为产品（服务）信息传递的重要工具[6]。Kostyra 等检验了网络口碑会降低品牌重要性的假设[7]。微博、SNS 等新型媒体及交流形式的普及将传统的人际影响机理移植到了互联网世界，催生了传统电子商务向社会化电子商务的转变。网络购物平台，如淘宝、京东、美团等也增加了开放式评论的功能，对消费者而言他们可以发布自己的真实体验、理性地选择商品，对商家而言也是树立口碑的机会。在这一转变中，除消费者自身外，厂商、企业及各类互联网平台都希望借助口碑交流过程达到自己的目的。Chen 等认为，网络口碑作为一种客户体验的在线声誉体系，其表现形式多样复杂，而网购评论仅是网络口碑体系中消费者所表达的文字或视频内容[8]。在社会化媒体普及的情况下，消费者的口碑交流背后究竟存在怎样的机理，运营商如何运用这些机理设计出合适的交流平台，是理解消费者协作的一大课题。

口碑传播过程是人际交流过程[9]，人际交流中的说服（persuasion）有四个基本要素：传播者、消息本身、消息的传播方式、听众[10]。信息采纳模型则认为影响信息采纳的因素是信息的有用性，而信息的有用性受信息本身及信息来源的可靠性的影响[11]。学者通常运用双过程理论（dual process theory）来解释这一过程，即认为消费者在处理信息时，会根据自己所愿意投入的时间、精力的不同，通过中心路径（即仔细考察信息本身的质量）和边缘路径（依靠口碑数量、来源可信度等线索进行简单推理）来处理口碑信息[12-14]。Cheung 和 Thadani 对现有的口碑交流影响因素的研究进行了总结，将其提及的各项影响因素与人际说服四要素相结合可以得到如图 6.1 所示的框架图[15]。

上述框架较为全面地概括了人际交流视角下的口碑交流影响因素，但是也可以看出部分维度的挖掘深度不够（如消息的传播方式）。此外对信息的类型及四大要素的交互（如发布者与接收者之间的关系强度）等对于口碑交流效果的影响还缺乏深入的理解，而微博及 SNS 等平台及元素被用于电子商务和网络购物领域之后，这些因素的作用正在显现，所以本章希望解决的第一个问题如下。

问题 1：信息类型、关系强度及传播方式如何影响消费者对网络口碑的接受？

问题 1 是在新的互联网环境中对口碑交流影响因素和作用机制的补充，其研究结论可能适用于社会化媒体平台中的口碑交流。但是值得注意的是随着社交网络的兴起，消费者能够更加便利地通过除电子商务网站之外的各类平台形成

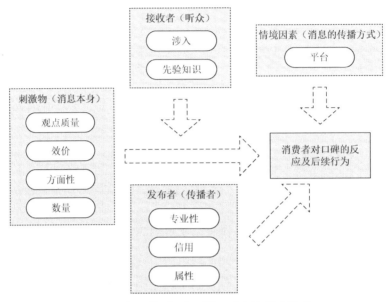

图 6.1　人际说服视角下的口碑交流影响因素

基于社会联系及类似的消费习惯等形成利基小组（niche group）[16]。人们开始需要一些更加个性化和精确的口碑信息，在此背景下一种特殊的口碑发布者——意见领袖在各个领域的网站平台上开始涌现。他们凭借较高的产品涉入程度，能够发布比一般商品评论更加吸引人，从而影响消费者的决策。在美国，每个意见领袖甚至可以分担一个由 14 人组成的公司的传播工作[17]。意见领袖作为一种特别的口碑发布者，有必要对其对口碑交流及购买意愿的影响机制进行深入探讨，这也是深入理解社会化商务商业模式及构建平台设计准则时必须考虑的问题，所以本章提出第二个研究问题。

问题 2：意见领袖通过哪些因素影响消费者的购买意愿？

问题 1 和问题 2 都是针对网络口碑交流的影响和相关行为机制进行的探讨。但是网络口碑交流需要借助不同的平台与功能，Lim 和 Brandon 认为传播者对平台越熟悉，传播信息的有用度也会越高[18]。口碑交流中的各种有效机制必须通过设计学的视角体现在网站的功能及界面设计中，并将各种因素与具体功能对应起来才能真正达到效果。因此各大运营商不断改变平台的功能设计，试图迎合消费者的信息需求，最大限度地发挥口碑交流中各种影响因素的积极作用。但是目前学界对口碑进行收集、整理和呈现的网络口碑管理系统，其对广泛存在的消费者需求的了解并不充分，因此才对某些经过理论验证的影响机制的实际效果产生了怀疑，进而产生了设计偏差，没有达到预想的效果。为了弥补这种缺憾，找到影响机制转化为实际功能这一过程中的问题，我们认为必须对消费者的功能需求进行分析，因此提出第三个研究问题。

问题3：消费者对网络口碑管理系统的功能需求如何？

本章三个研究问题的研究过程相对独立但是又具有一定的逻辑关系，其逻辑关系如图6.2所示。本章后面的部分将分三节对三个研究问题进行探讨。

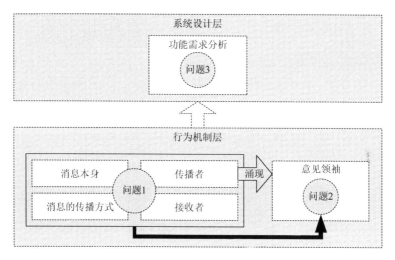

图6.2　研究问题的逻辑关系

6.2　消费者网络口碑接受的影响因素

6.2.1　相关概念与假设

1. 变量定义

本阶段研究的目的在于验证网络口碑的某些特征能否影响接收者对于网络口碑的接受。当实际行为难以量化时，可将行为意图作为替代测量指标[19]。由于本书侧重于群体协作环境，因此用口碑接收者对于朋友推荐产品的购买意图[20]测量口碑接受程度。在本阶段研究中希望验证的影响因素是：信息类型、关系强度和口碑信息传播方式。下面对这三个因素进行概要说明。

1）信息类型

信息一般可以分为两类：①事实型信息，指的是逻辑地、客观地阐述某个产品的特征或价值的信息；②评价型信息，指的是对于一种产品主观化的描述信息[21]。

2）关系强度

信息传播者和信息接收者之间社会关系的强弱程度用关系强度表示。强关系（strong tie）指个体间的熟知或亲密的关系程度；弱关系（weak tie）指个体间仅仅认识彼此，甚至不相互知晓的关系程度。有研究证明在人际交往过程中强关系比弱关系更容易被激发[22]。但社会学习中弱关系能更加有效地传播新的理念和想法[23]。

3）口碑信息传播方式

口碑信息既可以通过私人方式传播，也可以通过公众方式传播。根据参加者数量，可以将口碑传播分为一对一的私人传播和一对多的广播式传播。一对一传播的缺陷是在某个时间特定的口碑信息仅能影响一个人。随着信息技术的发展，人们可以在社会化媒体上更新状态向所有的好友传递信息，也可以通过邮件群发功能实现多人交流，因此口碑传播的时效性和影响力进一步增强和提升。

2. 研究框架

以社会影响理论为基础，除以上提到的三个因素之外，如口碑接收者对于交流网站的态度[24, 25]和接收者对于被推荐产品的态度[26, 27]及传播者信息发布的时间等[28]都可能影响消费者的口碑接受。所以本阶段研究的总体框架如图6.3所示。

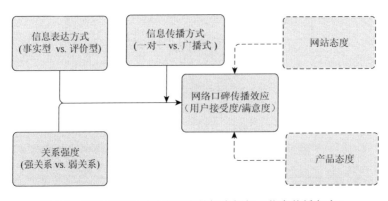

图6.3　网络口碑传播效应研究的概念框架（信息传播角度）

研究证明信息内容会对于信息接收者的态度、意图和行为产生影响[29]。具体来说通过感性而富有情感的方式传播信息对于信息的接收更加有效[30]；Lynch 也强调，在人际交互、交流的沟通过程中进行趣味性的沟通，如笑话和幽默是非常重要的。很明显，网络口碑的内容表达方式更加生动有趣，会使信息接收者更容易接受，并且可以留下深刻印象[31]；McMillan 在基于网络的互动传播研究中，指出网络口碑的互动性、信息丰富性、易使用性、实时性、有趣性等都会影响到消费者对此种推广形式的接受度，即网络口碑的效应程度，所以可以提出如下假设。

假设 1.1：评价型口碑比事实型口碑更易于被消费者接受。

社会网络理论指出社群中的个体和群体行为受到社群参与者之间的关系影响远大于受到参与者个体属性影响[32]；其中熟人和好友之间的直接或者间接的口碑传播行为是非常频繁的[33]；强关系更容易发挥作用[34]；研究证明在服务产品关系强度高时，网络口碑传播的效果更好[35]。所以可以提出如下假设。

假设 1.2：来自强关系的网络口碑比来自弱关系的更易于被消费者接受。

口碑交流作为一种社会交互过程，其行为机制可以用社会影响理论来解释。在一对一传播情境下，由于内化和认同机制的作用[36]，接受评价型信息成为一种维护和增进人际关系的手段，而在公开环境中信息接收者受到的这种规范性社会影响较小。而对于事实型评价信息来说这种差别并不大，所以可以提出如下假设。

假设 1.3：传播方式将调节口碑信息类型对于口碑接受的影响程度。

在一对一传播方式下，接收者会认为此信息是发送者出于对自己的了解，或者出于对自己的关心特意发送给自己的。因此社会影响中的规范性社会影响将会激发认同过程，促使接收者的购买行为。但是如果信息是通过公共广播的方式传播的，关系强度的影响效果将会降低，因为接收者将不认为此信息是专门发送给自己的，所以可以做出如下假设。

假设 1.4：口碑传播方式将调节关系强度对于口碑接受的影响程度。

⭐ 6.2.2　实验方案设计与实施

1. 实验平台以及样本的确定

为了模拟网络口碑交流环境，实验平台具有较高的场景真实性及多样化的交流功能。所以我们选择了 SNS 网站作为实验平台，又考虑到受众及社会网络类型的代表性问题，最终确定社会网络关系较为多元化的"开心网"（www.kaixin001.com）作为实验平台，其用户作为具体样本来源。

2. 实验设计

1）问卷量表设计

本阶段研究中使用的问卷主要分为两个部分：其一是被试者基本信息问卷，包含（含年龄、专业、网站使用经验等）；其二是用于测量消费者对产品、网站及接收到实验口碑信息后的购买意图情况的测试问卷。该问卷依据前人研究及本阶段研究的实际情况进行编制（表 6.1），采用 Likert 7 级量表。

表 6.1 量表选项来源及选项设计

变量	量表形式	具体问项
网络口碑接收者对于产品的态度（Dhar 和 Wertenbroch[25]）	Likert 7 级量表"强烈不同意"——"1""强烈同意"——"7"	1. 我经常购买矿泉水 2. 我对于矿泉水类产品有兴趣 3. 矿泉水是我日常生活中的一部分 4. 矿泉水类产品对我有吸引力 5. 矿泉水类产品很必需
网络口碑接收者对于网站的态度（Chen 和 Wells[24]）	Likert 7 级量表"强烈不同意"——"1""强烈同意"——"7"	1. 开心网是一个很好的联络朋友的平台 2. 我以后还会继续使用开心网 3. 我对开心网平台很满意 4. 我很乐意上开心网
网络口碑接收者的购买意图（Zhu 和 Tan[26]）	Likert 7 级量表"强烈不同意"——"1""强烈同意"——"7"	1. 我会购买此矿泉水 2. 我想了解关于此矿泉水的更多信息 3. 我对于这个矿泉水很感兴趣 4. 我愿意和其他好友分享此推荐信息 5. 我对于此矿泉水不感兴趣 6. 我不愿意推荐此矿泉水给其他好朋友 7. 我不会购买这种矿泉水

2）信息要素设计

依据 Zhu 和 Tan[26]的实验设计，选择了大众都熟知的矿泉水为推荐产品，并邀请中文系学生分别设计了该产品的评价型口碑和事实型口碑各一条。

3）关系强度要素设计

在被试的开心网好友列表上随机选择 5 人。请被试者对自己与这 5 人的关系强度进行打分。"1"表示非常不熟悉、"2"表示不熟悉、"3"表示不太熟悉、

"4"表示一般般、"5"表示有点熟悉、"6"表示熟悉和"7"表示非常熟悉。在统计时将所有4分及以下的分值记为0，表示弱关系；将所有大于4分的数值记为1，表示强关系。实验时随机抽取一名好友作为口碑信息推荐者向受试者传递口碑信息。

4）传播方式的设计和控制

分别使用开心网中短信邮件方式和签名的方式模拟一对一的传播方式和一对多的传播方式。相应界面如图6.4和图6.5所示。

图6.4　短信交互（一对一传播方式）模拟界面

3. 实验流程

每位被试者首先填写基本信息问卷，之后完成好友关系强度排序，随后进入正式实验环节。正式实验中被试者被随机分为8组，面对的是6.2.1节假设中所提及的一种虚拟情境，并接受相应的口碑信息。实验后被试者填写有关产品购买意图的问卷。

通过发送邀请，有181名被试者参与了本次实验，数据进行清洗后，最终有169个样本被纳入分析。其年龄范围为22～46岁。44.8%为在校学生且专业分布广泛，其余55.2%为各行业（如销售和服务行业、计算机通信行业、教育行业等）的工作者。88.2%被试者拥有开心网账户一年以上，同时75.1%的受试者每天至少登录开心网一次，以上数据说明本阶段研究的样本具有广泛的代表性及较为丰富的平台使用经验。

图 6.5　广播交互（一对多传播方式）模拟界面

⭐ 6.2.3　结果分析与讨论

1. 问卷结果的信度与效度分析

课题组采用 Cronbach's α 系数及因子分析的方法对问卷结果的信度和效度进行评估。经过计算，各个变量的 Cronbach's α 系数值都大于 0.8（表 6.2）；因子分析中各因子的载荷均大于 0.7（表 6.3），对照信度分析和效度分析的一般评判标准[37]，可以认为本书中的问卷结果具有较好的信度和效度。

表 6.2　信度检验结果

构念	题项数	Cronbach's α 系数
网站态度	4	0.861
产品态度	5	0.922
购买意图	4	0.910

表 6.3 因子分析结果

问卷问项	因子		
	1	2	3
网站态度_1	−0.035	−0.010	**0.759**
网站态度_2	0.039	0.030	**0.881**
网站态度_3	0.136	0.036	**0.829**
网站态度_4	0.098	−0.065	**0.877**
产品态度_1	**0.861**	0.034	0.054
产品态度_2	**0.860**	0.048	0.084
产品态度_3	**0.842**	0.115	0.082
产品态度_4	**0.908**	0.076	0.003
产品态度_5	**0.883**	0.091	0.037
购买意图_1	0.091	**0.882**	0.032
购买意图_2	0.137	**0.865**	0.029
购买意图_3	0.159	**0.889**	0.042
购买意图_4	0.069	**0.829**	−0.087
方差解释比例/%	25.874	22.745	19.048
累计方差解释比例/%		67.668	

注：黑体数值表示载荷大于 0.7 的因子载荷。

2. 假设检验

单变量方差分析的结果显示"网站态度"和"产品态度"对于购买意图的影响都不显著（$p>0.05$），说明在这些变量在实验中被控制，其影响可以忽略。随后通过 ANOVA 全因素模型对假设进行检验，结果如表 6.4 所示。

表 6.4 ANOVA 全因素模型测试结果

变量	自由度	F	p 值
口碑信息表达方式	1	13.340	**0.000**[**]
口碑参与者关系强度	1	12.390	**0.001**[**]
口碑信息传播方式	1	1.930	0.166
口碑信息传播方式×口碑信息表达方式	1	0.150	0.698
口碑信息传播方式×口碑参与者关系强度	1	5.170	**0.024**[*]
口碑信息表达方式×口碑参与者关系强度	1	1.200	0.275
信息类型×关系强度×信息传播方式	1	0.073	0.787

注：因变量为购买意图；*和**分别表示在显著性为 0.05 和 0.01 的水平上显著；黑体数值表示显著性检验通过的 p 值。

表 6.4 的数据显示口碑信息表达方式和口碑参与者关系强度对于口碑传播效应（购买意图）有显著影响。同时口碑信息传播方式和口碑参与者关系强度对口碑传播效应（购买意图）的影响存在显著交互关系。

t 检验结果显示评价型信息（$N = 80$，Mean $= 4.40$，S.D.[①] $= 1.24$）对于购买意图的影响显著高于（$t = 3.81$，$p < 0.01$）事实型信息（$N = 89$，Mean $= 3.63$，S.D. $= 1.37$）对于购买意图的影响，因此假设 1.1 成立。

当口碑信息经由强关系朋友（$N = 85$，Mean $= 4.34$，S.D. $= 1.38$）传递时，接收者购买意图显著高于（$t = 3.33$，$p < 0.01$）由弱关系朋友（$N = 84$，Mean $= 3.66$，S.D. $= 1.26$）传递的口碑信息，因此假设 1.2 也成立。

在一对一的私人交流情况下，强关系朋友（$N = 42$，Mean $= 4.23$，S.D. $= 1.39$）传递的口碑信息比弱关系朋友（$N = 41$，Mean $= 3.30$，S.D. $= 1.23$）传递的口碑信息更易被接受（$t = 3.88$，$p < 0.01$），因此假设 1.4 也成立。

但是，在公共传播方式下，强关系（$N = 43$，Mean $= 4.25$，S.D. $= 1.39$）和弱关系（$N = 43$，Mean $= 3.99$，S.D. $= 1.20$）对于口碑接收者购买意图的影响的区别不显著（$t = 0.914$，$p = 0.36$）。进一步细化的 8 个分组描述性统计数据见表 6.5 和表 6.6。

表 6.5　事实型口碑的描述性统计数据

信息传播方式	关系强度	
	弱关系	强关系
一对一	2.79（1.18） $N = 21$	4.11（1.36） $N = 22$
广播式	3.57（1.34） $N = 23$	4.02（1.26） $N = 23$

注：括号外数值为均值；括号内数值为标准差；N 为样品数。

表 6.6　评价型口碑的描述性统计数据

信息传播方式	关系强度	
	弱关系	强关系
一对一	3.85（1.05） $N = 20$	4.76（1.37） $N = 20$
广播式	4.49（0.80） $N = 20$	4.51（1.51） $N = 20$

注：括号外数值为均值；括号内数值为标准差；N 为样品数。

---

① S.D. 为标准差。

当将口碑传播方式和口碑参与者关系强度对于口碑传播效应（接受）的相互影响通过信息表达方式进行分类后可以发现：在广播式情境下，当信息表达方式从事实型变为评价型，关系强度对于口碑传播效应（接受）的影响几乎降低为零，关系强度对口碑接受没有影响（图6.6和图6.7）。

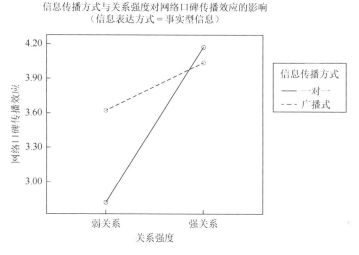

图6.6　（事实型信息情况下）传播方式和关系强度对于口碑效应（接受）的影响

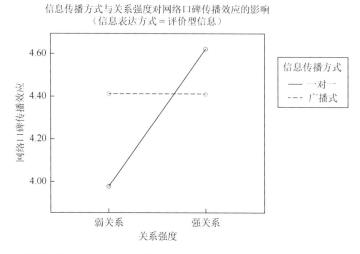

图6.7　（评价型信息情况下）传播方式和关系强度对于口碑效应（接受）的影响

当把信息表达方式和信息传播方式两个因素结合可以产生四种信息交流模

式，具体为：评价型信息一对一交流模式（EMOM）；事实型信息一对一交流模式（FMOM）；评价型信息广播式交流模式（EMBM）和事实型信息广播式交流模式（FMBM）。图 6.8 显示了四类口碑交流模式和关系强度对于口碑传播接受的影响，从中可以归纳出口碑传播的两个策略。

（1）"广种博收"：图 6.8 说明在传递者与接收者关系不密切时，EMBM 策略为最佳策略，此策略优点是不需要前期锁定客户，意味着厂商前期不需要投入过多的资金，同时受众范围比较广泛。

（2）"各个击破"：在强关系情况下，EMOM 则更为有效，所以当厂商建立起稳定的客户网络时，可以采用该策略借助好友网络进行宣传。虽然此策略没有第（1）个策略涉及的受众面广泛，且要求关系强度高，但是用户对于通过此策略传播口碑的接受度是所有网络口碑信息传播种类中最高的。

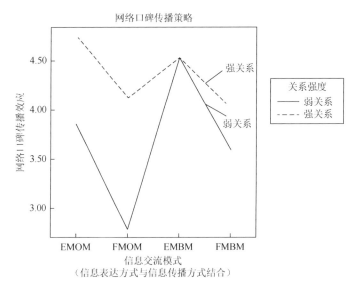

图 6.8　（四类信息交流模式情况下）网络口碑传播策略

6.3　意见领袖对于消费者购买意愿的影响

⭐ 6.3.1　影响因素的识别

虽然说服理论、前人关于口碑研究的成果及本章 6.1 节中对于问题 1 的解析为问题 2 的解决提供了底层的理论基础和借鉴，但是鉴于缺乏直接研究网络意见领袖与消费者购买意愿的成果，为了对各基础概念进行深度解析，本书认为有必要借助扎根理论方法（grounded theory）对相关影响因素进行识别。

1. 访谈对象选择与访谈过程

结合研究主题，本书认为访谈对象应当具备以下特征：①熟悉网络，并且经常浏览各类社交网站及电子商务网站；②关注过意见领袖并有搜集意见领袖相关信息的经验。

前期调查结果显示意见领袖主要存在于社会化商务网站及虚拟社区和博客论坛，根据使用频率和倾向，本书最终选取了淘宝淘江湖、豆瓣网、天涯社区、新浪博客共 4 个网络平台，同时，由于时尚类领域的意见领袖受关注的程度较高，于是又加入 OnlyLady、YOKA 两个时尚类网站，从这些平台上选取一些意见领袖的追随者及意见领袖按照事先设计的访谈提纲进行访谈。

本书对 25 人进行了访谈，其中男性 9 名，女性 16 名。年龄范围在 18～40 岁，受访人包括在校大学生、企事业单位工作者、自由职业者和网络卖家等。每次访谈时间为 20～40 分钟。最终得到《意见领袖对消费者购买意愿影响调查资料记录》。

2. 访谈资料的扎根分析

通过开放性译码、主轴译码及选择性译码等扎根分析的必要步骤，得到本书扎根理论分析的结果，网络环境中的意见领袖对消费者购买意愿的影响因素体现在以下方面。

1）意见领袖特征

网络中的意见领袖与传统意见领袖相比具备了较多的新特征，其产品知识更加丰富且辐射范围广。例如，扎根访谈对象的两个观点："这个意见领袖对产品的评论，具有很强的专业知识，能够让我知道很多相关知识，对产品有深入的了解""拿不定主意的时候，可以向其他人或者是直接向意见领袖征询意见"，这些信息表明意见领袖的专业性、交互性等都会对消费者的行为意愿产生影响。

2）推荐信息的特征

意见领袖的推荐信息与一般的口碑信息相比也有所不同，其视觉线索更加丰富，且具有较强的时效性。例如，扎根访谈对象的两个观点："该意见领袖对于该产品给予了详细的文字叙述，配有图片，图片很清晰""我刚看见这个品牌出了一个新产品，这个意见领袖就进行了评论，帮助我第一时间了解这个产品"等，这些信息表明意见领袖推荐信息的视觉线索、时效性等都会对消费者的行为意愿产生影响。

3）消费者感知价值

消费者的感知价值是影响消费者购买意愿的重要因素。当意见领袖推荐的产品令消费者产生高的感知价值时，往往能够激发消费者的兴趣。例如，扎根访谈对象的两个观点："他推荐的这个产品，从他博客看效果非常好啊，而且使用很简单，材料也很好，应该品质不错""我很喜欢她买的这个包，现在很多人都想买，我要是也有一个多有范儿啊"等，这些信息表明消费者对意见领袖推荐的产品的感知价值同样会对消费者的行为意愿产生影响。

4）信任的中介作用

意见领袖对消费者购买意愿的影响需要中介机制,通过扎根理论研究归纳出意见领袖往往是通过给消费者带来了信任感，从而进一步影响其购买意愿的。访谈显示，绝大多数的被访谈者接受意见领袖推荐的根本原因还是出于对其的信任，而意见领袖的专业性、产品涉入、交互性、知名度、其推荐信息的视觉线索、一致性、时效性及消费者所能感知到的功能价值和情感价值等，都可能会影响信任的产生。

★ 6.3.2 网络意见领袖对购买意愿的影响模型构建

1. 概念模型

基于相关理论研究及扎根分析的研究，本书构建了网络环境中意见领袖对购买意愿的影响的概念模型。从接受者的视角，意见领袖对消费者购买意愿的影响因素可划分为：意见领袖特征、意见领袖推荐信息特征及消费者感知价值三个主要构面，各构面包含的子变量如图6.9所示。

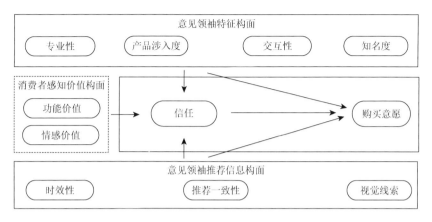

图 6.9 网络意见领袖对购买意愿的影响模型

2. 变量定义与研究假设

1）购买意愿

购买意愿是本阶段研究的核心概念。意愿是指个人从事特定行为的主观概率[38]，Dodds 等认为，购买意愿是消费者选择某一产品的主观倾向，具有较强的主观性，既体现了消费者对待产品的态度，也反映了消费者做出购买决策的概率大小[39]。所以在本阶段研究中消费者的购买意愿指消费者购买某种产品的主观概率或可能性。

2）信任

通过扎根分析可以看出，信任在其他影响因素与购买意愿之间扮演了重要的中介作用。就内涵而言，信任是一个多维度的概念，包含了认知、情感及行为等维度[40]。可以指愿意或打算依靠对方的倾向[41]，而信任产生的原因则可能是他人表现出来的能力、正直和善意[42]。在电子商务环境里，信任概念具有明显的多样性[43]。通常所讨论的电子商务环境中与信任相关的行为意图，包括分享个人信息、做出购买或重复购买决策或者是接受商家提供的信息等。相应地，与意见领袖相关的信任也会涉及意见领袖分享的信息、推荐的产品的购买决策等。意见领袖以其表现出来的能力、正直与善意来影响消费者的信任。因此，本书将信任定义为基于意见领袖在产品推荐中表现出诚信（诚实及遵守诺言）、仁善（关心，为他人着想）、技能（具备满足要求的能力）及可预测（意见领袖行为的一致性），消费者愿意受其影响的意愿。

信任在口碑质量与购买意愿的关系中起重要作用[44]。Smith 等的研究发现，消费者的推荐能够通过消费者信任影响消费者对产品的选择[45]。Zeithaml 等认为当消费者信任产品或厂商时，消费者具有正向的购买意愿[46]，所以可以做出以下假设。

假设 2.1：消费者对意见领袖推荐产品的信任显著影响消费者的购买意愿，且信任越大，消费者的购买意愿越强。

3）意见领袖特征构面

（1）专业性。在购买情境中意见领袖的专业性应该同时体现在丰富的产品知识和产品经验上。产品知识应由消费者对产品的熟悉度及专业知识构成，其中熟悉度是指消费者过去购买及使用该产品所得到的相关经验。Chan 和 Misra 的研究指出，当意见领袖拥有的产品相关知识越丰富，对产品越熟悉，越容易成为寻求产品推荐的追随者的咨询对象[47]。另外，Bristor 认为信息来源的专业性必须是被口碑接收者感知到的，是口碑接受者感知到的信息来源能够提供正确信息的程度，也就是说信息来源的专业性最终实现要依靠接受者的主观感知[48]。所以意见领袖的专业性是指针对口碑信息传播者本身所拥有的对产品的熟悉度及专业知识，信息接受者感知其能够提供准确信息的程度。

由于信息缺失，消费者在购买之前无法判断其商品好坏，因此在购买经验性商品的时候，就较为倾向收集商品信息以做出判断。同时由于经验性商品的评估需要依靠主观判断，受外部信息影响较大，这样，推荐信息的来源就尤为重要，Friedman 和 Friedman 的研究表明，消费者选择复杂且需要专业知识的产品时，更信任并倾向于采用专家推荐[49]。Mitchell 等指出专业的人在产品抉择的知识和知觉上都高于非专业人，因此，口碑信息是否会被信任的一个重要因素就是传播者的专业性[50]。所以做出如下假设。

假设 2.2a：意见领袖的专业性显著影响消费者对意见领袖推荐产品的信任。

意见领袖对于产品的持久涉入，因而拥有较丰富的专业知识，能够为他人提供产品信息进而影响他人的行为意向[51-54]；此外当口碑信息传播者具备丰富的专业知识时，往往受到消费者的青睐，吸引消费者听取他们的意见，最终影响消费者的购买决策[33]。所以提出研究假设。

假设 2.2b：意见领袖的专业性显著影响消费者对意见领袖推荐产品的购买意愿。

（2）产品涉入。涉入是营销领域的一个重要概念，一般认为其是指消费者基于内在的需求、价值和兴趣而对某类产品的重要程度持久的感知[55]。产品涉入则是指消费者认知该产品与其内在需求、兴趣和价值观的相关程度，包括产品的特点和相关性，反映了个人在某一产品类别上所感知的相关行为，这种感知行为是持续性的[56]。所以意见领袖产品涉入度指意见领袖认知某类产品与其内在需求、兴趣和价值观的相关程度，反映了意见领袖在某类产品上长期、持久的关注，与意见领袖自身的爱好、专业、兴趣等有密切的关系。

涉入是理解消费者决策行为和相关的传播行为的一个重要因素[57]。消费者若认识到某产品对自己非常重要，他就处于高涉入状态，从而积极寻找产品相关信息，以做出最符合需求的决策[58]。意见领袖为了维系其领导力，用于熟悉产品或获得产品知识的时间比其他人多[47]。所以意见领袖的产品涉入程度较高。高涉入一方面反映了意见领袖对产品的关注和喜好，另一方面也是意见领袖较高专业性的体现。

基于上述分析，本书提出以下假设。

假设 2.3a：意见领袖的产品涉入显著影响消费者对意见领袖的推荐的信任。

假设 2.3b：意见领袖的产品涉入显著影响消费者对意见领袖的推荐产品的购买意愿。

（3）交互性。传统的交互性（也被称为互动性，英文为 interactivity）的概念主要是反映人与人之间的活动关系，如可以直接与个人接触的能力，接触中可以接收到对方的反应，双方在交流信息时，可以按照对方响应的内容实时修改沟通信息[59]。

意见领导力是一种关系，个体间的互动便是最为重要的[60]。这种互动往往是在人际网络中实现的。而网络环境下，交互性不仅是人与人之间的互动，包括了用户-机器交互，用户-用户交互及用户-信息交互。随着互联网与电子商务的兴起，交互平台及工具极大丰富。这些交互工具的互动程度往往是根据沟通的模式（即单向或双向沟通）及沟通平台的类型来进行区分的[61]。Liu 和 Shrum 从更广的范围进行了探讨，认为交互性可以指参与者之间、参与者与沟通介质之间，参与者与信息之间相互影响与作用的程度，而该相互作用的同步性也是交互性的一部分[62]。因此，本书中的交互性定义为，意见领袖与消费者之间，以及与意见领袖之间，借助互联网平台与工具，进行双向信息互动的程度，以及这种相互作用和影响的同步性程度。

在交互中，发送者与接受者之间如果存在强关联，则两者间的关系会比弱关联的情况更熟悉，这促进了更为容易的搜寻进而发展为口碑的主动搜索。因此，强关联比弱关联对接受者有更强的影响力[34, 63]。意见领袖比其跟随者具有更高的社会参与性，更倾向于与追随者互动[64]。口碑在发送方与接收方有亲密关系的情况下有更好的效果，发送者的观点必须要得到接受者的尊重[65]。所以可以提出以下假设。

假设 2.4a：意见领袖与消费者之间的交互性显著影响消费者对意见领袖的推荐的信任。

假设 2.4b：意见领袖与消费者之间的交互性显著影响消费者对意见领袖的推荐产品的购买意愿。

（4）知名度。知名度（fame）表示一个组织或个人被公众知道、了解的程度，以及社会影响的广度和深度，是评价名气大小的尺度。知名度属于意见领袖的社会属性特征，通过扎根分析发现意见领袖包含了社会地位、公众熟悉度及名人效应等多重含义。

以往的研究表明，较高曝光率、社会地位、公众熟悉度、知名度会为消费者形成一个知名人士推荐的效应[64]，由于对该意见领袖喜爱、追捧或信任等，消费者往往更容易且愿意追随其选择。这种名人代言与信任度之间的关系已被许多研究证实[66]，所以可以提出以下假设。

假设 2.5：意见领袖的知名度显著影响消费者对意见领袖的推荐的信任。

4）推荐信息特征

（1）时效性。有学者将信息的时效性（timeliness）定义为信息是否是当前的、及时的，以及即时更新的[67]，即信息能否反映最新发生的事件、最新上市的产品等。时效性是信息质量重要评价要素之一[14,68-70]。信息的有用性往往在于其及时性，而当时效过去，信息的效果就大打折扣或者完全无用了。在日常生活中对于新产品信息的及时了解与掌握，能够帮助消费者及时了解最新的商品。由于意见领袖倾向于采纳最新的产品，因此，意见领袖的产品推荐信息往往具有较强的时效性，能够在产品扩散早期就向消费者推荐介绍新产品，通过各种交流渠道发挥着正式与非正式的影响力，最终影响人们的选择[47, 58]。所以本书中意见领袖推荐信息的时效性定义为：推荐信息所反映的产品领域的最新动态和进展，以及信息的即时更新程度。

信息的时效性往往能够引起人们对信息发布者能力的信任。例如，创新者在其领域内的创造过慢则可能导致信任度的下降[60]。对于部分意见领袖，若能够先于其他意见领袖更新信息介绍、推荐新产品则有可能获得消费者的肯定与信任。所以可以做出如下假设。

假设 2.6：意见领袖推荐信息的时效显著影响消费者对意见领袖的推荐的信任。

（2）推荐一致性。Zhang 和 Watts 认为推荐一致性（recommendation consistency）反映了当前推荐与其他个体对同一产品或服务评价的体验的一致性程度[71]。其描述的是群体间的一致性和趋同性，反映了不同个人的意见的集中度，由于不同的意见领袖会推荐不同的产品，消费者会对这些产品进行权衡，而如果不同的意见领袖推荐相同的产品，则会大大减少消费者的选择时间和选择面。所以本书中推荐一致性是指某一意见领袖的当前推荐与其他意见领袖对同一产品或服务评价的体验的一致性程度。

推荐一致性往往能够增加消费者的信任。互联网环境中的信息来源丰富，当多个推荐间有较好的一致性时，人们会认为这是具有较高可信度的推荐[72]。因此也会倾向于跟随并相信这种规范性的意见[71]。所以可以做出如下假设。

假设 2.7：意见领袖之间的推荐一致性显著影响消费者对意见领袖推荐产品的信任。

（3）视觉线索。通过 6.2 节的总结与研究可以发现信息本身在口碑交流沟通过程中的重要作用。信息本身又涉及其内容、形式及数量等。随着社会化媒体的兴起，除传统的文本形式外，还存在图片、动画、视频等形式，这些都可以作为视觉线索。视觉线索（visual cues）是对视感知的一种激励[73]。Davis 和 Khazanchi 将视觉线索定义为，评价产品或服务的特性时所采用的任何有关图像的传播手段[74]。所以本书中的视觉线索的定义为意见领袖评价产品或服务的特性时所采用的任何有关图像的传播手段。

丰富的视觉线索在全面反映产品各方面信息的同时，还能够给消费者带来趣味性、生动性的产品体验。信息的趣味性会给信息接受者带来深刻印象，并且影响信息的传播效果[75]。研究表明透过网络口碑的视觉线索传递的信息，消费者能够形成产品期望，并帮助消费者制定决策[76]。视觉线索对于销售的作用也被证实[74]。所以可以提出以下假设。

假设 2.8a：意见领袖推荐信息的形式显著影响消费者对意见领袖推荐产品的信任。

假设 2.8b：意见领袖推荐信息的视觉线索显著影响消费者对意见领袖推荐产品的购买意愿。

5）消费者感知价值构面

Zeithaml 认为消费者感知价值是消费者所能感知到的消费产品能带来的利益与得到产品所付出的代价的对比，是对所感知到产品效用的总体评价[77]。该定义从利益与成本角度较为全面地概括了感知价值，所以得到了多数学者的认可，因此，本书对感知价值的界定采用该定义。

（1）功能价值。Sweeney 和 Soutar 在对耐用消费品感知价值的研究中，提出将功能价值（functional value）分为两类，一类是就质量而言的功能价值（functional value due to quality），一类是就价格而言的功能价值（functional value due to price）[78]。其中就价格而言的功能价值指的是来自产品的短期和长期感知成本的减少而发生的效用；就质量而言的功能价值指的是来自产品感知质量和期望性能的效用。进一步地，Lapierre 认为功能价值就是关系产品质量的价值，包括产品的耐用性、可靠性，产品的性能及产品质量多年来的持续改进等[79]。

由于意见领袖对产品有较高的涉入度，拥有大量产品相关知识和信息，并且亲身体验过许多同类产品，因此，其推荐的产品都是众多产品中较为出色，拥有较高质量的产品，往往能够使消费者感知较高的功能价值。同时，由于消费者对产品的感知质量是消费者感知价值的基本构成[80, 81]，当消费者认为产品的质量有保障，对产品的质量有期许时，对产品的信任和感知价值也会随之增加。

综上所述，本书将消费者对意见领袖推荐产品的功能价值定义为，消费者所能感受到的意见领袖推荐的产品的质量和性能等方面的价值。并做出以下假设。

假设2.9：消费者所感知的意见领袖推荐产品的功能价值显著影响消费者的信任。

（2）情感价值。Sweeney 和 Soutar 认为情感价值是产品消费而引起的心理感受或情感所带来的效用[78]。情感反应是对一项产品或服务给购买者所带来的愉悦的描述性判断，包括产品给消费者带来的愉悦、兴奋及幸福等好的感觉。社会价值引起的情感上的共鸣也是情感的一种，因此，一些研究者认为情感价值与社会价值是相近的[82]。消费者对产品感知的社会价值是产品引起的消费者社会自我意识的增强。例如，某产品给消费者带来的心理感知上的社会地位的提升、社会形象的改善，或得到他人的认可认同的感受[78]。可以看出，社会价值和情感价值的确是难以非常清楚地区分的，因为社会价值实际上也是产品给消费者带来的一种情感感受或受影响的状态。

意见领袖推荐的产品往往也能够同时引起消费者的社会价值和情感价值感知，因为意见领袖推荐的产品往往也具有良好的品质或品位象征，不仅能够给消费带来愉悦感，也会带来一定的社会认同感。因此，本书将消费者对意见领袖推荐产品的情感价值定义为，消费者所能感受到的意见领袖推荐的产品带来的感情方面和社会自我意识方面的价值。并做出如下假设。

假设2.10：消费者所感知的意见领袖推荐的产品的情感价值显著影响消费者的信任。

⭐ 6.3.3 数据收集模型检验

1. 量表设计

依据研究中扎根分析的结果、对于各变量的定义及现有研究中的部分量表，本书首先拟定了初始量表，随后向 15 名志愿者（含博士生 2 人、硕士生 5 人、本科生 3 人、公司职员 5 人）进行了问卷发放和访谈。调研对象针对问卷测量问项的内容重复、含义模糊等提出了建议，课题组针对这些建议对量表进行了完善，最终形成本书调查阶段准备采用的量表（如表 6.7）。

表 6.7　访谈修正后研究变量测量量表汇总表

变量名	编号	问项	参考来源
专业性	EX1	该意见领袖具备此产品领域的相关知识 （如产品种类、品牌；相关术语、专有名词；产品属性、特色；价格等）	Netemeyer 和 Bearden[83]； Gilly 等[84]； Bansal 和 Voyer[33]
	EX2	该意见领袖在此领域拥有专业能力	
	EX3	该意见领袖在此产品领域有一定的领导地位	
	EX4	该意见领袖在此产品领域经过专门训练	
	EX5	该意见领袖在此产品领域具有丰富的实践经验	
产品涉入	PI1	该意见领袖平时非常关注这类产品	Zaichkowsky[55]； 本书扎根分析结果
	PI2	该意见领袖平时非常喜好这类产品	
	PI3	我能够感觉出这类产品对该意见领袖非常重要	
	PI4	我能够感觉出这类产品对该意见领袖是有吸引力的	
	PI5	我能够感觉出这类产品对该意见领袖是有价值的	
	PI6	我能够感觉出该意见领袖对这类产品花费了很多心思	
交互性	I1	该意见领袖总是非常积极回应我的问题或话题	Ridings 等[85]
	I2	我会积极响应该意见领袖发起的话题	
	I3	该意见领袖会经常和大众就产品在网上进行交流	
	I4	该意见领袖总能迅速地回应我的问题或话题	
知名度	F1	该意见领袖在领域内拥有主导的、有影响力的地位	本书扎根分析结果
	F2	该意见领袖在社会上具有一定声望	
	F3	该意见领袖是论坛或社区里大家所熟知的人物	
视觉线索	VC1	该意见领袖的推荐信息有详尽、细致的文字说明	本书扎根分析结果
	VC2	该意见领袖的推荐信息配合有清楚、生动的图片说明	
	VC3	该意见领袖的推荐信息有直观、真实的视频讲解	
	VC4	该意见领袖的推荐会借助其他媒体呈现，如电视节目、杂志报纸采访等	
时效性	T1	该意见领袖的推荐信息或评论往往是当前最新型、最新款的产品	Wixom 和 Todd[86]； Cheung 等[68]； 本书扎根分析结果
	T2	该意见领袖的推荐信息往往很及时	
	T3	该意见领袖的推荐信息能够及时更新	
	T4	该意见领袖的推荐信息常常先于他人	
	T5	该意见领袖推荐的品牌和产品是该领域刚刚兴起的、开始流行的	
	T6	该意见领袖往往走在该领域的前沿，能够引领潮流	
推荐一致性	RC1	该意见领袖推荐的产品与其他意见领袖推荐的产品经常是一致的	Cheung 等[87]
	RC2	该意见领袖推荐的产品与其他意见领袖推荐的产品经常是相似的	
	RC3	该意见领袖在领域内与其他意见领袖的兴趣、品位经常是一致或相似的	

变量名	编号	问项	参考来源
功能价值	FV1	我认为意见领袖推荐的产品具有较好的品质	Sweeney 等[88]; Lapierre[79]
	FV2	我认为意见领袖推荐的产品质量是值得信赖的	
	FV3	我认为意见领袖推荐的产品质量是可靠的	
	FV4	我认为意见领袖推荐的产品具有较好的做工	
情感价值	EV1	意见领袖推荐的这一产品能让我感觉非常好	Petrick[89]; Sánchez 等[90]; Sweeney 和 Soutar[78]
	EV2	意见领袖推荐的这一产品能使我感到兴奋	
	EV3	意见领袖推荐的这一产品能带给我愉悦感	
	EV4	意见领袖推荐的这一产品能带给我幸福感	
	EV5	意见领袖推荐的这一产品能让我感到被他人认同	
	EV6	意见领袖推荐的这一产品许多人都有，因此我也想拥有	
信任	TI1	我认为该意见领袖具有贡献专业信息的能力	Mayer 等[91]
	TI2	我认为该意见领袖掌握所讨论商品的相关知识	
	TI3	我认为该意见领袖在发布信息时是诚实的	
	TI4	我认为该意见领袖在发布信息时是没有偏见的	
	TI5	我认为该意见领袖会竭尽所能提供信息去帮助他人	
购买意愿	IN1	该意见领袖为我提供了一些新信息	Gilly 等[84]; Bansal 和 Voyer[33]
	IN2	该意见领袖对我的购买意愿有显著影响	
	IN3	该意见领袖为我购买决策提供了很大帮助	
	IN4	该意见领袖提供了一些他人没有的信息	
	IN5	该意见领袖改变了我对一些产品的看法	
	IN6	该意见领袖丰富了我对一些产品特征的了解	
	IN7	该意见领袖丰富了我对一些产品服务的了解	
	IN8	该意见领袖的推荐影响我购买此类产品	

2. 问卷构成

本书所使用的问卷包括三部分内容：基本信息、在线活动与意见领袖、意见领袖与购买意愿。其中基本信息问卷用于收集被试者的人口统计学信息、在线活动及意见领袖关注情况；在线活动与意见领袖问卷用于收集消费者在线活动及对意见领袖的关注情况；意见领袖与购买意愿问卷的设计旨在调查意见领袖对消费者购买意愿的影响因素。其中意见领袖与购买意愿量表采用 Likert 7 级量表，其中"1"代表完全不同意，"7"代表完全同意。

3. 问卷前测

1）前测样本

本书在前测阶段采取了发放 E-mail 电子问卷和纸质问卷两种方式来获得数

据，针对典型论坛的参与者发送 120 份电子问卷，针对在校大学生发出 80 份纸质问卷。最终各收到有效问卷 54 份、46 份，共计 100 份有效问卷。

2）信度与效度检验

本书采用 CR 系数及 Cronbach's α 系数来度量信度。结果表明除"交互性"变量的 CR 系数及 Cronbach's α 系数值分别为 0.621 和 0.273，显著低于一般的判定标准，属于低信度范围外，其他各变量的测度结果都表现出了良好的信度。

本书采用平均提取方差值来度量问卷效度。结果表明"交互性"变量的效度偏低（AVE 平方根值仅为 0.569）；此外，"信任"和"购买意愿"两变量的 AVE 平方根值虽然大于 0.707，但是其并不满足"所有因子的 AVE 平方根大于各因子间的相关系数"的要求，所以这两个变量的区别效度可能存在一定的问题。

针对前测中暴露出的问题。课题组对问卷进行了如下处理。

（1）修改问卷问项的具体表述，使得问项更加通俗易懂，贴近日常生活用语。

（2）仍然保留信度及效度未通过检验的变量。这样处理的原因是考虑到本书采用的量表大部分是以现有研究中所采用的量表为基础的，其科学性与有效性已经通过了检验，信度和效度未通过检验很有可能是由于样本数量及样本代表性问题。所以不宜过早对问卷进行删减，应当视大样本检测结果而定。

4. 问卷发放

1）调查对象

根据研究需要，样本应该满足以下条件：①具有使用互联网的经验并且具有一定的在线社交活动经验；②将互联网作为产品信息的来源之一，并有多次从中获取产品、消费信息的经验；③在互联网上有接触过意见领袖及其推荐信息的经历。依据这些条件及扎根分析过程中所积累的经验，课题组将主要调查对象确定为淘宝、天涯社区、凡客诚品、OnlyLady、YOKA、豆瓣网等网站的论坛或交流区的参与者。同时，由于在校大学生是网络参与的主体之一，因此也选择杭州、南京高校的部分在校大学生作为研究对象。综上所述，本书的调研对象包括两大类，相关网站参与者和大学生。

2）问卷发放与回收情况

正式问卷以纸质问卷及网络问卷两种方式发放及收回。其中纸质问卷针对在校大学生共发放了 200 份，调查前，首先询问学生是否接触过意见领袖及其推荐的产品信息的经历。如果有，则让其回忆近期印象最深的一次，并据此填写问卷。采取现场回收的方式收回问卷。剔除明显填答无效问卷及没有关注过意见领袖经验的问卷，共获得 175 份有效问卷。

网络问卷主要采取的电子邮件方式发放与回收，共向 900 个邮箱发送了问卷，最后收回 343 份问卷，剔除明显无效问卷与毫无意见领袖关注经验者填写的问卷，最后得到 312 份有效问卷。网络问卷回收率较低的主要原因在于网上被调查者对调查者完全陌生，因此大多数被调查者收到邮件后都不会回复，但问卷有效率达 90.96%。本书总共回收 487 份有效问卷。

6.3.4　结果分析与讨论

1. 样本的人口统计特征

本部分首先对正式调查样本的性别、年龄、收入水平、职业等基本特征进行了描述性统计分析，结果如表 6.8 所示。

表 6.8　样本的人口统计特征

项目	属性	比例/%	项目	属性	比例/%
性别	男	47.2		学生	45.7
	女	52.8		企业/公司管理者	2.6
年龄	19 岁以下	23.2		企业/公司一般职员	28.5
	20～29 岁	43.3		党政机关、事业单位工作者	5.0
	30～39 岁	27.6	职业	个体户、自由职业者	6.5
	40～49 岁	4.5		专业技术人员	5.1
	50 岁以上	1.4		离退休人员	2.9
收入水平	1000 元及以下	40.7		无业/下岗/失业	1.3
	1001～2000 元	21.6		其他	2.4
	2001～3000 元	17.2			
	3001～5000 元	15.6			
	5000 元以上	4.9			

从数据中可以看出：①选择时尚网站或论坛导致了女性比例偏高；②调查对象有半数的高校学生，导致 20～29 岁的调查对象比例偏高；③低收入人员

较多及样本在职业方面也存在偏差。但是除了这些偏差也应该看到所获得的样本在各属性上分布的广泛性，所以使用该样本来进行后续人口统计特征代表性方面的研究是可行的。

2. 样本的在线活动特征

经调查，79.3%的调查者拥有 2 年以上的互联网使用经验，85%以上的受访者具有一定的社交网站使用经验。调查者的网络购物经验情况如图 6.10 所示。

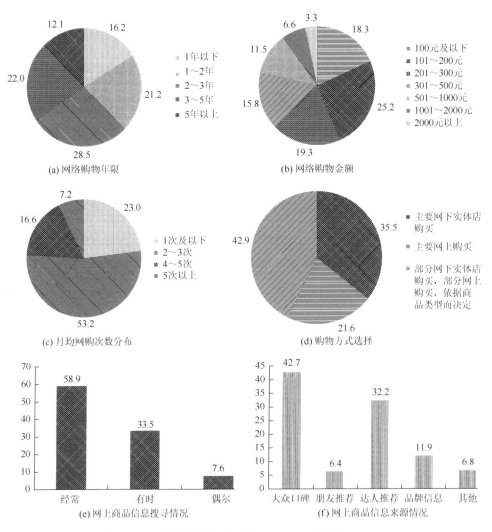

图 6.10　研究样本的网购经验（$N = 487$）（单位：%）

图 6.10 的系列数据说明所获取的样本具有一定的网购经验，属于较为活跃的网购群体。同时这部分被调查者习惯于从网络获取相关商品信息。总体上看各项指标分布符合样本本身的相关属性，是符合研究要求的。

本书所采用的问卷也对样本的意见领袖关注情况进行了调查，该部分的调查结果直接影响本书的代表性及调查者对后续问卷的理解能力。具体结果如图 6.11 所示。

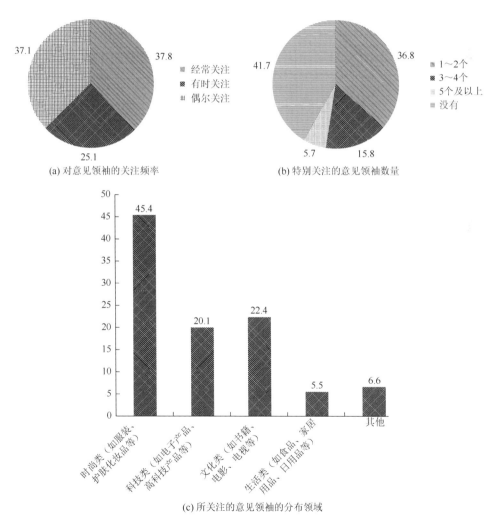

(a) 对意见领袖的关注频率　　　(b) 特别关注的意见领袖数量

(c) 所关注的意见领袖的分布领域

图 6.11　样本的意见领袖关注情况（单位：%）

上述数据说明样本对于意见领袖有较为稳定的关注习惯。比较符合本书对于样本的基本要求。此外，值得注意的是意见领袖大多分布于时尚领域，这可能对后续的模型的验证结果产生影响，同时也可能为解释某些假设不成立的原因提供一些思路。

3. 模型的结构方程分析

1）结果检验与修正

（1）信度分析。问卷数据的信度检验结果如表 6.9 所示，结果显示各变量的 CR 系数和 Cronbach's α 系数大于 0.6，符合最低标准[92]。说明问卷结果具备了较好的信度。特别需要指出的是在前测阶段存在问题的"交互性"变量的信度达到了要求。

表 6.9　问卷结果的信度检验

变量名称	CR 系数	Cronbach's α 系数	变量名称	CR 系数	Cronbach's α 系数
专业性	0.875	0.822	推荐一致性	0.871	0.777
产品涉入	0.922	0.898	功能价值	0.813	0.689
交互性	0.823	0.713	情感价值	0.942	0.926
知名度	0.937	0.898	信任	0.907	0.870
视觉线索	0.837	0.735	购买意愿	0.956	0.926
时效性	0.849	0.784			

（2）效度分析。本阶段继续使用平均提取方差值来检验问卷结果的效度，结果如表 6.10 所示。

表 6.10　问卷结果的效度检验

	EX	IN	I	F	VC	T	RC	FV	EV	TI	PI
EX	**0.765**										
IN	0.186	**0.814**									
I	0.038	0.162	**0.734**								
F	0.087	0.556	0.160	**0.912**							
VC	0.097	0.276	0.284	0.475	**0.758**						
T	0.074	0.501	0.129	0.507	0.249	**0.702**					
RC	0.039	0.127	−0.009	0.087	0.208	0.132	**0.832**				
FV	0.475	0.178	0.135	0.302	0.287	0.124	0.102	**0.728**			
EV	0.159	−0.001	−0.072	0.384	0.172	0.034	−0.067	0.176	**0.854**		
TI	0.524	0.663	0.177	0.534	0.370	0.385	0.128	0.466	0.266	**0.814**	
PI	0.525	0.703	0.164	0.643	0.384	0.435	0.103	0.471	0.348	0.865	**0.854**

注：黑体数值为 AVE 的算术平方根。

从表 6.10 数据可以看出，"信任（TI）"和"产品涉入（PI）"两个变量之间的关系存在一定的问题。"产品涉入"和"信任"之间的相关系数为 0.865，分别大于"产品涉入"的 AVE 平方根值（0.854）和"信任"的 AVE 平方根值（0.814），未通过效度检验，需要对问卷中这两个变量所包含的具体问项进行删减。

（3）问卷问项的修正。本书通过计算变量问项结果的相关系数来确定删减对象。通过计算出"信任"变量中各问项结果之间的相关系数，决定删除与其他问项相关性较小的 TI5 和 PI4 两个问项。将删减后的数据用于后续的结构方程分析。问项删减后再次进行信度和效度检验，结果如 6.11 和表 6.12 所示，检验结果符合检验标准。

表 6.11   修正后的信度检验

变量名称	CR 系数	Cronbach's α 系数	变量名称	CR 系数	Cronbach's α 系数
专业性	0.875	0.822	推荐一致性	0.871	0.777
产品涉入	0.922	0.898	功能价值	0.813	0.689
交互性	0.823	0.713	情感价值	0.942	0.926
知名度	0.937	0.898	信任	0.922	0.886
视觉线索	0.837	0.735	购买意愿	0.957	0.947
时效性	0.849	0.784			

表 6.12   问卷修正后效度检验

	EX	IN	I	F	VC	T	RC	FV	EV	TI	PI
EX	**0.765**										
IN	0.186	**0.814**									
I	0.038	0.162	**0.734**								
F	0.087	0.556	0.160	**0.912**							
VC	0.097	0.276	0.284	0.475	**0.758**						
T	0.074	0.501	0.129	0.507	0.249	**0.702**					
RC	0.039	0.127	−0.009	0.087	0.208	0.132	**0.832**				
FV	0.475	0.178	0.135	0.302	0.287	0.124	0.102	**0.728**			
EV	0.159	−0.001	−0.072	0.384	0.172	0.034	−0.067	0.176	**0.854**		
TI	0.529	0.671	0.149	0.545	0.347	0.383	0.123	0.462	0.250	**0.864**	
PI	0.530	0.694	0.158	0.640	0.386	0.413	0.100	0.460	0.362	0.860	**0.872**

注：黑体数值为 AVE 的算术平方根。

2）模型拟合

将修正后的数据导入 WarpPLS 软件（与 Amos 及 LISREL 等结构方程分析软件相比，WarpPLS 软件采用 PLS 估计方法，能够对变量间的非线性关系进行测度）。模型适配度指标如表 6.13 所示，该软件主要通过 APC、ARS 和 AVIF 来对模型整体拟合效果进行判别，其中 APC 是指平均路径系数，ARS 是指平均卡方即 R^2 的平均值，AVIF 是指平均方差膨胀因子。由于 AVIF 的观测值为 2.483，符合小于 5 的评价标准[93]。

表 6.13　模型适配度指标

指标名称	APC	ARS	AVIF
观测值	0.243*	0.52*	2.483

*表示该值在显著性水平为 0.001 的水平上显著。

3）路径分析与假设检验

模型各假设的验证情况如图 6.12 所示。

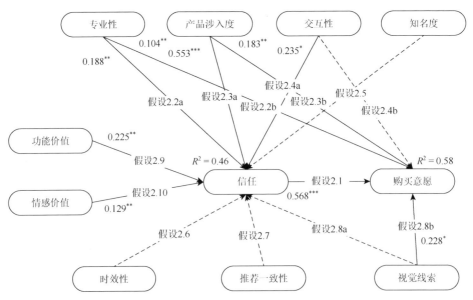

图 6.12　实证模型拟合结果

*表示在显著性水平为 0.05 的情况下显著；**表示在显著性水平为 0.01 的情况下显著；
***表示在显著性水平为 0.001 的情况下显著；虚线部分表示不显著

验证结果表明，模型的 14 个假设有 9 个得到了支持，内生潜变量信任的解释度为 0.46，购买意愿的解释度为 0.58，模型较好地解释了信任及购买意愿，且大部分路径系数都在 0.05 和 0.01 的水平上显著。对于未被支持的假设，具体原因将在下文的结果讨论部分进行分析。

4. 结果讨论

1）意见领袖特征构面相关假设

传播过程理论认为，信息的传播者是信息传播的参与主体，其特征对传播的效果会产生影响。结合以往口碑研究、意见领袖研究的成果，针对意见领袖对产品信息的传播问题，本书选择意见领袖的专业性、产品涉入、交互性和知名度四个变量，分析它们对购买意愿的影响。实证结果表明，意见领袖的知名度对信任的影响（假设 2.5）不显著。这与以往的研究[66, 94]不一致。究其原因，消费者获取信息的渠道已不再通过传统的传播方式，在网络环境下，信息的来源众多，意见领袖越来越具有草根性，传播者的知名度与传统传播环境相比，已不那么重要，相比名人的信息，人们可能更愿意接受质量高的信息。而且，人们可能会对名人推荐是否是非商业目的持怀疑的态度。交互性与购买意愿之间的关系不显著（假设 2.4b），而交互性对信任的促进作用是显著的，所以可以说明交流本身并不一定直接促成购买意愿，而是通过交流积累经验形成信任之后才能提高购买意愿。

2）意见领袖推荐信息特征构面相关假设

传播过程理论认为，信息是信息传播的对象，信息自身的特征会影响对信息的接收效果。结合以往口碑研究、针对意见领袖产品推荐信息的特点，本书选择意见领袖推荐信息的时效性、推荐一致性、视觉线索三个变量，分析它们对购买意愿的影响。实证结果表明时效性、推荐一致性和视觉性线索对信任的影响（假设 2.6、假设 2.7、假设 2.8a）均不显著。

对于视觉线索而言，其作用与在线购物发展初期相比发生了变化。在线购物发展初期，产品介绍中包含有清晰的图片信息是为了让消费者降低感知风险，提高对产品的可信度。而在社会化商务环境下，意见领袖展示产品，借助各种图片、视频等，不是为了降低风险，而是为了以形象直接的方式展示产品细节、方法与效果。因此，视觉线索与信任之间没有显著关系。

本书关于推荐一致性的研究与前人研究[72,95]并不一致，究其原因，从扎根分析访谈资料来看，有一些受访者表示，并不是所有的推荐都会吸引注意，往往是那些专业程度很高，或产品涉入度很高的意见领袖推荐了一些别人都没有推荐的产品能引起他的兴趣。同时，有许多自身产品涉入较高的消费者，早已使用过或了解经常被推荐的产品，他们往往更希望了解一些自己没有接触、使用过的产品。所以推荐的一致性的影响不显著。

意见领袖的产品推荐信息往往具有较强的时效性，能够在产品扩散早期就向消费者推荐介绍新产品，最终影响人们的选择[47,58]。但本书的实证分析与已有研究不相一致。结合研究前期的扎根访谈结果，受访者对时效性的重视程度不同可能是主要原因。专业性较高、产品涉入较深的消费者对意见领袖能否推荐最新、最前沿的产品比较在意，而专业性不高、产品涉入低的消费者更关心意见领袖能否及时更新推荐信息。

6.4 电子口碑系统功能需求的卡诺分析

问题 1 和问题 2 的解决进一步明确了普通的消费者口碑交流和以意见领袖为核心的口碑交流的作用机制，这些作用机制都被运营商通过某些功能设计体现在口碑管理平台上并通过这些功能发挥作用。为了了解消费者对这些功能的看法，影响机制被映射到实际功能后的有效性，同时了解消费者对口碑系统的使用满意度，有必要对目前现存的各类系统功能的需求状况进行考察。考虑到卡诺（Kano）模型[96]是一种源于质量管理领域，能够有效了解消费者对产品各个属性的需求及满意度情况的模型，且曾被运用在网站服务质量[97]及网络社区[98]的评估中，所以本阶段的研究方案围绕 Kano 模型展开设计。

✦ 6.4.1 卡诺分析研究方案

1. 样本网站的确定

问题 3 的对象是口碑管理系统，考虑到口碑数量、受众数量及使用经验，本书选择了购物网站商品评论系统作为平台，随后建立样本网站库。综合考虑网站面向的消费者数量及各个垂直行业购物网站在商品评论系统功能设计上的差异性，本书确定的样本网站筛选原则是：①渗透率原则，即根据中国互联网络信息中心（China Internet Network Information Center，CNNIC）发布的《2011年中国网络购物市场研究报告》首先选择网络购物渗透率大于5%的网站；②行业原则，根据《2010年中国B2C垂直商品网络购物用户行为研究报告》，从服装、图书、3C产品（指计算机、通信和消费类电子产品）、家电、母婴5个垂直市场中分别选出市场渗透率前3位的网站；③补充原则，如果根据行业原则选出的网站的全市场渗透率已经超过5%，则在各个垂直领域中再选取一个渗透率靠前的网站。所以根据本书的筛选原则最终确定的样本网站为：淘宝、天猫、京东、当当网、拍拍网、亚马逊中国、凡客诚品、趣天麦网、新蛋网、红孩子，共计10家。本书通过逐一访问这些网站来获取商品评论系统的功能设置情况。

2. 评论系统功能获取

本书主要从提供的信息内容及对内容的序化（包含排序和筛选）两个方面，从用户实际接触和使用的角度来对功能进行识别，最终从样本网站中梳理出目前我国在线购物网站商品评论系统所包含的16项功能。依据Cheung和Thadani对网络口碑影响因素的研究成果，一条评论信息中可以影响消费者行为的元素主要包含了评论信息、评论发布者、消费者对评论的感知等若干个方面[15]，各个功能的名称、分类等信息如表6.14所示。

表6.14 我国在线购物网站商品评论系统的主要功能

名称	功能分类	影响因素	应用网站	功能截图
评论数量（VOL）	信息内容	评论信息-数量	所有样本网站	累计评价1185
多维文字评论（MRE）	信息内容	评论信息-观点质量	京东、凡客诚品、新蛋网	优 点：送货快， 不 足：暂时还没 心 得：没想到送
消费者上传产品图片（PIC）	信息内容	评论信息-观点质量	京东	用户晒单：
追加评论（回复）（REP）	信息内容	评论信息-观点质量	除拍拍网和趣天麦网之外的网站	回复(5)

名称	功能分类	影响因素	应用网站	功能截图
标签云 （TAG）	信息内容	评论信息-观点质量	淘宝、天猫	整体感觉不错 (1017)　款式很漂亮 性价比很高 (92)　面料很好 (76) 整体感觉不错 (1017)
标签云评论筛选 （FTAG）	筛选	评论信息-观点质量	淘宝、天猫	商品:衣服做工精细质量很好。神。在淘宝上购物也很久了，还
商品平均分 （AVE）	信息内容	评论信息-效价	除天猫与拍拍网外的其他网站	与描述相符 4.7
多维打分 （MSC）	信息内容	评论信息-效价	淘宝、天猫、凡客诚品、趣天麦网、新蛋网	性能： 外观： 便携性： 性价比：
评论效价 （VAL）	信息内容	评论信息-效价	除天猫与拍拍网外的其他网站	好评 (516)
效价分布 （DVA）	信息内容	评论信息-方面性	淘宝、京东、当当网、亚马逊中国、凡客诚品、新蛋网	5星　72 4星　21 3星　6 2星　1 1星　1
依据效价筛选 （FVA）	筛选	评论信息-效价	淘宝、京东、当当网、亚马逊中国、凡客诚品、新蛋网	很好(12)
有用性投票 （VOT）	信息内容	消费者感知-评论有用性	淘宝、京东、当当网、亚马逊中国、凡客诚品、红孩子、新蛋网	这条评论对您有用吗？　是　否
投票排序 （SVO）	排序	消费者感知-评论有用性	淘宝、京东、亚马逊中国	按有用程度排序 10/10 人认为此评论有用 ☆☆☆☆☆ 经典的心理学 2012年2月16日
信用等级 （CRE）	信息内容	评论发布者-来源可信性	除趣天麦网之外的其他网站	评论者 草民　五百佳评论者
信用排序 （SCR）	排序	评论发布者-来源可信性	淘宝、天猫	按信用 ↓
评论搜索 （RES）	筛选	评论信息-观点质量	新蛋网	输入关键字，搜索用户评论　搜索

3. 问卷的设计、发放与检验

调查问卷由 3 个部分组成，分别是消费者基本信息、功能重要性感知、功能 Kano 问卷。其中第二部分和第三部分是本次调查的核心。首先收集问卷对象的人口统计学特征、购物网站访问经验、购物网站评论系统使用习惯等信息；随后调查其对表 6.14 中各项评论系统功能的重要性判断，最终通过 Kano 问卷收集分析消费者对各项功能的需求所需的数据。Kano 问卷分别考察具备和不具备某项功能场景下的消费者态度（即 6.4.2 节提到的正向问题与反向问题）。由于篇幅的限制，表 6.15 列举的是调查中所使用问卷的第二部分和第三部分中题项的实例。

表 6.15　问卷题项举例

功能重要性感知部分
允许对其他消费者评论进行提问或者回复
我认为该功能　A. 很不重要　B. 不太重要　C. 一般　D. 比较重要　E. 很重要
功能 Kano 问卷
允许对其他消费者评论进行提问或者回复
如果购物网站可以提供该功能　A. 不喜欢　B. 可以忍受　C. 无所谓　D. 理所当然　E. 喜欢
如果购物网站不能提供该功能　A. 不喜欢　B. 可以忍受　C. 无所谓　D. 理所当然　E. 喜欢

问卷调查采取网络发布方式，具体做法是将问卷上传到专业问卷调查网站"问卷星"，同时在课题组成员的社会化媒体网站个人页面上发布链接，采取邀请填写和随机访问填写相结合的方式，历时两周完成。共回收问卷 155 份，经过数据清洗去除无效问卷，最终将 134 份问卷纳入最终的数据分析范围，问卷有效率为 86%。经检验，问卷的 Cronbach's α 系数为 0.936，说明问卷具备良好的信度。随后对数据进行整理并进行 Kano 分析。

6.4.2　卡诺分析数据分析

1. 调查对象的基本信息

经过对问卷数据的整理，本次问卷对象与研究相关的人口统计学信息结果如表 6.16 所示。

从表 6.16 的数据中可以发现，本次问卷调查样本的几个基本特征：首先在性别方面，女性略多于男性；年龄方面则是以 18～29 岁为主，分别为在校学生及工作了一定年限的普通消费者；教育水平基本为大学本科及以上；大多具备 1 年以上的网购经验；在线购物网站使用习惯方面，超过 70% 的被调查者认为购物网站是其获得产品信息的主要渠道；样本对于商品评论的依赖程度较高，表现在有 90%

以上的被调查者在购物时都会参考商品评论，而且 85% 以上的被调查者每次购物仔细研读的评论数量大多在 6 条以上，对于评论信息的筛选、排序等功能也体现出了一定的需求。除表 6.16 所示的人口统计学信息以外，本书根据前人的研究[15]，抽取出若干评论特征并请消费者根据自己的关注习惯对其进行排序，根据排序结果计算得分值，结果如表 6.17 所示。

表 6.16　问卷结果的人口统计学信息

项目	属性	数量（百分比）	项目	属性	数量（百分比）
性别	男	55（41.04%）	获得产品信息的主要渠道	购物网站	100（74.63%）
	女	79（58.96%）		网络论坛/社区	11（8.21%）
年龄	18 岁以下	1（0.74%）		社交网络	7（5.22%）
	18～21 岁	48（35.82%）		导购网站	3（2.24%）
	22～25 岁	33（24.63%）		相关品牌官方网站	7（5.22%）
	26～29 岁	44（32.84%）		传统媒体渠道	1（0.75%）
	30～35 岁	6（4.48%）		与亲戚朋友的交流	5（3.73%）
	36 岁及以上	2（1.49%）	对于商品评论的依赖	每次购物都参考	81（60.45%）
教育水平	高中及以下	2（1.49%）		经常参考	50（37.31%）
	专科	3（2.24%）		不参考	3（2.24%）
	本科	84（62.69%）	每次阅读评论数量	10 条以上	77（57.46%）
	硕士	35（26.12%）		6～10 条	37（27.61%）
	博士	10（7.46%）		1～5 条	17（12.69%）
网购年限	1 年以下	20（14.93%）		基本不阅读	3（2.24%）
	1～2 年	40（29.85%）	评论组织功能使用	经常使用排序与筛选功能	41（30.60%）
	3～5 年	50（37.31%）		偶尔使用排序与筛选功能	48（35.82%）
	5 年以上	24（17.91%）		不使用排序与筛选功能	45（33.58%）

表 6.17　消费者选择仔细阅读与采纳评论时的关注点

关注点类型	综合得分
评论中对产品的态度是否明确（包括对产品好、一般、差的基本定性）	5.54
评论内容的客观性（以陈述事实为主，较少情感发泄）	5.52
评论内容的全面性（包含多方面的信息）	4.81
其他消费者对这个评论是否有用的判断	3.55
评论者的会员级别、信用等级	2.17
评论的时效（如评论的新旧）	2
评论的长度	1.42

表 6.17 得分的计算公式为：综合得分 = (∑ 频数×权值)/本题填写人次。权值由选项被排列的位置决定。本次调查中要求被访问对象在表 6.17 所示的 7 个选项中选择其最关注的 5 个方面并进行排序，排在第 1 位的选项的权值为 7，第 2 位权值为 6，第 3 位权值为 5，以此类推。根据表 6.16 和表 6.17 可以认为，本次调查的样本属于在线购物网站商品评论系统的活跃用户范畴，对于定义用户需求和功能改进具有一定的发言权，这些被调查者对于商品评论系统功能的重要性判断及 Kano 问卷的答案对于实现研究目标是有效的和具有价值的。此外，由于调查对象使用不同的购物网站，所以某些网站评论系统具备的功能对于不经常使用该网站的消费者来说，也可以用来测试其潜在需求。这可以在一定程度上弥补研究方案设计对潜在需求覆盖面不够的问题。

2. 系统功能的需求分类

考虑到商品评论系统的功能众多，消费者对不同功能的重要性认知及使用可能存在差异，因此传统 Kano 方法的结果可能存在偏颇；另外，消费者在回答问题时可能存在负向偏见[15]，所以采用 Berger 等[99]及 Xu 等[100]的做法对 Kano 问卷的答案进行数值化及加权处理。针对任意一个功能 F_i，其所有消费者对反向问题（功能不具备的场景）答案的平均值和正向问题（功能具备场景）答案的平均值可以表示为

$$\overline{X}_i = \frac{1}{J}\sum_{j=1}^{J} w_{ij}x_{ij}, \quad \overline{Y}_i = \frac{1}{J}\sum_{j=1}^{J} w_{ij}y_{ij} \tag{6.1}$$

式中，$\overline{X}_i$ 为第 i 个功能的反向问题答案的平均值；$\overline{Y}_i$ 为第 i 个功能的正向问题答案的平均值；w_{ij} 表示第 j 个消费者对第 i 个功能的赋予的重要性权重（表 6.18）；x_{ij} 表示第 j 个消费者对第 i 个功能的反向问题答案的数值化表示（表 6.19），y_{ij} 表示第 j 个消费者对第 i 个功能的正向问题答案的数值化表示（表 6.19）。

表 6.18 功能重要性权重设置

	很不重要	不太重要	一般	比较重要	很重要
权重	0.1	0.3	0.5	0.7	1

表 6.19　Kano 问卷答案的数值化规则

问题	不喜欢	可以忍受	无所谓	理所当然	喜欢
正向问题	−0.5	−0.25	0	0.5	1
反向问题	1	0.5	0	−0.25	−0.5

经过处理后，分类规则如下：魅力质量、期望质量、无差异质量和基本质量。将这一标准与计算结果对照就可以得出各个功能的分类（表 6.20）。

表 6.20　需求分类判定结果

名称	反向问题均值	正向问题均值	类型判定
评论数量（VOL）	0.418656716	0.419962687	无差异质量
多维文字评论（MRE）	0.538992537	0.605410448	期望质量
消费者上传产品图片（PIC）	0.254291045	0.457835821	无差异质量
追加评论（回复）（REP）	0.36380597	0.495708955	无差异质量
标签云（TAG）	0.206902985	0.572761194	魅力质量
标签云评论筛选（FTAG）	0.226119403	0.42891791	无差异质量
商品平均分（AVE）	0.416604478	0.662313433	魅力质量
多维打分（MSC）	0.492723881	0.591791045	魅力质量
评论效价（VAL）	0.447947761	0.494216418	无差异质量
效价分布（DVA）	0.450000000	0.54869403	魅力质量
依据效价筛选（FVA）	0.376492537	0.497574627	无差异质量
有用性投票（VOT）	0.378731343	0.413246269	无差异质量
投票排序（SVO）	0.237126866	0.367164179	无差异质量
信用等级（CRE）	0.227052239	0.331716418	无差异质量
信用排序（SCR）	0.197201493	0.312500000	无差异质量
评论搜索（RES）	0.315298507	0.405783582	无差异质量

表 6.20 说明 16 项在线购物网站评论系统的功能中大多数为无差异质量（11 项）；少量的为魅力质量（4 项）；只有 1 项为期望质量。在这里无差异质量是指评论系统是否具备该功能都不直接影响消费者对评论系统的满意度，即一种无所谓的态度；魅力质量则是指如果评论系统提供该功能，会提高消费者的满意度，而如果不能提供该功能也不会降低消费者的满意度；期望质量则是指提供该功能会提高消费者满意度，而不提供该功能则会降低消费者满意度的功能。所以该结

果说明，被调查者对于目前评论系统的大多数功能缺乏一定的兴趣，若保持当前水平，则需求的迫切程度较低，只对其中小部分功能有需求。

3. 结果讨论

针对表 6.20 所示的结果，有以下几个方面值得进行解释和讨论。

首先，研究结果表明消费者觉得大部分功能可有可无。所以，若想要这些功能继续发挥高效率则需要思考改进措施。具体分析被判别为无差异质量的几项功能，可以发现这些功能可以分为如下三类：①商品评论系统发展早期就存在的一些功能，如评论数量；②以消费者二次 UGC 贡献为基础的功能（消费者上传产品图片、回复与追加评论、有用性投票等）；③大多数对评论进行筛选和排序的功能（如标签云评论筛选、投票排序、信用排序等）。对于第①类功能其不再被消费者迫切需要的原因可能是随着评论系统功能的丰富，消费者已经拥有了更多的用于辅助消费决策的线索，对于单一功能的依赖在降低，而且长尾现象的存在[101, 102]，以及消费者个人偏好的不同，评论（打分）数量对于消费者的作用也开始因人而异[103]。而对于第②类功能，虽然研究证明有用性投票的机制及评论发布者的专家身份会增加消费者对于评论的采纳程度，进而影响消费者行为[104, 105]，但是在实际购物场景中，由于目前我国的在线购物网站广泛缺乏社区氛围，而研究表明互惠、归属感等表现社区氛围的因素是用户参与社区贡献的主要动因[106, 107]，运营商针对消费者生成内容的回报机制的设计也有所欠缺，所以这部分功能在实施效果上并不理想，对消费者决策的实际帮助就较为有限。本次调查所得的有关消费者对评论的关注重点的排序结果（表 6.17）也可以提供佐证：消费者对与上述功能相关的因素，如评论的有用性投票结果以及评论者发布者的会员级别、信用等级的关注程度较低。至于第③类功能，大多数是第②类功能延伸，基于第②类功能，以自动筛选代替人工筛选，在第②类功能无法起到良好效果的情况下，第③类功能未能满足消费者的迫切需求也是合理的。

其次，魅力质量和期望质量表达的是消费者期望获得满足的需求。这部分需求如果被及时满足将帮助购物网站建立竞争优势。在本书的研究中被判定为魅力质量和期望质量的功能有 5 个，一类是以提高观点质量为基础而设计的功能，如多维文字评论、基于文本挖掘的热门观点组成的标签云等；另外一类则是对于效价信息的深入挖掘。表 6.17 说明消费者对于评论立场的鲜明性及客观叙述风格较为关注。对于魅力质量的功能，这一现象体现了口碑作用机制中观点质量因素的重要作用。评论的观点质量主要是指评论的说服力和思辨性，观点质量一般通过信息内容本身、信息的准确性及信息的格式和时效性等来进行评价[108, 109]，如事实型陈述比推荐型陈述更容易受到消费者的青睐。所以在面临口碑超载的情境下，消费者如果不能以较低的代价获得观点质量较高的评论，其满意度就可能降低，而多维评价从理论上可以满足消费者的需求。对于期望质量的功能，总体上，商品的平均得分虽然偏高，呈现出 J 型分布，辅之以评论效价的分布情况，在比较购物情境中依然是一个能够帮助消费者构建商品印象的功能，所以它的存在可以提高消费者的满意度。通过对大量评论的分析可以发现消费者对于商品的关注已经覆盖完整购物体验。打分维度从商品本身拓展到售前售后服务是帮助消费者以简易方式获得多方面信息的一种较为快捷的方式，可以提高消费者满意度。打分是评论内容之外的一种快捷评价指标，当这种需求不能获得满足时，消费者仍然可以通过其他针对评论内容本身的功能来获取信息，所以对于消费者满意度的影响可能比较有限。

6.5　本　章　小　结

本章围绕口碑交流这一消费者网络协作中的主要行为，对两个层次的三个研究问题进行了探讨，得到了以下一些结论。

（1）通过研究问题 1，我们发现评价型口碑信息影响力更强。在一对一交流的情况下，从强关系源传播的口碑信息影响力更强；而在大众广播的交流情况下，口碑信息源与受众的关系强度对口碑接受的影响几乎没有差别。

（2）在问题 2 的研究中，模型能够较好地解释意见领袖对消费者购买意愿的影响，网络口碑效应中的特殊现象。在意见领袖特征方面，其专业性、产品涉入、交互性会通过影响信任进而影响消费者的购买意愿，同时专业性和产品涉入度对购买意愿也有直接的正向影响；在推荐信息特征方面，其时效性、推荐一致性、视觉线索对于消费者对意见领袖推荐产品的信任的影响并不显著，只有视觉线索往往能够对购买意愿产生直接的正向影响；消费者感知价值构面方面，感知价值可以通过影响信任对消费者的购买意愿产生影响。

（3）针对问题3，研究发现我国在线购物网站商品评论系统的功能设计呈现出了多样化趋势；由于网站机制设计的缺憾及消费者贡献行为中所产生的偏误，消费者认为评论系统产生早期就具备的功能、基于二次贡献，以及一些排序和筛选功能可有可无；消费者更关注评论内容本身，试图凸显评论观点质量的功能如多维打分、热门观点标签云等及将评论效价多元化的功能体现出一定的现实和潜在的需求。这一结果说明在在线购物网站中，口碑效应仍主要来自信息本身，口碑发送者特性的影响并没有通过设计得以表现。

（4）将三个问题的研究结论结合起来看，可以发现在人际口碑交流过程中，消费者认为交流方式及口碑参与者间的关系强度起到了非常重要的作用。在以意见领袖为中心的交流网络中，意见领袖本身的一些特质对于消费者的影响超过了信息内容和形式的影响，这证实了以社会化商务为代表的新型电子商务开展的行为机制基础。另外，消费者在购物网站上面对各种评论信息时，虽然网站试图通过标注评论者信誉、等级或者采用大众投票方式提示信息的价值，但是消费者仍然最为关注能够从评论本身中解读出的信息，这说明了行为机制到系统运用中确实存在着转化问题。

本章对消费者网络口碑交流协作中三个问题的解答，主要体现了理论与实践两个方面的研究启示。

（1）理论上的启示。问题1和问题2发现了社会关系及意见领袖个人特质在口碑交流中的作用，很好地补充了消费者网络协作中交流领域关于影响因素的识别及影响因素的交互作用的相关研究。同时将影响因素与机制层面和功能设计层面的需求分析相结合之后，发现了消费者需求、设计动机、消费者使用行为，以及实际效果之间存在的差别，为将各个层次的研究进行比较和整合提供了帮助。

（2）实践上的启示。问题1和问题2的解决对于企业营销部门及网站平台针对不同情境制定不同的宣传和营销策略，培养意见领袖具有指导意义。问题3的解决可以帮助购物网站找到改进完善商品评论系统的思路和次序。将三个研究问题的结论联系起来考虑，运营商在设计功能时应当考虑功能及其呈现结果对于行为机制的反映程度问题，考虑消费者行为偏好可能导致的功能效果的偏差；各种不同类型的平台（购物网站、口碑社区、导购网站）在口碑行为机制上具有不同的特征，需要针对这种差异制定经营战略和设计思路；在跨平台整合中也应当注意这种差异。

参 考 文 献

[1] Arndt J. Role of Product-Related conversations in the diffusion of a new product[J]. Journal of Marketing Research，1967（4）：291-295.

[2] Zwass V. Co-Creation：Toward a taxonomy and integrated research perspective[J]. International Journal of Electronic Commerce，2010，15（1）：11-48.

[3] Chen Y，Xie J. Online consumer review：Word-of-Mouth as a new element of marketing communication mix[J]. Management Science，2008，54（3）：477-491.

[4] 中国互联网络信息中心. 2009 年中国网络购物市场研究报告[R/OL]. http://www.cnnic.com.cn/hlwfzyj/hlwxzbg/200912/P020120709345303131094.pdf[2011-05-20].

[5] Econsultancy. How we shop in 2010：Habits and motivations of consumers[R/OL]. http://econsultancy.com/us/reports/habits-and-motivations-of-consumers[2011-07-01].

[6] Levy S，Gvili Y. How credible is word of mouth across digital-marketing channels?[J]. Journal of Advertising Research，2015，55（1）：95-109.

[7] Kostyra D S，Reiner J，Natter M，et al. Decomposing the effects of online customer reviand product attributes[J]. International Journal of Research in Marketing，2015，33（1）：11.

[8] Chen K，Luo P，Wang H. An Influence Framework on Product Word-of-mouth（WoM）Measurement[J]. Information & Management，2017，54（2）：228-240.

[9] Duhan D F，Johnson S D，Wilcox J B，et al. Influences on consumer use of word-of-mouth recommendation sources [J]. Journal of the Academy of Marketing Science，1997，25（4）：283-295.

[10] Myers D G. 社会心理学（英文版）[M]. 北京：人民邮电出版社，2012：228-244.

[11] Sussman S W，Siegal W S. Informational influence in organizations：An integrated approach to knowledge adoption[J]. Information Systems Research，2003，14（1）：47-65.

[12] Cheung M，Luo C，Sia C，et al. Credibility of electronic word-of-mouth：Informational and normative determinants of on-line consumer recommendations[J]. International Journal of Electronic Commerce，2009，13（4）：9-38.

[13] Lee J，Park D H，Han I. The effect of negative online consumer reviews on product attitude：An information processing view[J]. Electronic Commerce Research and Applications，2008，7（3）：341-352.

[14] Watts S A，Zhang W. Capitalizing on content：Information adoption in two online communities[J]. Journal of the Association for Information Systems，2008，9（2）：73-94.

[15] Cheung C M K，Thadani D R. The impact of electronic word-of-mouth communication：A literature analysis and integrative model[J]. Decision Support Systems，2012，54（1）：461-470.

[16] Rad A A，Benyoucef B. A model for understanding social commerce[J]. Journal of Information Systems Applied Research，2011，4（2）：63-73.

[17] Allsop T D，Bassett R B，Hoskins A J. Word-of-mouth research：Principles and applications[J]. Journal of Advertising Research，2007，47（4），398-411.

[18] Lim Y，Brandon V D H. Evaluating the wisdom of strangers：The perceived credibility of online consumer reviews on yelp[J]. Journal of Computer-Mediated Communication，2015，20（1）：67-82.

[19] Ajzen I，Fishbein M. The prediction of behavior from attitudinal and normative variables[J]. Journal of Experimental Social Psychology，1970（6）：466-487.

[20] Frenzen J，Nakamoto K. Structure，cooperation and the flow of market information[J]. Journal of Consumer Research，1993，20（3）：360-375.

[21] Holbrook M B，Batra R. Assessing the role of emotions as mediators of consumer responses to advertising[J]. Journal of Consumer Research，1987，14（3）：404-420.

[22] Reingen P H，Kernan J B. Analysis of referral networks in marketing：Methods and illustration[J]. Journal of Marketing Research，1986，23（4）：370-378.

[23] Ellison G，Fudenberg D. Word of mouth communication and social learning[J]. The Quarterly Journal of Economics，1995，110（1）：93-125.

[24] Chen Q，Wells W D. Attitude toward the site[J]. Journal of Advertising Research，1999，39（5）：27-37.

[25] Dhar R，Wertenbroch K. Consumer choice between hedonic and utilitatrian goods[J]. Journal of Marketing Research，2000，37（1）：60-71.

[26] Zhu J Y，Tan B. Effectiveness of blog advertising：impact of communicator expertise，advertising intent and product involvement[C]//Proceedings of the 28th International Conference on Information Systems（ICIS 07），Montreal，Canada，2007：1-19.

[27] 万广圣，杨毅. 品牌信任对消费者口碑传播的影响——品牌涉入的调节作用[J]. 商业经济研究，2018，（5）：43-45. DOI：10.3969/j.issn.1002-5863.2018.05.013.

[28] Salehan M，Dan J K. Predicting the performance of online consumer reviews：A sentiment mining approach to big data analytics[J]. Decision Support Systems，2016，81：30-40.

[29] Katz E，Lazarsfeld P F. Personal Influence：The Part Played by People in the Flow of Mass Communications[M]. New York：Free Press，1955.

[30] Gremler D D. Word-of-mouth about service providers：An illustration of theory development in marketing[C]// AMA Winter Educators' Conference：Marketing Theory and Applications. American Marketing Association，1994：62-70.

[31] Lynch O. Humorous communication：Finding a place for humor in communication research[J]. Communication Theory，2002，12（4）：423-445.

[32] Haythornthwaite C. Strong weak and latent ties and the impact of new media[J]. The Information Society，2002，18（5）：385-401.

[33] Bansal H S，Voyer P A. Word-of-mouth processes within a services purchase decision context[J]. Journal of Service Research，2000，3（2）：166-177.

[34] Brown J J，Reingen P H. Social ties and word-of-mouth referral behavior[J]. Journal of Consumer Research，1987，14（2）：350-362.

[35] 王尊智. 网络口碑中个人专业与关系强度对购买决策的影响——以电子邮件为例[D]. 台北：台湾科技大学，2004：43.

[36] Kelman H C. Processes of opinion change[J]. Public Opinion Quarterly，1961（25）：57-58.

[37] 吴明隆. SPSS 统计应用实务[M]. 北京：科学出版社，2003：91.

[38]　Fishbein M，Ajzen I. Belief，Attitude，Intention and Behavior: An introduction to Theory and Research[M]. MA: Addison-Wesley，1975.

[39]　Dodds W B，Monroe K B，Grewal D. Effects of price，brand，and store information on buyers' product evaluation[J]. Journal of Marketing Research，1991，28（3）: 307-319.

[40]　Lewis J D，Weigert A. Trust as social reality[J]. Social Farces，1985，63（4）: 967-985.

[41]　McKnight D H，Choudhury V，Kacmar C. Developing and validating trust measures for e-commerce: An integrative typology[J]. Information Systems Research，2002，13（3）: 334-359.

[42]　Kim D，Benbasat I. Trust-related arguments in Internet stores: A framework for evaluation[J]. Journal of Electronic Commerce Research，2003，4（2）: 49-64.

[43]　Gefen D，Elena K，Straub D W. Trust and tam in online shopping: An integrated model[J]. MIS Quarterly，2003，27（1）: 51-90.

[44]　Awad N，Ragowsky A. Establishing trust in electronic commerce through online word of mouth: an examination across genders[J]. Journal of Management Information Systems，2008，24（4）: 101-121.

[45]　Smith D，Menon S，Sivakumar K. Online peer and editorial recommendations，trust，and choice in virtual markets[J]. Journal of Interactive Marketing，2005，19（3）: 15-37.

[46]　Zeithaml V A，Berry L L，Parasuraman A. The nature and determinants of customer expectations of service[J]. Journal of the Academy of Marketing Science，1993，21（1）: 1-12.

[47]　Chan K K，Mirsa S. Characteristics of the opinion leader: A new dimension[J]. Journal of Advertising，1990，19（3）: 53-60.

[48]　Bristor J M. Enhanced explanations of word of mouth communications: The power of relationships[J]. Research in Consumer Behavior，1990（4）: 51-83.

[49]　Friedman H H，Friedman L. Endorser effectiveness by product type[J]. Journal of Advertising Research，1979，19（5）: 63-71.

[50]　Mitchell P，Reast J，Lynch J. Exploring the foundations of trust[J]. Journal of Marketing Management，1998，14（1-3）: 159-172.

[51]　King C W，Summers J O. Overlap of opinion leadership across consumer product categories[J]. Journal of Marketing Research，1970，7（1）: 43-51.

[52]　Myers J H，Robertson T S. Dimensions of opinion leadership[J]. Journal of Marketing Research，1972，9（1）: 41-46.

[53]　Midgley D F，Dowling G R. Innovativeness: The concept and its measurement[J]. Journal of Consumer Research，1978，4（4）: 229-242.

[54]　Feick L F，Price L L. The market maven: A diffuser of marketplace information[J]. Journal of Marketing，1987，51（1）: 83-97.

[55]　Zaichkowsky J L. Measuring the involvement construct[J]. Journal of Consumer Research，1985，12（3）: 341-352.

[56]　Quester P，Lim A L. Product involvement/brand loyalty: Is there a link?[J]. Journal of Product & Brand Management，2003，12（1）: 22-38.

[57]　Chakravarti A，Janiszewski C. The influence of macro-level motives on consideration set composition in novel purchase situations[J]. Journal of Consumer Research，2003，30（2）: 244-258.

[58]　Goldsmith R E，Flynn L R，Goldsmith E B. Innovative consumers and market mavens[J]. Journal of Marketing Theory and Practice，2003，11（4）: 54-64.

[59]　Ghose S，Dou W. Interactive functions and their impacts on the appeal of internet presence sites[J]. Journal of

Advertising Research，1998，38（2）：29-43.

[60] Locock L，Dopson S，Chambers D，et al. Understanding the role of opinion leaders in improving clinical effectiveness[J]. Social Science & Medicine，2001，53（6）：745-757.

[61] McMillan S J. Interactivity is in the eye of the beholder：Function，perception，involvement，and attitude toward the web site[C]//Proceedings of the American Academy of Advertising，East Lansing，MI，2000：71-78.

[62] Liu Y P，Shrum L J. What is interactivity and is it always a good thing? Implications of definition，person，and situation for the influence of interactivity on advertising effectiveness[J]. Journal of Advertising，2002，31（4）：53-64.

[63] Xue F，Phelps J E. Internet-facilitated consumer-to-consumer communication：The moderating role of receiver characteristics[J]. International Journal of Internet Marketing and Advertising，2004，1（2）：121-136.

[64] Rogers E M. Diffusion of Innovations（5th ed.）[M]. New York：Free Press，2003.

[65] Sweeney J C，Soutar G N，Mazzarol T. Factors influencing word of mouth effectiveness：Receiver perspectives[J]. European Journal of Marketing，2007，42（3-4）：344-364.

[66] Surana R. The effectiveness of celebrity endorsement in India[D]. England：University of Nottingham，2008.

[67] Yang Z，Cai S，Zhou Z，et al. Development and validation of an instrument to measure user perceived service quality of information presenting Web portals[J]. Information & Management，2005，42（4）：575-589.

[68] Cheung C M K，Lee M K O，Rabjohn N. The impact of electronic word-of-mouth[J]. Internet Research，2008，18（3）：229-247.

[69] Park D H，Lee J，Han I. The effect of on-line consumer reviews on consumer purchasing intention：The moderating role of involvement[J]. International Journal of Electronic Commerce，2007，11（4）：125-148.

[70] Sher P，Lee S. Consumer skepticism and online reviews：An elaboration likelihood model perspective[J]. Social Behavior and Personality，2009，37（1）：137-143.

[71] Zhang W，Watts S. Knowledge adoption in online communities of practice[C]//March S T，Massey A，DeGross J I. 24th International Conference on Information Systems. Atlanta：AIS，2003，96-109.

[72] Cheung M Y，Luo C，Sia C L，et al. How do people cvaluate electronic word-of-mouth? Informational and normative based determinants of perceived credibility of online consumer recommendations in China[C]// Proceeding of 11th Pacific-Asia Conference on Information Systems，Auckland，NZ，August，2007.

[73] 薛建儒，郑南宁，钟小品，等. 视感知激励——多视觉线索集成的贝叶斯方法与应用[J]. 科学通报，2008，53（2）：172-182.

[74] Davis A，Khazanchi D. An empirical study of online word of mouth as a predictor for multi-product category e-commerce sales[J]. Electronic Markets，2008，18（2）：130-141.

[75] Chen Q，Rodgers S. Development of instrument to measure web site personality[J]. Journal of Interactive Advertising，2006，7（1）：47-64.

[76] Lurie N H，Mason C H. Visual representation：Implications for decision making[J]. Journal of Marketing，2007，71（1）：160-177.

[77] Zeithaml V A. Consumer perceptions of price，quality and value：A means-end model and synthesis of evidence[J]. Journal of Marketing，1988，52（3）：2-22.

[78] Sweeney J C，Soutar G N. Consumer perceived value：The development of a multiple item scale[J]. Journal of Retailing，2001，77（2）：203-220.

[79] Lapierre J. Customer-perceived value in industrial contexts[J]. Journal of Business & Industrial Marketing，2000，15（2-3）：122-140.

[80]   Baker J, Parasuraman A, Grewal D, et al. The influence of multiple store environment cues on perceived merchandise value and patronage intentions[J]. Journal of Marketing, 2002, 66 (2): 120-141.

[81]   Brady M K, Robertson C J. An exploratory study of service value in the USA and Ecuador[J]. International Journal of Service Industry Management, 1995, 10 (5): 469-486.

[82]   Nugroho W A, Wihandoyo L S. Consumer's perceived value and buying behavior of store brands: An empirical investigation[J]. Journal of Business Strategy and Execution, 2009, 1 (2): 216-238.

[83]   Netemeyer R G, Bearden W O. A Comparative analysis of two models of behavioral intention[J]. Journal of the Academy of Marketing Science, 1992, 20 (1): 49-59.

[84]   Gilly M C, Graham J L, Wolfinbarger M F, et al. A dyadic study of interpersonal information search[J]. Journal of the Academy of Marketing Science, 1998, 26 (2): 83-100.

[85]   Ridings C M, Gefen D, Arinze B. Some antecedents and effects of trust in virtual communities[J]. Journal of Strategic Information Systems, 2002, 11 (3-4): 271-295.

[86]   Wixom B H, Todd P A. A theoretical integration of user satisfaction and technology acceptance[J]. Information Systems Research, 2005, 16 (1): 85-102.

[87]   Cheung C M K, Lee M K O, Thadani D R. Impact of positive electronic word-of-mouth on consumer online purchasing decision[C]//Visioning and Engineering the Knowledge Society. Berlin: Springer, 2009, (5736): 501-510.

[88]   Sweeny J C, Soutar G N, Johnson L W. The role of perceived risk in the quality-value relationship: A study in a retail environment[J]. Journal of Retailing, 1999, 75 (1): 77-105.

[89]   Petrick J F. Development of a multi-dimensional scale for measuring the perceived value of a service[J]. Journal of Leisure Research, 2002, 34 (2): 119-134.

[90]   Sánchez J, Callarisa L L J, Rodríguez R M, et al. Perceived value of the purchase of a tourism product[J]. Tourism Management, 2006, 27 (4): 394-409.

[91]   Mayer R C, Davis J H, Schoorman F D. An integrative model of organizational trust[J]. Academy of Management Review, 1995, 20 (3): 709-734.

[92]   Nunnally J C, Bernstein I H. Psychometric Theory[M]. New York: McGraw-Hill, 1994.

[93]   Koch N. WarpPLS 2.0 User Manual[R]. Laredo, Texas: ScriptWarp Systems, 2011.

[94]   Till B D. Using celebrity endorsers effectively: Lessons from associative learning[J]. Journal of Product & Brand Management, 1998, 7 (5): 400-409.

[95]   Zhang W, Watts S. Knowledge adoption in online communities of practice[C]//March S T, Massey A, DeGross J I. 24th International Conference on Information Systems. Atlanta: AIS, 2003: 96-109.

[96]   Kano N, Seraku N, Takahashi F, et al. Attractive quality and must-be quality[J]. Journal of the Japanese Society for Quality Control (in Japanese), 1984, 14 (2): 39-48.

[97]   Zhang P, von Dran G M. User expectations and rankings of quality factors in different web site domains[J]. International Journal of Electronic Commerce, 2002, 6 (2): 9-33.

[98]   Kuo Y F. Integrating Kano's model into web-community service quality[J]. Total Quality Management, 2004, 15 (7): 925-939.

[99]   Berger C, Blauth R, Boger D, et al. Kano's method for understanding customer-defined quality[J]. Center for Quality of Management Journal, 1993, 2 (4): 3-35.

[100]   Xu Q, Jiao R J, Yang X, et al. An analytical kano model for customer need analysis[J]. Design Studies, 2009, 30 (1): 87-110.

[101] Brynjolfsson E，Hu Y J，Smith M D. From niches to riches：Anatomy of the long tail[J]. MIT Sloan Management Review，2006，47（4）：67-71.

[102] Brynjolfsson E，Hu Y J，Simester D. Goodbye pareto principle，hello long tail：The effect of search costs on the concentration of product sales[J]. Management Science，2011，57（8）：1373-1386.

[103] Khare A，Labrecque L I，Asare A K. The assimilative and contrastive effects of word-of-mouth volume：An experimental examination of online consumer ratings[J]. Journal of Retailing，2011，87（1）：111-126.

[104] Walther J B，Liang Y，Ganster T，et al. Online reviews，helpfulness ratings，and consumer attitudes：An extension of congruity theory to multiple sources in web 2.0[J]. Journal of Computer-Mediated Communication，2012，18（1）：97-112.

[105] Willemsen L M，Neijens P C，Bronner F. The ironic effect of source identification on the perceived credibility of online product reviewers[J]. Journal of Computer-mediated Communication，2012，18（1）：16-31.

[106] Wang Y，Fesenmaier D R. Towards understanding members' general participation and active contribution to an online travel community[J]. Tourism Management，2004，25（6）：709-722.

[107] Lampel J，Bhalla A. The role of status seeking in online communities：Giving the gift of experience[J]. Journal of Computer-Mediated Communication，2007，12（2）：434-455.

[108] Eagly A H，Chaiken S. The Psychology of Attitudes[M]. Orlando：Harcourt，Brace，& Janovich，1993：325.

[109] McKinney V，Yoon K，Zahedi F M. The measurement of web-customer satisfaction：An expectation and disconfirmation approach[J]. Information Systems Research，2002，13（3）：296-315.

7 | 基于互联网群体协作的网络舆情
——以网络谣言为例

本章从网络谣言话题扩散中的网民交互行为出发，设计了三则不同主题的谣言，通过社会实验方法在特定群体中进行了网络谣言的传播实验，获取了网络谣言传播的第一手资料，并采用数据挖掘中的分类算法分析了网民对网络谣言态度的演变规律，使用聚类算法对网络谣言传播中的群体行为进行了研究，给出了谣言传播的群体分类，并通过计算实验设计了网络谣言传播的协同演进模型，对网络谣言传播中的话题演化和网民交互进行了针对性的分析。

7.1 互联网群体协作网络舆情问题的提出

Web2.0将传统被动接受的信息获取方式转变为由用户主动生产、组织和利用信息的行为模式，涌现出微博、社交网站和互动百科等新的应用媒介平台，为网民获取信息、发表观点、交互意见和宣泄情绪提供了更为广泛的载体，其中民众通过互联网对政府管理及现实社会中各种现象、问题所表达的政治信念、态度、意见和情绪称为网络舆情。近几年我国由网络舆情演化形成的网络群体冲突激增，反映了网络舆情容易出现认知偏差和群体极化引起非理性群体行为。

在网络舆情发展过程中，某些个体、组织或机构为了达到特定目的通过互联网传播与当前热点事件相关的不实信息称为网络谣言，网络谣言通常以内幕、爆料等形式出现，容易影响公众观点，左右舆情的走向，对网络谣言的研究有利于准确认识网络舆情的形成与演化规律，为政府规范网络行为提供参考。

本书从复杂系统视角研究网络谣言的传播与演化规律，重点研究网络谣言传播中话题扩散和网民群体行为及二者协同演进的过程，探索网络谣言演化中话题扩散与群体行为之间相互作用的协同关系，以及在协同环境下的网民群体行为动力学特征，以期准确认识网络谣言形成的内在机理和发展规律。

7.2 网络谣言的成因及特征分析

⭐ 7.2.1 网络谣言概念解析

"谣"是中国古老的汉字之一，古文中把没有配乐的歌唱称为谣，在《诗经·魏风·园有桃》中有"心之忧矣，我歌且谣"，表示心中忧愁苦闷时，就唱歌谣聊以解愁，歌或谣都是民众抒发情感的一种方式，经过传唱而沉淀在民间的歌谣往往承载着很多民风，因而也有谣俗之说。随着社会的发展，民间信息的传播与影响越来越大，一些未经证实甚至捏造的信息开始影响民间舆论，正如《楚辞·离骚》中"众女嫉余之蛾眉兮，谣诼谓余以善淫"中所表达的，谣字汉代之后也作谣言表达，例如，范晔《后汉书·杜诗传》："诗守南楚，民作谣言"。从词源本意来看，谣言是中性词，表达民众口口相传的信息，它作为特殊的社交形式对人类社会产生了重要影响。谣言是一种普适的社会现象，美国社会学家 Shibutani 认为它是推动社会进步的特殊方式[1]，谣言的内容从简单的八卦到有组织的市场营销推广[2]，从普通民众到公众人物，从生活琐事到国家政策[3]，它已经成为公众获取信息的重要来源，有助于表达公众情绪，快速地向公众传递灾害情况等紧急信息，一些不实的谣言则会造成社会恐慌，甚至巨大的经济损失，如日本核泄漏引发的谣言导致中国民众抢盐风波[4]。

谣言从内容上可以分为乡野传说（urban legends）、流言（gossip）[5]、恶作剧（hoax）等[6]。谣言系统性的理论研究起源于美国，美国社会学家奥尔波特和波斯特曼通过对战争谣言的研究,认为谣言是人群中流传的缺乏具体资料佐证的一类信息[7]。法国学者 Knapp 则从信息属性的视角界定谣言是为了使人相信所传播的一类信息,缺乏权威渠道的证实[8]。上述两种定义对谣言的误导性和缺乏佐证达成了共识,但没有从传播学和心理学视角进行阐述。相比而言,社会心理学家 Difonzo 和 Bordia 从过程和功能视角对谣言的界定更为全面,认为谣言是公众对社会环境中存在的风险与威胁的反映,是广泛传播的未经证实的信息[9]。因此,谣言本质是一种社会化的信息,与传统的新闻、公告不同,谣言具有信息与社交的双重属性,从信息的角度来看,它具备模糊性和重要性的特征,从社交角度来看,它必须在特定群体中传播来表达某种心理诉求。

从媒介差异性角度来看,网络谣言传播的拓扑结构和参与者的信息交互行为与传统谣言有显著差异,一方面,节点数指数级增加,另一方面,网络结构出现了小世界、无标度等新的特性。Nekovee 等将网络谣言定义为"基于互联网传播的不实信息"[10];Zhang 也明确提出了网络谣言是在网络上,尤其是社交媒体中,迅速传播的虚假言论[11];王国华等从载体角度限定网络谣言这一概念,认为网络谣言是在互联网上生成或发布并传播的未经证实的特定信息[12];张雷指出网络谣言是在互联网上传播的没有事实根据的消息[13]。范升建认为网络谣言是以网络为传播载体的,以网络传播中的及时传讯、邮件、论坛、微博、博客等特定方式的,针对多数上网用户关心和热衷的问题、事件发布和散播的没有经过权威机构证实的信息[14]。上述研究主要从传播媒介、信息内容和信息真实度来界定网络谣言,认为网络谣言是借助互联网诸多应用传播的网民关注且模糊的信息,强调网络谣言的媒介和信息属性,缺乏从角色和动机角度的阐述。

从网络谣言的动机和社会影响来看,网络谣言反映了特定群体的信息诉求,并影响社会信息安全[15]。2013 年 1 月,世界经济论坛发布了《2013 年全球风险报告》,将网络谣言、医疗健康和环境问题列为当前世界面临的主要风险,把网络谣言分为信息诈骗、信息误解和信息攻击三类[16]。这一解释拓展了网络谣言的范畴,把网络谣言提升到互联网信息安全的角度。

本书认为网络谣言的信息属性和社会属性同样重要,片面强调某一属性不能准确地界定网络谣言。通过整合网络谣言的信息和社会属性,将网络谣言定义为：个体、组织或机构为了达到特定目的通过互联网传播的与当前热点事件相关或反映社会现状的不确定信息，包括信息诈骗、信息误解和信息攻击。

7.2.2 网络谣言的成因

网络谣言是谣言发起者具有特定目的的信息行为，分析网络谣言的成因有利于剖析网络谣言的特征及传播规律。相关学者对网络谣言的成因进行了探索研究，巢乃鹏和黄娴认为谣言形成需要考虑传者、受者和中介三方面因素[17]，李军林提出网络谣言的产生源于造谣者对社会现实的严重不满或别有用心、网络媒介的不守门行为和受谣者对谣言信息的心理认同[18]。总体来看，网络谣言的形成受谣言发起者、传播者和受众的知识、心理、背景等微观因素影响，也受政府政策、社会结构、经济体制、传播媒介等宏观因素的影响[19]。

从微观层面分析，网络谣言可以满足发起者的心理或利益诉求，心理诉求层面大体可以分为娱乐心理、报复心理和自我表现等。Michael 等通过实验研究对比了好和坏两类谣言对消费者心理和行为的影响，并得出了消费者更愿意传播有利于自身的谣言信息，而竞争对手倾向于传播不利谣言，说明了谣言传播者在传播谣言时有明显的得利倾向[20]。网络谣言的传播或影响不仅给造谣者以成就感和满足感，而且给予造谣者实际利益。

宏观环境也会促使或抑制网络谣言的形成，一是社会环境的不确定与脆弱，导致公众对涉及自身安危的信息比较敏感，信息的不对称让人难辨信息真伪，导致一些简单的诸如地震之类的谣言得以快速传播；二是专业知识的缺乏使得一些简单的谣言得以广泛传播；三是公众媒体的规范与约束缺失，甚至部分媒体明知是谣言，但是为了吸引眼球还会主动传播谣言，误导公众；四是社会化媒体时代自媒体的强势会导致未经证实的信息很容易在大范围扩散，比如微博大V、微信公众账号，容易成为意见领袖引导公众的态度[21]，参与传谣会扩大谣言的影响，而且很多意见领袖本身就是网络推手。社会、政治环境是网络谣言产生的客观原因之一，但互联网媒介对网络谣言的影响更为明显[22]。

社会环境中的媒介也会促进或抑制网络谣言形成[23]。首先，媒介网络结构会影响网络谣言的话题扩散，网络谣言的传播媒介包括微博、论坛、QQ、微信、邮件、网络新闻等，但微博、微信、论坛更容易爆发网络谣言，因为这些应用点到面辐射型传播，传播范围广、速度快，E-mail、QQ等应用与之相比更倾向于点对点或点对多的通信，传播速度慢，影响范围小，不利于形成网络谣言；其次，网络平台的监管差异会影响网络谣言形成，如网络谣言如果选择手机短信传播，可能作为垃圾短信识别而无法大规模扩散，新浪、腾讯等网络平台通过设置举报专区加强信息内容监管（图7.1）。

图 7.1　新浪网网络监管专区

综合以上分析，网络谣言的成因受微观因素和宏观因素影响，其中微观因素包括个体的心理、经济利益、自我表现和群体的心理暗示和利益诉求，宏观因素方面包括社会环境、教育程度等环境因素和媒介监管、网络结构等媒介因素（表7.1）。从成因的多样化来看，网络谣言的形成是一个复杂的过程，是个体或群体诉求在社会环境中发酵的产物，导致了网络谣言的传播与一般信息传播在角色、影响因素、路径和生命周期方面存在差异。

表 7.1　网络谣言的成因分析

主观因素	个体因素[18]	心理满足、报复、自我表现、经济利益
	群体因素[24]	心理暗示、利益诉求
客观因素	环境因素[25]	社会环境[26]、教育程度[27]

7.2.3　网络谣言传播中的角色划分

网络谣言的传播是多主体参与和交互的过程[28]，根据5W（who，what，where，

why，when）模式分析，网络谣言参与者包括传谣者、转发者（媒介）和接收者等[29]，王国华等认为网络谣言传播可从传导路径、参与主体和载体等角度分析[12]，谣言一方面通过血缘、业缘、学缘、地缘、趣缘等传统社交网络传播，也会通过Web2.0 社交媒介在陌生人间传播，形成复杂的多元主体传播结构，分析网络谣言传播中的角色需要考虑谣言传播的过程、参与者的社会关系及网民的信息行为[30]。

李华俊认为在信息传播过程中，社会成员个体间的交互会形成强化原有信息影响力的机制，个体在信息传递、解读和改造再传播过程中会相互激发，使得信息传播和影响扩大过程成为一个持续创造和再创造过程[31]，因而网络谣言的传播不是一个简单的传授过程，也包含复杂的信息处理与编辑行为，导致网络谣言的话题衍生与扩散[32]。江晓奕分析了谣言传播中的角色，将参与者分为信源、载体和信宿[33]。以上对谣言角色的划分主要考虑信息传播过程，未考虑信息内容本身的影响，而信息相关者在其中的角色尤为重要，存在谣言对象、网络推手等新的角色，不能简单用信源、信宿加以描述。

网络谣言中的角色可以分为内容相关者和内容不相关者两类。内容相关者包括谣言制造者、谣言传播者（网络推手或水军）、谣言编辑者、辟谣者、谣言行动者、谣言接收者，谣言制造者由于自身诉求而设计谣言，谣言传播者很可能是谣言制造者的利益共同体，大多数情况下认同是传播的前提条件，谣言编辑者参与谣言的评论并补充编辑谣言，制造衍生谣言，辟谣者实际上是谣言诉求的利益对立方（大多数情况下存在）[34]，谣言行动者可能接收到谣言并在现实中采取行动，比如抢盐、跑地震等，谣言接收者接收到谣言后并不采取行为，在内容相关者中处中立位置；内容不相关者包括谣言围观者、谣言转发者、辟谣者，谣言围观者会点击并关注谣言，增加谣言的人气但不发表评论和传播，是内容不相关者中的主流，谣言转发者会根据自身偏好和心理认同谣言并转发，但一般不会参与谣言的编辑，辟谣者会根据自我判断选择驳斥谣言，阻止谣言传播。由于谣言本身的多样性，并不是每一类网络谣言都包含以上各类角色，但上述角色却共同构成了网络谣言传播的复杂系统，反映了谣言传播中利益诉求的本质[35]。

7.2.4 网络谣言的生命周期分析

正如事件终会消弭，网络谣言也有生命周期。欧英男根据谣言的受众心理，将其生命周期划分为滋生期、蔓延期、消弭期[36]；任一奇等通过对微博谣言案例的分析将微博谣言的生命周期分为产生、扩散、极化和消解四个阶段，指出了谣言的极化具有拼图效应和雪崩效应，谣言的消解有自然消解和人为消解两类[37]。可见目前国内学者关于网络谣言生命周期的认识比较一致，即网络谣言会经历产生、传播、辟谣和消解四个阶段[38]。

但上述划分方式未能概括网络谣言传播中存在的反复与话题衍生现象，因而有必要通过具体案例分析来重新梳理网络谣言的生命周期[39]。在网络谣言传播过程中，由于信息的不确定性，网民自发地验证其真实性，而验证过程中包含了主观臆想，因而容易衍生出新的网络谣言。可以发现网络谣言存在萌芽期、爆发期、极化期、衍生期、消解期[40]（图 7.2），其中萌芽期网络谣言信息已经产生但未引起公众关注，爆发期网络谣言成为热点引起网民广泛关注并讨论，网民的交互在极化期达成一致并从讨论到付诸实际行动的验证或辟谣，在网民验证或辟谣过程中谣言制造者或网民会根据不确定信息臆断而衍生出新的谣言，最终旧的谣言慢慢消解，而新的谣言开始蔓延。

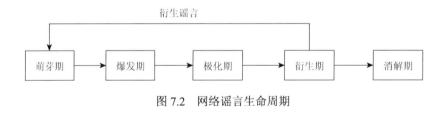

图 7.2　网络谣言生命周期

7.3　网络谣言传播中话题扩散及衍生分析

互联网信息传播的研究往往围绕话题来采集数据进行分析，存在数据缺失和难以捕获用户态度的动态变化等问题，本书采用实验研究法在可控范围内选定三个主题不一的谣言话题进行传播，在真实的社会环境中观察网络谣言传播的过程，记录谣言话题扩散和衍生相关的数据，并通过实验后的问卷调查获取谣言传播过程中群体的态度与行为。

⭐ 7.3.1 网络谣言传播的实验设计

1. 前实验设计与实施

为了拟合真实网络谣言的传播过程，研究采用了前实验设计和准实验设计两类实验，考虑到在校大学生是互联网的原住民，网络行为相对活跃，集聚性较强，容易进行网络谣言传播过程的控制，因而选择大学生群体作为网络谣言传播的实验对象。前实验设计选取南京 *A* 大学的 12 名本科生志愿者参与网络谣言的内容设计、影响因素分析，作探索性研究；准实验设计选取南京 *B* 大学两个专业 6 个班级 177 人作为研究对象，按专业分为两组，两个专业辅导员不同、宿舍距离较远，交集不多，在参与对象不知情的情况下进行信息传播，研究网络谣言的传播规律。实验的主要目的是研究谣言内容、传播渠道、个体性格、群体意见、交互行为等对网民群体态度和行为的影响，并研究网民交互行为对谣言话题内容扩散的反作用，其中网民对谣言持有的态度作为因变量，个体性格、群体意见和交互行为作为自变量，谣言内容、传播渠道作为控制变量。前实验阶段主要通过典型谣言案例的集中讨论获取实验对象群体的信息心理和信息行为，为后期实验的内容和问卷设计提供支撑。前实验持续了六周，具体内容见表 7.2。

表 7.2 网络谣言传播前实验设计

进度	实验内容	布置任务
第一周	项目基本背景介绍，讨论谣言与网络谣言	收集谣言案例
第二周	从内容的角度讨论谣言案例，其中冯同学收集的案例引起了参与者激烈的讨论	对谣言进行分类，要求学生了解谣言案例
第三周	讨论确定谣言的分类类型，从影响范围来看大体分为三类：社会类、组织类和个人类	根据谣言分类设计实验谣言
第四周	整理设计的谣言并讨论确定三个类别各选一个作为实验内容，并讨论自己对谣言的分析、判断和态度，提出问卷设计的基本思路	根据自己对谣言的理解设计获取谣言传播态度和行为的问卷
第五周	问卷分类，内容核对，确定问卷选项	检查问卷内容，考虑准实验思路
第六周	问卷的测试，修改，确定实验步骤	

前实验完成谣言案例的收集、讨论、分类，谣言设计和问卷设计，将谣言分为社会类、组织类和个人类，其中社会类选定了"马航失联事件"（国际热点）、"转基因食品"（食品安全）、"中国设定副都"（国内时政）和"江苏舜天主场迁

到扬州（体育）"四个话题，在讨论社会类话题过程中，食品安全成为大家较为关注的焦点，因而社会类选择了转基因食品主题设计谣言；组织类围绕学校展开，包括食堂、班车、出国交流和课程调整问题，学生对进修一类的话题比较感兴趣，因而选择出国交流作为实验话题；个人类选择了学生比较关注的就业问题作为谣言话题设计。

前实验设计通过多次头脑风暴分析网络谣言的案例、影响因素和网民行为，并设计了网络谣言的传播话题、传播思路和数据获取的方法，为网络谣言传播的准实验设计提供参考。

2. 网络谣言传播的准实验研究

准实验设计是获取谣言传播真实信息的主要途径，需要详细考虑谣言话题的细节、问卷设计的具体内容、问卷发放和采集方式以及实验操作的具体步骤。

在谣言内容设计时主要考虑两个方面，一是需要传播的信息内容，供传播者发送信息，二是与传播信息相关的辅助信息，用于保持信息的关注度，在讨论话题过程中，可以适当加入辅助材料，支持自己传播的信息，作为控制变量，谣言内容设计加入了细节信息保证谣言的模糊性（表 7.3）。

表 7.3　网络谣言传播话题设计

谣言话题	传播的信息内容
话题 1：实习与就业定向推荐机会	公司需要两个基础好的同学实习，工资很高（暑假实习 4000，转正后 8000）
话题 2：转基因食品是美国的阴谋	转基因食品是欧美针对中国的阴谋，转基因食品的食用会改变人类基因，降低人体免疫力，目前市场上低价油基本上都是转基因的，超市卖的油都有标注的，请大家少吃油炸食品
话题 3：南京 B 大学开展自费交流生计划	据说最近南京 B 大学与美国 L 大学将合作开展自费交流生计划，针对本校的大二学生，提供前往美国 L 大学学习大三的相关课程并完成个人的毕业设计的机会

为了保证实验效果，通过预先选定的内应学生作为信息源传播谣言，其他参与者并不知情，谣言传播过程中的个体行为、群体交互、话题衍生等信息的获取主要通过内应学生的记录和传播结束后的问卷调查来获取，因而问卷设计需要考虑多方面的因素[41]。为了更加全面地了解参与者的网络偏好，准确分析参与个体在网络谣言产生、传播过程中的态度和行为，结合前实验阶段的讨论分析，问卷

根据谣言信息传播的生命周期从实验对象基本信息、互联网使用习惯、听到谣言之初的观点和态度、谣言传播过程中的态度与行为、最终持有的态度五个方面进行设计，共设计 25 道调查问题（问卷见附录 2）。

网络谣言的传播实验共分三周进行，第一周进行实验的准备并联系好两个专业的谣言传播者。第二周是实验传播期，由网络谣言传播者负责了解并记录谣言传播和实验对象交流的情况。第三周是数据采集期，通过访谈和问卷调查，取谣言传播过程中学生态度和行为信息，向所有学生解释实验的情况，要求不要将谣言扩散，在调研结束后回收问卷。

⭐ 7.3.2 网络谣言话题扩散研究

为了解网络谣言传播中话题扩散和群体态度行为信息，对问卷数据进行了汇总，人工判断结合孤立点、缺值分析，去掉无效问卷 22 份，共收回有效问卷 155 份，其中男生 70 人，女生 85 人。使用 Excel、SPSS 19.0 和 Clementine 12.0 软件对数据进行初步的统计分析，经检验问卷的 Cronbach's α 系数为 0.921，说明问卷具备良好的信度。

1. 实验对象网络习惯研究

实验对象的网络习惯会影响网络谣言话题扩散，其中网民关注度影响话题扩散初期网民的信息接收率和转发率，网民信任度会影响话题扩散中网民的求证行为、编辑率和转发率，网民性格会影响话题扩散中网民的媒介选择、群体交互行为和态度演变。

网民关注是网络谣言话题扩散的前提条件。问题 A1 "您会因为哪些因素而关注互联网上的信息？"获取了用户选择网络信息的动因，数据表明有 47.1% 的实验对象完全依据个人兴趣选择关注互联网上的信息，此外，影响网民关注互联网信息的指标依次为热度、上网习惯、个人专业学习、朋友圈转发、猎奇心理。网民关注是谣言信息得以传播的前提，调研结果表明个人兴趣是网民关注信息的首要原因，间接说明了粉丝圈在网络社会具有稳定的结构，而兴趣往往也会形成习惯，这也解释了为什么网络谣言容易在微信、微博等自媒体中形成并扩散。

问题 A2"以下因素对增加您对信息内容的信任度有什么影响？"获取实验对象真伪判断的基本逻辑。数据表明，认为"信息内容的合理性"对信任度有决定性影响的实验对象约占 42.2%，认为"发布的人或机构比较权威"对信任度有决定性影响的实验对象约占 31.0%，此外，信息拥有相关的图片视频等、相关人士的证实或爆料，以及通过自身对信息的判断都会对信息信任度产生较大影响，值得注意的是，受访者认为网络热度对信息信任度影响不大。网民对互联网信息的判断主要来源于自身经验和权威，如果所涉及的话题属于自身知识范畴的，往往会形成比较坚定的立场和态度，反之，则会求助权威或群体的帮助，相关知识的缺乏导致了模糊性，而一些专家的判断往往会影响大众的认知。

2. 网络谣言传播的初始特征分析

为便于分析，把"网民初始信任度"选项中完全相信和相信归类为相信，把其他选项归类为质疑，对样本初始态度的统计表明：实验对象对实习就业谣言的态度主要偏向相信，占比为 62.9%；对转基因食品谣言的态度主要偏向质疑，所占比例约为 63.5%；对出国交流的谣言的态度较为中立，相信、质疑的比例各为 52.2%、47.8%（表 7.4）。实验对象初始信度的调查结果与设计谣言时的预期基本相符，在谣言设计时，实习就业的谣言偏向真实，转基因食品谣言偏向虚假，而出国就业谣言相对中立，实验对象对谣言的初始信度与谣言所要传达的态度保持一致。表明网络谣言信息中网民具备基本的理性认识，能够根据自身的经验对信息内容的真实性进行初步判断。

表 7.4　三则谣言的初始信任度　　　　　　　　　　（单位：%）

	完全相信	相信	不确定	不相信	完全不相信
实习初始信度	19.2	43.7	28.5	7.3	1.3
转基因初始信度	5.4	31.1	53.3	6.8	3.4
交流生初始信度	7.2	45.0	35.8	8.7	3.3

实验对象在首次听到谣言后会选择不采取行动、与同学交流和网络交流三种处理方式，其行为与谣言话题内容密切相关（表 7.5）。与实验对象未来发展密切相关的实习就业谣言的关注度最高，仅 39.0%的同学没有在意，多数同学偏向于

与同学交流，并有少数同学通过网络搜索来进行求证；对于社会舆论焦点的转基因食品谣言，34.2%的实验对象通过网络搜索了解转基因食品，16.1%的实验对象与同学交流谈论过转基因；而对于态度偏向中性的交流生谣言，52.3%的实验对象没有在意，28.2%的实验对象与同学交流谈论，10.1%的实验对象通过网络进行求证。

表 7.5　首次听到三则谣言的网络行为　　　　　　　　（单位：%）

	没有在意	同学交流	网络交流		
			网络搜索	QQ 聊天	社交网络
实习谣言	39.0	44.7	9.2	3.5	3.5
转基因谣言	44.8	16.1	34.2	2.1	2.8
交流生谣言	52.3	28.2	10.1	6.0	3.4

实验对象的初始行为会影响谣言话题的扩散媒介。实习就业与实验对象的未来发展密切相关，大多数学生希望得到实习机会，因此通过多种途径求证信息的真实性，与他人谈论，促进谣言的进一步传播扩散；转基因谣言因其自身的社会关注度较高，在群体间更容易扩散，同时，网络上存在大量的相关信息，降低了个体通过其他途径获取更多信息的难度；出国交流由于受众面较窄，因而参与者较少，有一半多实验对象没有在意，而对于想要出国的实验对象，其对出国交流的了解较多，因而态度更加明确，对信息的求证方式也更加直接，但这部分个体比例较少，也决定了后续传播的范围会比前两者小。三则谣言关注度的差异表明谣言内容决定了受众行为，而转基因谣言和实习谣言受众论证行为的差异表明受众会选择自己认为最能获取准确信息（消除不确定性）的渠道来论证谣言信息，与其说是传谣者选择了媒介，不如说是谣言内容本身决定了传播媒介。

3. 网络谣言话题扩散特征分析

从谣言话题扩散的参与度分析，一半以上的实验对象参与了网络谣言传播过程，其中实习谣言、转基因谣言和交流生谣言的传播比率分别为66.7%、59.3%、52.0%（表7.6）。由于实验条件所限，实验对象在初次听到谣言时的网络行为主要表现为与同学交流，多数实验对象在交流过程中将谣言分享给其他人，且集中表现为分享给室友。

表 7.6　谣言传播过程中的网络行为　　　　　　（单位：%）

	置之不理	分享给室友	分享给本班同学	分享给其他人	传播比率
实习谣言	33.3	47.6	13.6	5.5	66.7
转基因谣言	40.7	36.6	14.8	7.9	59.3
交流生谣言	48.0	34.0	13.3	4.7	52.0

从谣言话题扩散的渠道分析，三则谣言的传播方式比较接近，相比较短信、邮件，实验对象更偏好在微博、QQ 空间、朋友圈为代表的社交媒体平台，以及通过微信、QQ 为代表的即时通信工具进行沟通交流，传播谣言信息，这符合实验对象对互联网新鲜事物的追求，其崇尚自由便捷的生活方式，引领网络时尚潮流。同时，口口相传在传播渠道中所占比例较大，均在 40.0%左右，可见实验对象并未完全抛弃传统的沟通方式，在日常交流中能够注重自我口头表达（表 7.7）。实验对象会选择易于交流或沟通的对象来讨论或传播，符合谣言病毒式传播的基本假设，然而也会存在一对多的跳跃式传播（如传给不在身边的好友），不能完全照搬病毒的传播模式。

表 7.7　谣言信息的传播渠道　　　　　　（单位：%）

	微博/QQ 空间/朋友圈	微信/QQ	短信/邮件	口口相传
实习谣言	32.0	23.1	6.1	38.8
转基因谣言	35.0	22.1	2.9	40.0
交流生谣言	26.7	25.3	4.1	43.9

从谣言话题扩散的动因分析，求证和对真相的渴望是谣言得以传播扩散的主要原因。三则谣言传播动机中求证心理的比例分别为：40.9%、45.6%、31.0%（表 7.8），实验对象对于网络信息的处理较为理性，并未完全受制于网络谣言，能够理性求证，辨识信息。在谣言话题扩散过程中，实验对象对谣言信息的编辑程度各不相同（表 7.9），实习谣言中，54.3%的实验对象偏向于直接转述，40.3%的实验对象在转述时加入了赞同的观点，这与最初谣言设计偏向真实相似；转基因

谣言中，50.4%的实验对象偏向直接转述，而在转述时加入自己赞同或反对的观点各占 20.7%和 28.9%；对于交流生谣言，66.9%的实验对象偏向直接转述，20.5%的实验对象在转述时加入赞同观点，12.6%的实验对象在转述时加入反对观点。实验对象对谣言信息的编辑一方面取决于其自身的态度，另一方面取决于其获取的信息量，实习谣言因信息细节丰富，真实度高，且实验对象希望得到实习机会，因而更多的偏向于赞同；而转基因谣言因社会热度高，网络上包含大量的信息，且观点态度对立明确，实验对象在浏览信息的过程中无形中受到他人观点的影响，形成或赞同或反对的态度，进而影响其在谣言传播过程中的信息编辑；而交流生谣言因信息量、关注者较少，因此多数人在传播过程中没有表态，只将其视为一般性的消息进行扩散。

表 7.8　谣言信息的传播动机　　　　　　　　　　（单位：%）

	实习谣言	转基因谣言	交流生谣言
从众心理，很多人都参与其中	22.8	12.0	21.7
求证心理，想知道信息的真相	40.9	45.6	31.0
信以为真，想让更多的人知道	19.7	16.8	17.1
纯属娱乐，感觉比较好玩	16.6	25.6	30.2

表 7.9　谣言传播时的信息编辑　　　　　　　　　（单位：%）

	实习谣言	转基因谣言	交流生谣言
是，我加入了赞同的观点	40.3	20.7	20.5
是，我加入了反对的观点	5.4	28.9	12.6
否，我偏向直接转述	54.3	50.4	66.9

对谣言话题扩散的持续性进行分析可知，有一半以上的实验对象没有再次关注三则谣言，其中交流生谣言的比例高达 73.0%，关注者或出于从众，或出于信任（表 7.10）。三则谣言传播中直接转述的比例都较高，抱求证心理的实验对象会通过对信息的编辑来佐证想法，信息编辑中的态度取决于信息的模糊程度，但不会影响编辑比例，信息的编辑本身是一种行为习惯，与信息本身关联度不大。

表 7.10	持续关注谣言的动机		（单位：%）
	实习谣言	转基因谣言	交流生谣言
没有继续关注	58.0	64.7	73.0
从众心理，很多人都参与其中	12.6	10.8	7.8
信以为真，对内容非常感兴趣	21.7	13.7	9.9
纯属娱乐，感觉比较好玩	7.7	10.8	9.3

7.4　网络谣言传播中群体态度演变研究

网络谣言是网民、社会群体、企业、政府多方参与的复杂系统，在微观上表现为信息经由互联网点对点或点对多的交互与传播，在宏观上表现为网络谣言的扩散、衍生与消解，互联网信息传播的隐秘性和突发性导致网络谣言传播相关数据难以获取，难以对网络谣言话题扩散及衍生现象进行分析。本书使用社会实验法设计三种不同类型的谣言，选定实验对象在特定群体中传播，在实验传播一定时间后通过问卷调查获取网民群体的态度与行为数据，比较口口相传和网络传播对谣言信息传播的影响。

⭐ 7.4.1　网民态度与行为的数据挖掘概述

网民态度会决定网络谣言的走向，态度（attitude）是个体对社会客体（人、事件或观点）以特定方式做出反应时持有的稳定并具有评价性的内部心理倾向[42]。有研究认为态度是一种心理和精神的状态，通过经验组织起来，影响个人对情境的反应[43]。也有研究认为态度表现于对外界事物的认知（如道德观和价值观）、情感（如喜怒和爱恨）和行为意向（如谋虑和企图）三方面的构成要素[44]。网民态度主要包括喜悦、愤怒、悲伤、担心、恐惧、无聊、期待等，态度包含着情感性、行为倾向性和认知性。态度的识别可以通过认知、情感、行为三要素进行判断[45]，认知由对象的信念、期望、知识决定，情感由感觉、心境、动机、情绪决定，行为则是个体依据观点所采取的措施，如信息传播、信息交互等。意见（opinion）是态度的认知表达，应用于特定的场景和问题，因而用于舆论观点的判断，态度反映了个人喜好等情感因素，而意见往往只是支持或反对等结论性的陈述。态度比意见涵盖范围更广，在网络谣言传播中，网民的态度包含了网民的网络习惯、偏好、群体倾向等因素，而网民的意见往往只是对某一话题支持或反对的观点，可以用复杂系统动力学模型进行描述。

对于某一具体问题，网民态度会动态变化，受信息、情感和群体的影响[46]，Kelman 认为态度的改变包括顺从、同化和内化三个阶段，反映了个体态度从信息辨识到群体从众再到个体认同的过程[47]。方付建和王国华提出网民内部存在态度感染效应[48]。网民态度的形成与演变是一个复杂过程，个体的性格、习惯、价值观和世界观导致初始态度的形成，但后期的信息获取和群体交互会影响网民态度的演化。

个体态度会决定个体行为进而影响群体倾向。王恩界和王盈通过对"艾滋女"事件发生后网民在搜狐论坛的回帖进行分析，描绘了网民在该谣言不同阶段的态度变化，并提出网民的基本态度具有窥私欲泛滥、泛政治化评论、轻信负面信息、道德标准极端传统化等特征[49]。个体态度决定行为，同时，群体行为会反作用于个体态度，二者的交互影响会导致信息传播向非理性发展，并改变事件走向，如网络上流行的"冰桶挑战"本是国外的慈善募捐行为，但由于国内明星的交互炒作演变为商业秀。

数据挖掘方法常用于对网民关于品牌、企业、公共事件甚至个人相关的态度、意见和情感的分析[50]，与之相关的自然语言处理、信息抽取、信息检索技术已成体系，网民态度挖掘成为 Web2.0 时代研究的热点[51]。社交网络媒体和用户生成内容为网民态度挖掘提供了充足的素材，频繁出现的网络谣言对态度挖掘方法提出了新的挑战。一是依靠网络爬虫获取数据的难度递增，网络谣言传播的隐秘性导致话题传播的前期数据难以获取，网民之间的行为难以跟踪，网民的态度演变信息无法获取[52]；二是研究目标难以量化[53]，网络谣言中网民的态度和意见无法通过互联网数据获取，因而学者往往通过访谈和问卷调研的方式获取数据，无法完整覆盖谣言传播的网民群体，影响了研究结论；三是通过互联网难以获取高质量、结构化的数据。学者在研究相关问题时往往会通过对网民态度的假设或研究对象的约束来减少上述影响，如将研究媒介限定为推特或博客[54]，而网络谣言的传播并不受此约束，难免会影响研究结果。

7 基于互联网群体协作的网络舆情——以网络谣言为例

◆253◆

Liu 通过 5 级量表（e, a, s, h, t）定义了网民态度的语义结构，涵盖了对象、视角、语义、观点持有者和时间等因素[55]，关于态度倾向的分类、群体划分和观点比较研究也有相关的成果，相关的方法大体可以分为以下三类。

（1）有监督的学习（分类）。主要用于需要明确区分网民态度倾向的数据分析。基本思路是收集网民态度相关的心理和行为数据，选定目标分类（如网民的态度倾向：支持、反对等），确定训练数据集，采用 C5.0[56]、C&RT、SVM、贝叶斯分类[57]等算法训练样本数据，并提取生成网民态度的基本规则，将其应用到未知样本态度倾向的判断。

（2）无监督的学习（聚类）。主要用于发现网民行为所具有的群体特性。基本思路是根据所收集的网民态度、行为等数据，构建分群指标体系，进行维度约减，使用 K-Means、层次聚类、神经网络聚类和混合算法[58]进行聚类分群，并根据统计特征分析群体特性。

（3）部分监督学习。由于有监督的学习对样本数据质量要求较高，研究者尝试使用分类数据和未分类数据混合建立分类模型，包括隐马尔可夫模型、条件随机域等算法[59]。可以利用部分分类结果对网民的态度倾向进行预测。

网民的态度和行为交互影响决定了网络谣言话题扩散及演化，本书在设计网络谣言传播实验过程中，以网民的态度演变为主线，采集了网民在接收谣言信息之初、信息传播中和实验结束时对于每一则谣言的态度及在传播过程中的行为，为网民态度演变的定量分析提供了基础数据。

7.4.2 网络谣言态度演变分析框架

在网络谣言传播过程中，个体态度包括接收谣言信息之初网民所持有的态度和谣言传播尾声网民持有的态度两个节点，经过网络谣言的传播与群体交互，网民的态度可以分为两类：维持原有观点和观点发生改变。维持原有观点的网民在谣言传播中属于相对稳定的群体，观点发生改变的网民则是随着群体交互和网络谣言话题的扩散而发生了态度变化。本书设计的网络谣言实验在指定群体中传播了三则谣言，在实验对象态度的统计中，发现其观点变化率都接近24%。在网络谣言传播过程中，谣言内容和群体行为是如何影响网民最终态度的？网民态度为何发生改变？针对上述问题，本书将使用数据挖掘理论分析其中的客观规律。在网络谣言传播中，网民的态度相对明确，在设计问卷时也采集了网民对于网络谣言信度的数据，因而可以用有监督的学习研究网民态度形成和演化的基本规律。

本书设计的问卷共有 25 道问题，其中的若干问题可分为多项子问题，以谣言的最终观点为输出变量，进行建模指标抽取，利用决策树、神经网络等分类算法对网民态度演变的动因进行分析，给出网民态度演变的规律（图 7.3）。

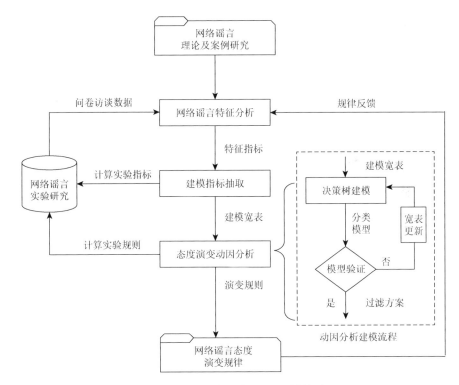

图 7.3 网民态度演变的动因分析框架

⭐ 7.4.3 网络谣言态度演变建模

在网络谣言实验研究中共获取有效问卷 155 份，将问卷录入 Microsoft SQL Sever 2008 数据库，对问卷答案进行细化和处理最终得到 70 个字段，构成数据挖掘建模的宽表（表 7.11）。

表 7.11　态度演变建模宽表字段

字段类别	字段名称
基本信息	姓名、籍贯、宿舍、朋友圈、个人兴趣、热点、专业学习、上网习惯、猎奇、内容合理、图片视频、有人证实、权威发布、自身判断、网络热度、其他、性格
谣言最初观点行为	实习渠道、转基因渠道、交流生渠道、信息源、实习源类别、转基因类别、交流生类别、实习初始信度、转基因初始信度、交流生初始信度、实习初始感觉、转基因初始感觉、交流生初始感觉、实习观点影响、转基因观点影响、交流生观点影响、实习求证方式、转基因求证方式、交流生求证方式
谣言传播中的态度与行为	实习内容关注、转基因内容关注、交流生内容关注、实习处理、转基因处理、交流生处理、实习传播渠道、转基因传播渠道、交流生传播渠道、实习交流对象、转基因交流对象、交流生交流对象、实习传播动机、转基因传播动机、交流生传播动机、实习信息编辑、转基因信息编辑、交流生信息编辑、实习群体态度、转基因群体态度、交流生群体态度、实习群体一致、转基因群体一致、交流生群体一致、实习持续关注、转基因持续关注、交流生持续关注、观点转变、观点对立
最终态度与行为	实习终信度、转基因终信度、交流生终信度、应对不实行为、澄清方式

　　表 7.11 中的字段以网络谣言传播生命周期为主线记录了谣言传播过程中实验对象的态度与行为信息，态度方面主要关注实验对象对于每一则谣言最初的信任程度和最终的信任程度，行为方面主要关注实验对象在信息传播过程中的求证、信息处理、编辑、交流和传播等行为，并采集了网络谣言传播过程中个体的一些认知、立场等信息。建模的基本思路是以实验对象对每一则谣言的最终信度为输出，研究其他指标对网民最终信度的影响，进而分析网民最终观点的形成规律。

　　将样本按照最终是否相信谣言分为两类，通过数据挖掘中的分类算法获取态度识别规则。决策树算法是较常用的分类算法，得出的规则容易解释，但单决策树模型会存在过度剪枝和分类不足的情况，本书采用决策树推进算法（Boosting）建立分类模型，通过多决策树表决减少变量和误差的干扰，提高建模准确度[60]。以表 7.11 中的字段作为建模变量，以谣言的最终信度作为模型的目标变量，用随机抽样法将样本划分为训练集和测试集（比例为 7∶3）。通过训练集构建模型（108个样本），本书主要使用 C5.0 和 C&RT 两种算法。考虑网民态度识别准确性要求，采用响应图作为模型的评价标准，调整参数获取较优模型。

　　为对实验对象的观点变化规律进行定量分析，对宽表中的建模指标进行了初步筛选，剔除其中学号、姓名、宿舍等发散性基本统计信息，信息源、内容关注、交流对象等不确定信息，最终确定建模指标 60 个，使用 Clementine 12.0 软件分别对三则谣言的态度变化进行建模，得出网络谣言传播中网民态度变化的规律。

1）实习谣言中群体态度演变分析

实习谣言是与实验对象相关性最强的谣言，受关注度较高，整体态度变化率为 23.2%，实验对象问卷所反映的态度和行为导致了其最终对谣言的信度，为定性了解各变量与实习谣言最终信度的相关性，使用 BA 神经网络建模得到实习谣言的变量重要性，排名前五位的分别是实习初始信度、实习观点影响、实习初始感觉、朋友圈和实习群体一致（图 7.4），可见实验对象对实习谣言的态度主要受个体认知和群体态度的影响，实习初始信度影响较大，网民的初始认知往往决定了对事件的判断；对内容本身的态度反映了网民的个体倾向，也会影响最终的判断；实验对象的观点判断方式和群体态度也会影响对象的最终判断。

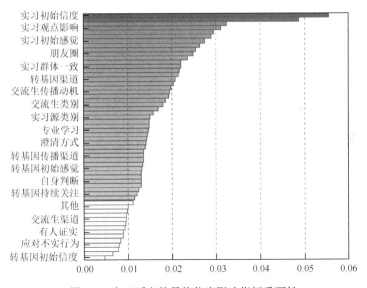

图 7.4　实习谣言的最终信度影响指标重要性

为了定量分析实验对象观点形成的机制，建立实习最终信度指标的分类模型，经多次迭代得出三个准确率和节点分布较合适的模型（模型 1：C&RT 算法；模型 2：CHAID 算法；模型 3：C5.0 Boosting 算法），模型 3 整体响应度最高（图 7.5），可以作为判断实验对象态度倾向的模型。模型 3 由一组决策树组成，在建模过程中会侧重考虑不同变量的影响，通过多次迭代提高模型的整体准确率和稳定性，其主决策树见图 7.6。

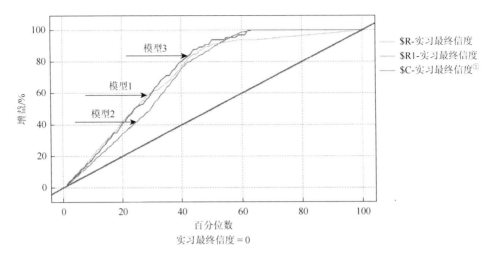

图 7.5　实习谣言模型效用评价响应图

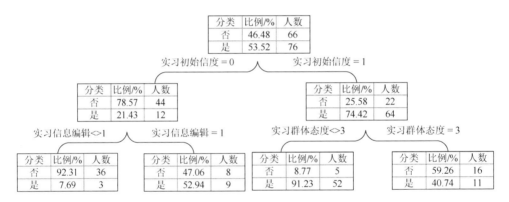

图 7.6　实习谣言模型 3 主决策树

从以上分析可以得出：实习谣言的最终信度主要受初始信度、信息编辑和群体态度的影响，只有四分之一的网民会改变对谣言信息的初始判断，而发生态度改变的网民中大部分是受群体观点或新增信息的影响，不相信实习谣言转化为相信的主要是因为参与了集体讨论并对信息进行了编辑，最初相信实习谣言转化为质疑的主要原因是群体态度为不相信实习谣言。

2）转基因谣言中群体态度演变分析

转基因谣言是近年来广为流传的谣言，争议性较强，实验对象关注度也比较

---

① $R 代表 C&RT 算法；$R1 代表 CHAID 算法；$C 代表 C5.0 Boosting 算法。

高，整体态度变化率为 23.9%，与实习谣言相似的是，初始信度和群体态度仍然是影响转基因信度的主要因素，但与实习谣言不同，转基因谣言相关的信息在互联网上讨论较多，实验对象更多地向网络而非朋友圈求证信息真实性，应对不实行为的方式也影响了实验对象转基因谣言的最终信度。

建立转基因谣言最终信度指标的分类模型，经多次迭代得出三个准确率和节点分布较合适的模型（模型1：C&RT 算法；模型 2：CHAID 算法；模型 3：C5.0 Boosting 算法），模型 2 整体响应度最高（图 7.7），故选择此模型作为客户评分的模型。此模型由单决策树构成（图 7.8）。

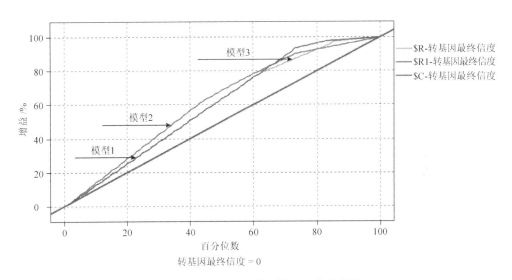

图 7.7　转基因谣言模型效用评价响应图

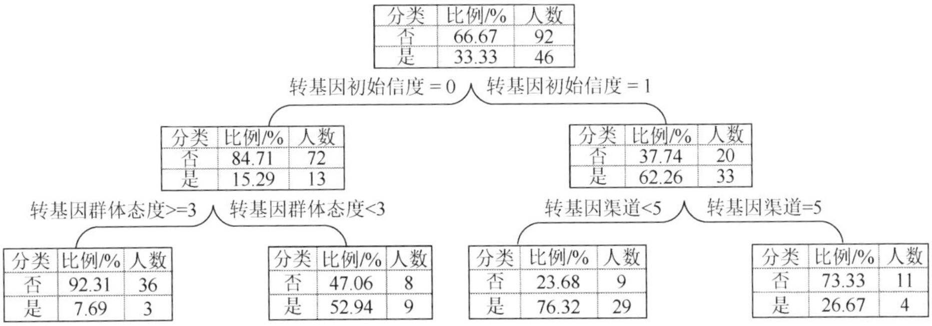

图 7.8　转基因谣言模型 2 决策树

从决策树模型可以看出：转基因谣言的最终信度主要受初始信度、群体态度和渠道的影响，最终实验对象对谣言不相信占比较大，最初不相信转基因谣言的实验对象中有 84.71% 始终质疑谣言，最初相信转基因谣言的有 37.74% 转变了观点，从不相信转换到相信的主要原因是周边群体相信，从相信转化为不相信的主要原因是参与了转基因谣言的口口相传讨论和深度分析。

3）交流生谣言中群体态度演变分析

交流生谣言主题是学习与进修，由于考虑出国进修的学生数量不多，因而这一则谣言的利益相关者数量较少，有利于分析利益相关者数量对谣言传播的影响。群体态度和个体感觉是影响实验对象交流生谣言信度的主要因素，涉及求证行为的指标影响较小。

为了深入分析交流生谣言态度演变动因，建立交流生谣言最终信度指标的分类模型，经多次迭代得出三个准确率和节点分布较合适的模型（模型 1：C&RT 算法；模型 2：CHAID 算法；模型 3：C5.0 Boosting 算法），模型 2 整体响应度最高（图 7.9），故选择此模型作为客户评分的模型。此模型由单决策树构成（图 7.10）。

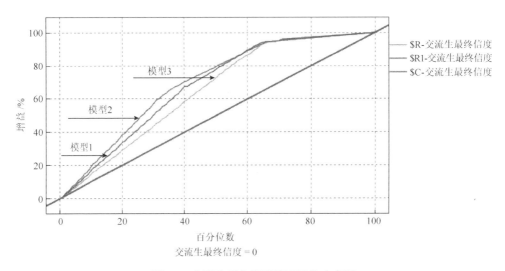

图 7.9　交流生谣言模型效用评价响应图

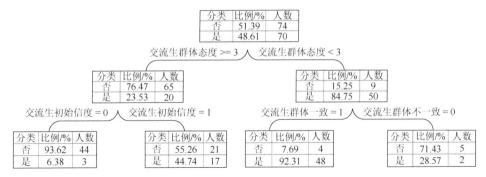

图 7.10　交流生谣言模型 2 决策树

模型 2 决策树表明：交流生谣言的最终信度主要受群体态度、初始信度和群体一致性的影响。首先，群体态度会影响最终信度，这则谣言最终相信与不相信的群体相当，绝大多数个体相信谣言是因为周边群体相信（71.43%），而个体不相信谣言是因为群体不相信；其次，最终信度也会受初始信度的影响，初始信度为相信的用户，就算群体态度为不相信，这些用户也会坚持其初始信念，选择相信这则谣言；最后，最终信度也受群体一致性的影响群体不一致的实验对象，其最终信度一般为不相信谣言。

7.5　网络谣言传播的协同演进研究

网络谣言的传播是谣言话题扩散与用户意见交互协同演进的过程，通过网络谣言传播的社会实验研究可以分析网络谣言传播的特征和影响因素，有助于了解网络谣言传播中网民态度变化和群体行为特征，但难以观察和分析网络谣言传播的动态演进过程。计算实验方法可以构建网络谣言传播的协同演进场景模型，分析演化系统的参与主体、协同规则和系统结构，从角色、记忆、偏好、知识、信息等视角刻画网络谣言的参与主体，将主体行为抽象为可实现的交互规则，从参与主体的视角分析网络谣言传播与网民群体行为协同演进的规律。

⭐ 7.5.1　计算实验方法概述

计算实验是以综合集成方法论为指导，融合计算技术、复杂系统理论和演化理论等，通过计算机再现系统活动的基本情景、微观主体的行为特征及相互关联，并在此基础上分析揭示管理复杂性与演化规律的一种研究方法[61]，它是钱学森"人机结合的综合集成研讨厅体系"的一种理解方式，将人对社会系统的组分理解抽象为计算机可实现的主体（agent）[62]，结合专家知识和实验设计者对社会系统的理解设计实验环境、平台和规则，在此条件下观察对象的行为规律和演化过程。

计算实验属于社会计算的范畴，国外学者把对用户数据的计算分析用于社会群体行为研究的方法称为社会计算，2009 年 Lazer 等在 *Science* 上提出了计算社会学，认为网民在互联网上的信息行为（如论坛、博客、播客、电子邮件和即时通信等）是对现实社会人和群体行为的反映，可以利用网络数据对网民群体的行为模式进行分析[63]。国内学者对计算实验的研究集中在理论方法研究和应用研究两方面，理论研究方面以王飞跃教授的 ACP 方法[64]和盛昭瀚教授的计算实验方法[61]比较有代表性，王飞跃教授强调平行系统在复杂社会系统管理中的价值，通过平行系统的仿真来指导现实社会系统的决策行为[65, 66]，盛昭瀚教授则强调通过对社会系统的抽象所建立的计算实验模型能够按照现实社会的规则演化，其演化过程体现了社会系统的运作规则，是社会系统的一种演化可能。使用计算实验方法可对难以获取数据的复杂系统进行实验研究，如对城市交通系统的研究、非常规突发事件的演化仿真、供应链的优化与协调[67]、金融市场行为的仿真、手机舆情演化的仿真[68]和模拟三网融合后服务商平台竞争[69]。

与上述应用相似，计算实验也可应用于网络谣言的演化研究。首先，网络谣言的传播是一个复杂系统，计算实验则能构建虚拟的网络谣言传播系统，便于观察网络谣言传播的协同演进过程；其次，网络谣言是信息在网民个体之间传播的一种特殊形式，通过合理的主体属性和行为抽象可以描述网络谣言的传播过程，并将话题传播子系统与网民态度交互子系统有机融合，通过系统参数的设置来观察网络谣言传播的规律及协同演进的结果；最后，本书通过网络谣言传播的社会实验获取了计算实验相关的角色、传播规则和交互行为等相关的数据，为网络谣言计算实验研究提供了实践支撑。

⭐ 7.5.2　网络谣言态度演变分析框架

网络谣言是谣言信息经互联网媒介传播，通过网民之间的交互协同涌现出的特殊信息传播模式，其形成、传播和扩散是典型的复杂系统演化过程，可从两方面考虑，一是从空间层面对网络谣言传播的网络结构进行分析，将参与主体映射到物理空间，考察谣言网络结构的特征及不同阶段谣言传播的网络拓扑结构，分析主体交互行为对网络谣言传播拓扑结构的影响[70]；二是从时间层面对网络谣言传播系统演化进行研究[71]，构建网络谣言传播的平行系统，通过对系统的结构、属性和交互行为进行分析，对比真实网络谣言的传播过程，总结谣言传播规律，并根据网络谣言演化过程修正虚拟系统规则，实现对谣言的同步监控。本书为了构建网络谣言传播的平行系统设计了可控制的社会实验，将宏观环境构建与个体行为描述相结合来研究谣言系统演化过程，获得了一手数据，本书将侧重从时间层面通过个体行为的模拟来研究网络谣言传播的演化规律，在系统环境构建的基础上给出网络谣言演化系统的框架。

在 Web 2.0 时代，政府、社群组织、企业、媒介和海量用户构成了宏观的网络谣言传播系统。按照计算实验理论对网络谣言传播系统进行抽象[61]，可以划分为话题扩散子系统、群体行为子系统、环境子系统、资源子系统和目标子系统（图 7.11）。这些子系统对网络谣言传播系统的属性、特征、规则和行为进行约束，其中话题扩散子系统和群体行为子系统是核心子系统，决定了谣言的传播与演化过程，话题扩散子系统和群体行为子系统的协同演进决定了网络谣言系统的传播演化；环境子系统、资源子系统和目标子系统是辅助子系统，影响核心子系统的运行与协同。

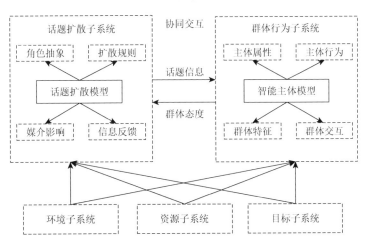

图 7.11　网络谣言传播系统架构

模型的系统层次描述网络谣言传播系统的宏观特征，是构建网络谣言传播系统的前提条件，影响主体属性、主体行为和扩散规则的设定，通过对相关子系统进行分析以确定实验基础。

7.5.3 网络谣言传播系统设计与实现

1. 网络谣言话题传播系统的抽象

对话题传播中 SIR 模型（susceptible infected recovered model）三类角色进行扩展，增加了谣言话题传播系统中的参与主体。网络谣言话题传播的实质是网民之间的信息交互行为，因而本书采用计算实验方法将网络谣言系统抽象为网络谣言传播过程中不同参与主体的特殊交互行为（图 7.12），将网络谣言传播系统的参与主体抽象为网络谣言造谣者、编辑者、传播者（转发者）、接收者（围观者）、辟谣者、网络应用媒介和平台服务商，造谣者是网络谣言的发起者，创建网络谣言并选择媒介和受众进行传播，受众分为编辑者、传播者、接收者和辟谣者四类，编辑者会支持网络谣言并进行信息补充选择受众转发，转发者只是对原有网络谣言进行转发，接收者收到话题后阅读但并不转发，辟谣者对网络谣言持反对态度并阻碍谣言传播。跨越应用媒介进行传播是网络谣言演化的重要特征，在网络信息监管趋严的情况下，对应用媒介与平台服务商加以区分，应用媒介指网络谣言借以传播的应用或渠道，如微信、QQ、贴吧、短信等，而把具有影响力覆盖众多媒介的平台服务商作为网络谣言的监管者，主要包括 BAT[①]等拥有互联网生态的企业及电信服务商，在平台服务商的监管下，部分接收者和辟谣者会向平台服务商投诉，从而引发平台服务商的监控并中断网络谣言的传播，平台服务商也会根据特定规则对热点话题进行监控，外部干预是网络谣言演化的另一重要特征。本书使用用户、媒介和平台服务商等多元化的因素来描述网民之间的交互行为，以上三类主体和五类角色（即造谣者、编辑者、传播者、接收者、辟谣者）共同构成复杂的网络谣言传播系统，其主体特征和交互规则是本书的研究基础。

---

① BAT 是中国互联网公司百度公司（Baidu）、阿里巴巴集团（Alibaba）、腾讯公司（Tencent）三大互联网公司首字母的缩写。

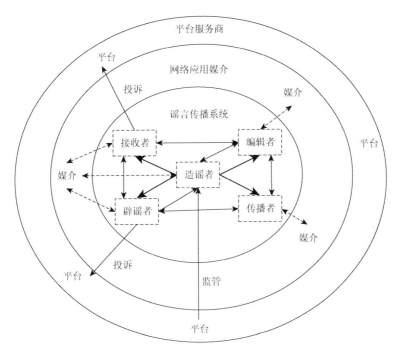

图 7.12　网络谣言传播系统

2. 网络谣言传播系统行为主体描述

网络谣言的传播往往借助不同的媒介完成，并且谣言的某些传播过程会受到平台服务商的监管，本书将探讨网络谣言演化受媒介选择和监管机制的影响。将网络谣言传播系统的主体抽象为用户、媒介和平台服务商三类，用户选择媒介进行谣言信息的传播，平台服务商在信息传播过程中进行监管，共同构成网络谣言传播系统。

第一类：用户 Agent。

用于描述网络谣言传播系统中网民的属性与行为，用户 Agent 可以分为五类：网络谣言造谣者、编辑者、传播者、接收者、辟谣者。驱动网民传播谣言的动因主要有谣言利益相关性、媒介偏好、社交范围、社交活跃度和投诉活跃度等方面，构成用户 Agent 的属性约束，在模型构建中主要考虑用户 Agent、媒介 Agent 和平台服务商 Agent 之间的交互属性，为便于系统实现对用户 Agent 之间的交互属性作简化处理，用信息传播半径来表示用户的社交范围。用户 Agent 属性设计见表 7.12。

表 7.12　用户 Agent 属性

属性名	属性范围	备注
用户编号	$0\sim1$	识别主体
用户类型	$1\sim5$	包括造谣者、编辑者、传播者、接收者、辟谣者
信息制造偏好	$0\sim1$	对信息制造和修改的偏好程度
媒介偏好	$0\sim n$	传播首选媒介
社交范围	$0\sim n$	信息传播半径
投诉活跃度	$0\sim1$	对谣言投诉的概率
社交活跃度	$0\sim1$	转发谣言的概率
所属服务商	$0\sim n$	用户选择的服务商
网络信息信任度	$0\sim1$	标识个体接收网络信息的信任程度

第二类：媒介 Agent。

用于描述网络谣言传播系统中媒介的属性与行为，媒介是网络谣言传播的应用载体，具体包括短信、彩信、微博、博客、微信和论坛发帖等形式，不同媒介的差异体现在网民选择和监管方面。网民会选择特定媒介作为信息发布与浏览的平台，网络谣言信息通过特定媒介传播到特定对象，媒介之间的差异主要体现在用户规模和传播到达率，传播到达率则由媒介本身特性决定。媒介 Agent 属性设计见表 7.13。

表 7.13　媒介 Agent 属性

属性名	属性范围	备注
服务商编号	$0\sim1$	识别主体，少量
市场占有率	$0\sim1$	用户比率
主动监管强度	$0\sim1$	监管政策强度
被动监管强度	$0\sim1$	用户投诉响应率
服务质量	$0\sim1$	平台服务商服务质量，决定媒介使用率
服务商信度	$0\sim1$	用户和媒介对服务商的信赖程度

第三类：平台服务商 Agent。

用于描述网络谣言传播系统中平台服务商的属性与行为，平台服务商为谣言信息的传播提供网络平台并履行监管的职责。平台服务商的监管分为主动监管和被动监管两类（表7.14），前者指服务商通过设置监管规则对单位时间内信息传播频率、信息传播范围超阈值等信息异动行为的主体停止信息传播权限或者人工鉴别后进行处理，后者指服务商响应网民主体投诉对信源主体停止传播权限。服务商的服务质量还会影响应用媒介的使用率，服务质量越好、数据传输需求越大的媒介使用率越高。

表 7.14　平台服务商 Agent 属性

属性名	属性范围	备注
服务商编号	0～1	识别主体，少量
市场占有率	0～1	用户比率
主动监管强度	0～1	监管政策强度
被动监管强度	0～1	用户投诉响应率
服务质量	0～1	平台服务商服务质量，决定媒介使用率
服务商信度	0～1	用户和媒介对服务商的信赖程度

3. 网络谣言传播系统规则设定

网络谣言传播系统参与者众多且跨越不同的应用媒介是典型的复杂系统，无法用确定性的模型加以描述，由于涉及平台服务商的商业机密及网民个人隐私，很难获取系统详细数据进行定量分析，通过计算实验来仿真系统运行可以观察不同影响因素制约下系统的演化规律，为网络谣言的演化研究提供实验平台。NetLogo 是一个进行复杂系统仿真建模的程序平台[72]，它将复杂系统中的角色抽象为独立的主体（Agent），通过对主体属性和交互规则的设置来模拟随时间变化的复杂系统，通过微观的主体交互观察宏观系统的运行过程，找出系统演化的规律。

根据网络谣言的传播系统协同演进模型，假设互联网上平台服务商数量为 N，媒介数量为 M，用户数量为 C，按照表7.12～表7.14设计三类主体的属性和主要行为见表7.15。

表 7.15　主体行为汇总

主体名称		主要行为
平台服务商		设定监管规则/处理投诉
媒介		影响使用媒介的用户/传播话题
用户	造谣者	选择媒介/传播话题
	接收者	接受话题/投诉谣言
	转发者	选择媒介/转发话题
	编辑者	创建子话题/选择媒介/发送子话题
	辟谣者	编辑评论谣言/选择媒介/投诉谣言

★ 7.5.4　网络谣言协同演进的计算实验

为了模拟网络谣言传播的真实场景,设置实验场景为 100×100 的空间,假设系统空间中有 3 家平台服务商提供服务(模拟我国百度、腾讯、阿里巴巴三大平台运营商),用星型表示,通过坐标设置 3 家平台服务商主体在几何空间平均分布,不妨假设存在 6 种信息传播媒介(用圆形表示),最初系统中有 100 位网民参与(用人形表示),设置网民主体的进入和退出机制,如被投诉的谣言传播源会退出系统,用户增长率可调,初始设置为 1%,按照本书设定规则初始化(图 7.13)。

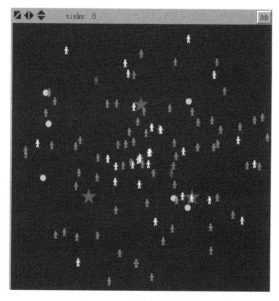

图 7.13　系统初始模型

1. 平台服务商对网络谣言传播的影响

调整服务商监管强度参数，观察网络谣言演化规律，将监管强度设置为0、0.5、1，分别表示无监管、中度监管和严厉监管，观察各类用户数量、比例和状态的变化，设置每个网民主体对谣言的信任程度，当网民接触到谣言时，对信度进行初始化，初始值在0～1正态分布，并在网络谣言传播演化过程中动态变化，受造谣者、编辑者、传播者和辟谣者影响，为了便于分析网民态度的变化，将信度大于 0.8 的网民识别为信谣者，将信度小于0.2的网民识别为不信谣者，并记录接收到谣言的网民（图7.14）。

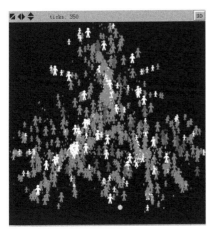
(a) 监管强度设置为0

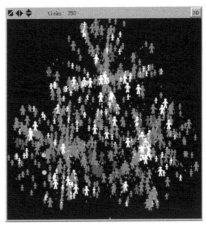
(b) 监管强度设置为0.5

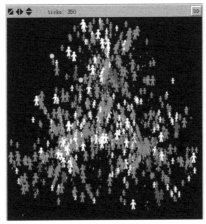
(c) 监管强度设置为1

图 7.14   系统演化到 300 时步状态图

通过图 7.14 所示不同监管强度网络谣言传播系统演化图可以看出，平台监管主要影响信息源的数量，并进而影响接收者数量（图中较大的人形表示信谣者，较小的人形表示不信谣者）。从网络谣言演化系统中各角色的比例来看，传谣者比例受监管强度影响比较大，监管强度越大，传谣者比例越低，其他几类角色比例变化不大（图 7.15）。从谣言扩散速度来看，无监管系统中，谣言初始扩散速度快，信谣者比例较高；严厉监管系统中，谣言初始扩散速度慢，信谣者比例低；中度监管系统扩散速度介于二者之间（图 7.16）。从谣言信度比例分析，信谣者比例与监管强度负相关，但随着推移，监管效应逐渐弱化，而监管越强，则不信谣网民比例增加较明显。

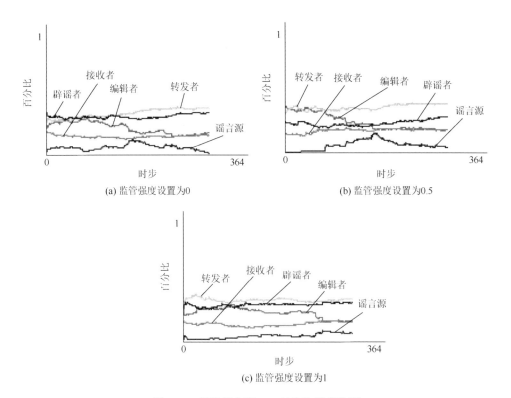

图 7.15　系统演化到 300 时步比例变化图

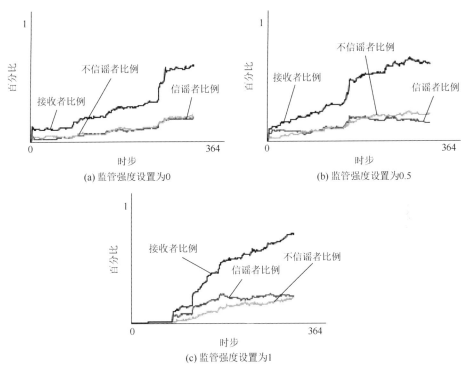

(a) 监管强度设置为0 (b) 监管强度设置为0.5

(c) 监管强度设置为1

图 7.16 系统演化到 300 时步谣言信度图

表 7.16 显示了不同监管强度下舆情演化中各类角色数量及比例变化情况，数据表明当系统运行到 200 时步时不同监管强度下网民群体比例没有明显差异，但运行到 300 时步各群体数量基本稳定后，从群体行为分布来看，监管最弱的系统传播者比例最高，辟谣者比例最低，说明监管能有效减少转发比率，抑制衍生话题的产生；此外，监管强度越高，参与到系统中了解谣言信息的网民数量越多，媒体监管往往会导致事件关注度上升，因而更多的网民会关注谣言信息。在监管较弱的情况下，网民容易听风是雨地参与讨论，添油加醋地转发谣言，导致衍生话题增加，与现实中网络谣言层出不穷相呼应；另外，在不同的信息监管强度下，编辑者、传播者、接收者等角色比例会随时步趋于稳定，监管因素的存在使得旧的话题消散与新话题产生相平衡，促进系统稳定。可见在有监管的网络谣言传播系统中，可以通过调整监管强度来调控网络谣言爆发频率与传播速度，监管强度越大，谣言传播者越少，信谣者比例降低，因而政府部门可以通过建立谣言举报机制来控制网络谣言的传播。

表 7.16　监管强度对舆情演化的影响

监管强度	演化结果										
	200 时步						300 时步				
	总数	A/%	B/%	C/%	D/%	E/%	总数	A/%	B/%	C/%	D/%	E/%
0	481	6.6	18.1	35.8	17.7	21.8	981	6.6	16.1	32.7	14.9	29.7
0.5	502	6.3	17.3	34.5	14.1	27.8	1010	3.5	16.7	36.0	16.0	26.8
1	525	3.8	22.7	32.1	13.0	28.4	1179	1.2	16.7	35.4	15.7	32.0

注：A 表示造谣者；B 表示编辑者；C 表示转发者；D 表示接收者；E 表示辟谣者。

2. 媒介对网络谣言传播的影响

将终端与应用抽象为计算实验的媒介主体，考察媒介数量及特征对网络谣言传播的影响。不妨假定服务商监管强度为 0.5，其他参数固定不变，观察媒介数量变化时网络谣言传播系统中用户数量、类别和信谣率等指标。从图 7.17 可以看出，在网络谣言产生初期，媒介数量越多，谣言传播的速度越快，相信谣言的网民数量更多。随着时间的推移，网络谣言会进入爆发扩散期，媒介对谣言传播的影响

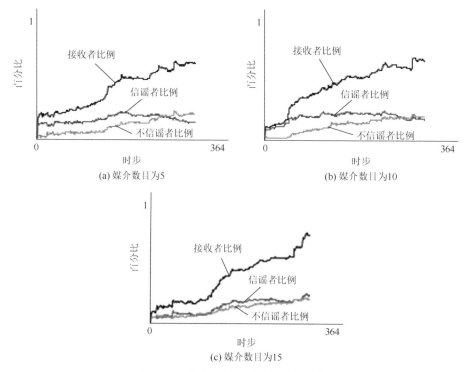

图 7.17　媒介数量对谣言传播的影响

递减，最终网民的接收率、信谣率和不信谣率比较接近，可见媒介主要影响网络谣言的初始扩散速度，媒介数量越多，初始扩散越快。

在实验过程中发现，媒介在仿真二维空间的位置会影响最终结果。例如，三个媒介参与的系统，如果两个媒介初始距离很近，则实验结果不确定性较大，因而在实验过程中需要设置媒介按几何规则均匀分布在仿真空间中，经过多次实验，对网络谣言传播中的用户群体进行分析，得到表 7.17 所示结果。实验结果表明：经过 300 时步演化群体数量稳定后，不同媒介数量的网络谣言传播系统差异较明显，从参与网民主体来看，媒介数量越多，参与网民数越多，网民的接收率越高；从参与网民的群体行为来看，媒介数量越多，参与讨论网络谣言的网民比例越高，谣言更容易产生衍生话题；从网民态度分析，媒介数量增多，网民中信谣者的比例会显著增加，而不信谣的比例相对而言变化不大，说明信谣网民具有一定盲目性，受媒体关注度影响，而不信谣的网民相对理性，符合社会实验调查结论。上述分析印证了 Web2.0 时代新应用的涌现也是当前网络谣言频发的重要原因，以微信、微博为代表的智能手机新型应用广泛使用促使移动互联网成为网络谣言传播的重要载体，限制网络谣言在不同媒介的传播能有效抑制谣言的扩散，减少信谣传谣网民比例。

表 7.17　媒介数量对网络谣言演化的影响

媒介数量/个	演化结果 300 时步								
	总数	A/%	B/%	C/%	D/%	E/%	信谣者比例/%	不信谣者比例/%	接收率/%
5	926	0.5	16.6	33.7	17.5	31.7	13.5	19.4	58.5
10	996	1.3	14.5	33.0	15.2	36.0	16.4	18.3	61.0
15	1184	8.9	12.1	32.3	17.7	29.0	21.7	18.4	68.0

注：A 表示造谣者；B 表示编辑者；C 表示转发者；D 表示接收者；E 表示辟谣者。

3. 用户对网络谣言传播的影响

用户是网络谣言的参与主体，用户数量、密度、信息交互行为都会影响网络谣言传播，使用计算实验建模来考察用户数量及其投诉行为对网络谣言传播的影响。假设系统中有三家服务商，有六种应用媒介，监管强度为 0.5，其他参数同上一部分设置，调整初始用户数量，记录网络谣言演变过程中系统变化情况（表 7.18）。数据显示初始用户数量与系统中谣言话题源的数量负相关，初始用户数量越大，演化到 300 时步之后谣言话题源用户（A 类）和编辑者（B 类）比例越低，主要原因是引入了监管投诉机制，用户密度越大，网络谣言源被投诉的比例越高，初始用户数量对传播者、接收者和辟谣者比例影响不明显；初始用户数量与接收率正相关，即用户初始密度越大，演化至 300 时步时接收率越高。研究结果表明在网络谣言传播过程中，用户密度越大，信息扩散速度越快，与之对应的是舆情消散的速度越快。在现实生活中，用户密度比较稀疏的地区（如农村），涉及的网络谣言数量较少、扩散较慢，但一旦形成会引起持久的关注，所以在用户密度稀疏的地区往往会存在大量的乡野传说；而发达地区则成为网络谣言的高发地，网络谣言扩散速度快，大多数谣言会在短时间内被新的谣言取代而消散。

表 7.18　用户数量对舆情演化的影响

用户数量/个	演化结果 300 时步								
	总数	A/%	B/%	C/%	D/%	E/%	信谣者比例/%	不信谣者比例/%	接收率/%
50	753	2.4	20.4	33.9	14.9	28.4	12.9	11.9	41.4
100	1010	1.2	16.7	35.4	14.7	32.0	12.9	20.1	58.8
150	1486	0.7	14.3	36.5	17.5	31.0	12.7	20.1	62.7

注：A 表示造谣者；B 表示编辑者；C 表示转发者；D 表示接收者；E 表示辟谣者。

7.6　本章小结

通过本章研究可以得出以下结论。

从网民互联网使用习惯和网络谣言传播的初始特征分析，网民主要根据自我喜好来选择信息，且认为自己的观点来自理性判断。实验者的初始判断与实验的真实度假设基本一致，验证了信息合理度是网民判断的基本依据，以往研究认为信息源决定了谣言的传播媒介[73]，而实验结果表明信息内容比信息源更能影响谣言的传播媒介，接收者会主动选择最能验证信息真伪的渠道来传播谣言。

从网络谣言话题扩散中的参与度、渠道、动因和群体态度进行分析，网络谣言的传播以病毒式扩散为主，也存在一定比例的跳跃传播或面式传播，谣言传播存在明显的遗忘性，接收者对信息的关注度会逐渐降低。三则谣言中态度改变的比例接近，且态度演变的原因主要是从众，谣言态度发生群体冲突时大多数个体是沉默的，同时会向外部求证信息，直到达成群体一致后网民会选择向周边个体传播自己的态度，Ising 模型所假定的意见传播机制在网络谣言传播中也发生了变化，态度交互率与态度一致性密切相关，一致性越大，交互率越高，而且态度的交互也存在层级，而不仅仅是向身边的个体传播[74]。

谣言实验的传播过程记录表明谣言的话题衍生是普遍现象，群体通过集体讨论对获取信息的真伪进行验证，讨论过程中会衍生与谣言相关的话题，初次讨论的一致性会影响群体中个体的传播行为，达成一致的谣言被传播率较低，观点分歧较大的谣言再传播率较高，谣言信息的传播不仅是信息分享也是信息验证的过程。

在对主题、内容各不相同的三则网络谣言的传播与网民态度演变的对比分析中，实验对象的态度和行为呈现了很多相似的规律，一是三则谣言的态度转变率都接近 24%，说明网民的态度转变与谣言话题无关，与网民个体的性格和认知相关。二是网民的最终态度主要与初始认知和群体态度相关，网民的初始认知难以改变，而改变的主要原因往往是与群体认知不符。在态度演变影响因素方面，三则谣言也存在明显的差异，在群体观点比较均衡的谣言中（交流生谣言），网民比较关心小群体的一致性，认为群体不一致的会选择与群体相左的观点，在群体观点不均衡的谣言中（转基因谣言），口头交流和深度分析会增加个体信息量并选择与群体相左的观点。实习谣言中，实验对象的信息编辑会导致观点演变，证明了信息获取行为也是网民态度演变的重要原因。转基因谣言中，传播渠道是网民态度演变的重要原因，尤其是小群体的集中面对面讨论导致众多实验对象态度发生转变。交流生谣言中，群体不一致性是影响网民态度的重要原因。

谣言传播协同演进的计算实验结果表明，无监管系统中较易产生网络谣言和衍生话题；平台服务商的监管会导致更多网民了解相关信息，但会显著降低传谣者比率，提升不信谣言网民的比率；应用媒介数量、用户数量与信息传播速度呈正相关，媒介越多，谣言初始传播速度越快，但不会影响系统稳定状态时各类用户的比例，用户密度越大，网络谣言扩散速度越快，谣言话题越易消退。

参 考 文 献

[1]   Shibutani T. Improvised News：A sociological Study of Rumor[M]. New York：Bobbs-Merrill，1966.

[2]   Kosfeld M. Rumours and markets[J]. Journal of Mathematical Economics，2005，41（6）：646-664.

[3]   Galam S. Modeling rumors：The no plane pentagon French hoax case[J]. Physica A：Statistical Mechanics and its Applications，2003，320（11）：571-580.

[4]   Zhao L J. Wang J J，Chen Y C，et al. SIHR rumor spreading model in social networks[J]. Physica A：Statistical Mechanics and its Applications，2012，391（7）：2444-2453.

[5]   Rosnow R L，Fine G A. Rumor and gossip：The social psychology of hearsay[J]. Public Relations Review，1978，4（2）：50-51.

[6]   Sudbury A. The Proportion of the Population Never Hearing a Rumour[J]. Journal of Applied Probability，1985，22（2）：443-446.

[7]   奥尔波特，波斯特曼. 谣言心理学[M]. 刘水平，梁元元，黄鹏，译. 辽宁：辽宁教育出版社，2003：3.

[8]   Knapp R. A psychology of rumor[J]. Public Opinion Quarterly，1944，8（1）：22-37.

[9]   Difonzo N，Bordia P. Rumor，gossip and urban legends[J]. Diogenes，2007，54：19-35.

[10] Nekovee M，Moreno Y，Bianconi G，et al. Theory of rumour spreading in complex social networks[J]. Physica A Statistical Mechanics & Its Applications，2008，374（1）：457-470.

[11] Zhang X C. Internet Rumors and Intercultural Ethics——A Case Study of Panic-stricken Rush for Salt in China and Iodine Pill in America After Japanese Earthquake and Tsunami[J]. Studies in Literature and Language，2012，4（2）：13-16.

[12] 王国华，方付建，陈强. 网络谣言传导：过程、动因与根源——以地震谣言为例[J]. 北京理工大学学报（社会科学版），2011，13（2）：112-116.

[13] 张雷. 论网络政治谣言及其社会控制[J]. 政治学研究，2007，（2）：52-60.

[14] 范升建. 网络环境下公共突发事件中的谣言传播研究[D]. 南昌：江西财经大学，2012.

[15] 佚名. 网络舆情的引导与管控[J]. 人民论坛，2018，（24）：52.

[16] Howell L，World Economic Forum. Global Risks 2013[EB/OL]. http://reports.weforum.org/global-risks-2013/?doing_wp_cron＝1562202742.5737149715423583984375[2013-01-01].

[17] 巢乃鹏，黄娴. 网络传播中的"谣言"现象研究[J]. 情报理论与实践，2004（6）：586-589，595.

[18] 李军林. 网络谣言的成因及对策[J]. 传媒观察，2008（12）：52-53.

[19] Komi A. Analysis of the impact of education rate on the rumor spreading mechanism[J]. Physica A：Statistical Mechanics and Its Applications，2014，414（11）：43-52.

[20] Michael A，Valerie S，Lars P. Consumer Responses to Rumors：Good News，Bad News[J]. Journal of Consumer Psychology，1997，6（2）：165-187.

[21] Thomas O，Sam H. Information sources，news，and rumors in financial markets：Insights into the foreign exchange market[J]. Journal of Economic Psychology，2004，25（3）：407-424.

[22] Zhao X X，Wang J Z. Dynamical Model about Rumor Spreading with Medium[J]. Discrete Dynamics in Nature and Society，2013：1-9.

[23] 王靖元，张鹏，刘立文，等. 网络谣言传播效能评价研究[J]. 情报杂志，2016，35（1）：105-109.

[24] Dickinson R E，Pearce C E. Rumours，epidemics，and processes of mass action：Synthesis and analysis[J]. Mathematical and Computer Modelling，2003，38（11）：1157-1167.

[25] Kimmel A J. Rumors and Rumor Control：A Manager's Guide to Understanding and Combatting Rumors[M]. Mahwah，NJ：Lawrence Erlbaum Associates，2004：116.

[26] Lilley，Rozanna. Rumour has it：The impact of maternal talk on primary school choice for children diagnosed with autism[J]. International Journal of Inclusive Education，2015，19（2）：183-198.

[27] Clouser，Rebecca. Reality and rumour：The grey areas of international development in Guatemala[J]. Third World Quarterly，2017：1-17.

[28] Difonzo N，Bordia P. Corporate rumor activity，belief and accuracy[J]. Public Relations Review，2002，28（1）：1-19.

[29] Lebensztayn E，Machado F，Rodríguez P. On the behaviour of a rumour process with random stifling[J]. Environmental Modelling & Software，2011，26（4）：517-522.

[30] 沈超，周姝怡，朱恒民. 网络谣言传播中群体角色研究[J]. 情报杂志，2016，35（11）：113-118.

[31] 李华俊. 网络集体行动组织结构与核心机制研究[D]. 上海：上海大学，2012：76.

[32] 张玉亮，贾传玲. 突发事件网络谣言的蔓延机理及治理策略研究[J]. 情报理论与实践，2018，41（5）：95-100.

[33] 江晓奕. 网络谣言传播现象探究[J]. 东南传播，2009，56（4）：71-73.

[34] Casademont Falguera X，Cortada Hortalà P，Prieto-Flores Ò. Citizenship and immigrant anti-rumour strategies：A critical outlook from the Barcelona case[J]. Citizenship Studies，2017：1-16.

[35] Feyter D，Sophie. 'They are like crocodiles under water'：Rumour in a slum upgrading project in Nairobi，Kenya[J]. Journal of Eastern African Studies，2015，9（2）：289-306.

[36] 欧英男. 分析谣言传播扩散的生命周期[J]. 今传媒，2011，（7）：50-51.

[37] 任一奇，王雅蕾，王国华，等. 微博谣言的演化机理研究[J]. 情报杂志，2012，31（5）：49-54.

[38] 张敏，朱明星. 国际网络谣言核心知识体系及演化研究[J]. 图书馆学研究，2015，（10）：88-93.

[39] 殷飞，张鹏，兰月新，等. 基于系统动力学的突发事件网络谣言治理研究[J]. 情报科学，2018，36（4）：57-63.

[40] 张亚明，唐朝生，李伟钢. 在线社交网络谣言传播兴趣衰减与社会强化机制研究[J]. 情报学报，2015，34（8）.

[41] 曾燕波. 中国实验对象生活方式研究[J]. 当代青年研究，2008，（9）：36-49.

[42] 张林，张向葵. 态度研究的新进展——双重态度模型[J]. 心理科学进展，2003，11（2）：171-176.

[43] Aronson E，Wilson T D，Akert R M. 社会心理学[M]. 侯玉波等，译. 北京：中国轻工业出版社，2005.

[44] 吴新平，徐艳. 态度三要素视角下青年马克思主义者培养情境的创设[J]. 思想教育研究，2011，（11）：26-29.

[45] Balahur A. Sentiment analysis in social media texts[C]//Proceedings of the 4th Workshop on Computational Approaches to Subjectivity，Sentiment and Social Media Analysis，2013：120-128.

[46] 李春玲. 态度改变理论与师德教育创新[J]. 外国中小学教育，2012，（9）：41-46.

[47] Kelman H. Processes of oplnion change[J]. Public Opinion Quarterly，1961，25（1）：57-78.

[48] 方付建，王国华. 涉官事件中的网民态度倾向研究[J]. 华中科技大学学报（社会科学版），2011，2：106-112.

[49] 王恩界，王盈. 从一起网络谣言看网民态度的基本特征[J]. 东南传播，2010，5：45-47.

[50] Pang B，Lee L. Opinion mining and sentiment analysis[J]. Foundations and Trends in Information Retrieval，2008，2（1）：1-135.

[51] Guo Z，Faming Z，Fang W，et al. Knowledge creation in marketing based on data mining[C]//International Conference on Intelligent Computation Technology and Automation，2008：782-786.

[52] Li F，Han C，Huang M，et al. Structure-aware review mining and summarization[C]//Proceedings of the 23rd

international conference on computational linguistics，2010：653-661.

[53] Abbasi A，Chen H，Salem A. Sentiment analysis in multiple languages：Feature selection for opinion classification in Web forums[J]. ACM Transactions on Information Systems，2008，26（3）：12-34.

[54] Petz G，Karpowicz M，Fürschuß H，et al. Computational approaches for mining user's opinions on the Web 2.0[J]. Information Processing and Management，2014，50（6）：899-908.

[55] Liu B. Sentiment Analysis and Opinion Mining[M]. San Rafael：Morgan & Claypool，2012.

[56] Chiang H J. A retrospective analysis of prognostic indicators in dental implant therapy using the C5.0 decision tree algorithm[J]. Journal of Dental Sciences，2013，8（9）：248-255.

[57] Dursun D，Cemil K，Ali U. Measuring firm performance using financial ratios：A decision tree approach[J]. Expert Systems with Applications，2013，40（8）：3970-3983.

[58] Michel J，Anke O，Katja S，et al. Are clusters of dietary patterns and cluster membership stable overtime? Results of a longitudinal cluster analysis study[J]. Appetite，2014，82（11）：154-159.

[59] Chen L H，Dong H B，Zhou Y. A reinforcement learning optimized negotiation method based on mediator agent[J]. Expert Systems with Applications，2014，41（11）：7630-7640.

[60] Breiman L. Bagging predictors[J]. Machine Learning，1996，24（2）：173-202.

[61] 盛昭瀚，张维. 管理科学研究中的计算实验方法[J]. 管理科学学报，2011，5（14）：1-10.

[62] Jeremy P，Daniel R C，Moez D，et al. Interleaving Multi-Agent Systems and Social Networks for Organized Adaptation[J]. Computational and Mathematical Organization Theory，2011，4（17）：344-378.

[63] Lazer D，Pentlang A，Adamic L. Social science：Computational social science[J]. Science，2009，323（2）：721-723.

[64] 王飞跃. 基于社会计算和平行系统的动态网民群体研究[J]. 上海理工大学学报，2011，33（1）：8-17.

[65] 王飞跃. 人工社会、计算实验、平行系统——关于复杂社会经济系统计算研究的讨论[J]. 复杂系统与复杂性科学，2004，1（4）：25-35.

[66] Wang F Y. Toward a paradigm shift in social computing：The ACP approach[J]. IEEE Intelligent Systems，2007，22（5）：65-67.

[67] 刘小峰，陈国华，盛昭瀚. 不同供需关系下的食品安全与政府监管策略分析[J]. 中国管理科学，2010，18（2）：143-150.

[68] 沈超，朱庆华，朱恒民. 基于计算实验的手机舆情演化研究[J]. 情报杂志，2014，33（2）：114-119.

[69] 沈超，朱庆华，刘璇. 基于计算实验的三网融合平台运营演化研究[J]. 情报理论与实践，2012，35（12）：12-18.

[70] Kazuki K. A rumor transmission model with various contact interactions[J]. Journal of Theoretical Biology，2008，253（1）：55-60.

[71] Ji K H，Liu J W，Xiang G. Anti-rumor dynamics and emergence of the timing threshold on complex network[J]. Physica A：Statistical Mechanics and its Applications，2014，411（1）：87-94.

[72] Netlogo[EB/OL]. http://ccl.northwestern.edu/netlogo[2015-04-20].

[73] Zhao X X，Wang J Z. Dynamical Model about Rumor Spreading with Medium[J]. Discrete Dynamics in Nature and Society，2013：1-9.

[74] Glauber R. Time-dependent statistics of the Ising model[J]. Journal of Mathematical Physics，1963，4：294-307.

| **8** | **总　结**

本章对全书的内容进行回顾和总结，详细梳理本书的主要研究结论、研究的现实意义、研究的创新性和局限性，帮助读者系统回顾本书的主要内容。

8.1　互联网群体协作研究结论

通过第 1～7 章对于互联网群体协作理论与应用两个方面的探讨，本书的主要研究结论可以归纳为以下五点。

（1）群体协作广泛存在于现实和虚拟世界的多个领域。目前互联网环境下的群体协作的特点是：分散、独立、不同背景的参与方，受到特定组织或个人的开放式召集，依靠共同的兴趣和认知自愿地组成网络团队，以网络平台，尤其是社交化软件为工具，显性或隐性地通过自组织方式协作完成高质量、高复杂性的团队作品。协作过程以多对多的交流模式为基础，团队理念为导向，融合自底向上和自顶向下的架构模式。团队的物质性和非物质性成果能够有所侧重地被所有参与方及广大的社会公众所分享。

（2）群体协作活动主要包含六个要素（三个核心要素：主体、客体、社群；三个媒介要素：工具、规则、角色）和四个子系统（生产、消费、交流、协作）。群体协作内容生产活动包含四个活动阶段：消费阶段、生产阶段、反馈与协作阶段、冲突与协调阶段，每个阶段有各自的特点、主导信息行为及子系统。群体协作内容生产处于较高级别的活动层，该协作活动可以进一步分解为具体的信息行为（如协同信息查寻行为、协作信息生产行为、对等信息交流行为等），而从行动到操作则是更微观的信息行为研究内容。

（3）用户参与各群体协作活动阶段的深度和频度不同，会导致用户的角色分化和演变。从参与行为角度，可以初步将演绎出以下四类用户角色：第一，短暂试用者，其特点是在很短的时间内贡献了很少量的内容后，就彻底停止了贡献行为。这类用户离开往往不是由于系统的不足，而是由于他们缺乏"利他精神"和必要的耐心而无法坚持下去。第二，中途退场者，其特点是在初期贡献了大量内容后就完全停止了贡献行为。第三，延迟退场者，其特点是在初期和中期进行持续贡献，但是在后期的贡献数量较少甚至停止贡献。第四，长期坚持者，是群体协作团队的核心贡献者。

（4）在群体协作过程中，冲突是一个不容忽视的现象，即使发生比例很小的冲突事件也会对整个群体协作团队运作起到较大的影响作用。冲突分为多个类型，仅从任务型冲突角度来说，群体协作中的用户参与和任务复杂性分别会提升和降低任务型冲突的发生概率，总体来说，任务型冲突有益于群体协作团队绩效，因为它激发了成员之间的知识流动。从网络结构角度看，用户之间冲突所形成的冲突网络可以被分为双边冲突、自我冲突、大规模冲突、星型冲突和链状冲突五种。其中双边冲突和链状冲突负向影响团队绩效；自我冲突结构、大规模冲突结构和星型冲突结构正向影响团队绩效。

（5）通过在网络协作式学习、网络口碑营销和网络舆情等三个方面的实证研究，证明群体协作在互联网的多个领域具有潜在应用价值，而不仅局限于目前存在的娱乐、休闲等领域。从网络协作式学习应用角度看，群体协作能够增加学生在讨论式教学中的观点交流行为，并提升教学成果的质量。通过设计增强的群体协作支持插件，讨论式教学的效果得到进一步增强。从网络口碑营销应用角度看，网购用户能够通过反馈的方式联合形成对于某件商品的购买评价，帮助后续潜在购买者突破虚拟空间的缺陷，形成对于该商品较为完整的购前评估，促成购买决策。此外，在群体协作评价过程中通过自组织方式形成的意见领袖对于其他潜在消费者的购买意愿和行为具有显著的影响作用，该影响不仅来自意见领袖所传播的信息内容和形式，也来自其自身的某些个人特质。从网络舆情应用角度看，由于舆情的产生和传播是网络用户共同协作的结果。因此，对这种群体协作行为进行有效管理和引导显得十分必要。在各种管理措施中，运营商监管被发现是较有效的管理方式之一，在有效引导舆情传播的同时对系统的稳定性、媒介及用户培育均不造成显著影响。

8.2 互联网群体协作研究的现实意义

本书的研究结论对于个人信息管理、企业商业模式，以及日常和突发公共信息服务等方面都具有一定程度的现实参考意义。

1）个人信息管理

如何管理好信息、快捷高效低成本利用信息是个人信息管理过程中的一个重要问题。在传统单机模式下，计算机用户对于资料的保管主要是依赖于对计算机内文件夹的命名、层级分类或者权限设置，该方法常常会出现遗忘、查找不便捷及文档版本不一致等问题。同时，受制个人习惯，许多计算机用户并不将文档归类存放。为了方便管理个人资料，用户需要购买专业管理软件进行操作，这无疑会增加金钱和精力的消耗。在群体协作的诸多应用中，社会化标注和云储存提供了个人信息管理崭新的解决方案。以社会化标注为例，用户能够为某个资源打上多个标签，如时间归属、用途归属、任务归属等。这种水平式的资源管理模式打破了文件夹式的层次模式，有效解决了查找、资源分类模糊等问题。以云储存为例，"金山快盘""百度云网盘"等云储存商业模式极大方便了用户的信息管理。例如，用户可以不用购买或安装办公软件，而直接使用网页版在线办公软件进行文档编辑，并随时随地通过网络访问；如果某位用户已经将某个资源上传至云储存服务器中，则其他用户在上传该资源时将会以"秒传"的方式上传成功，这对于上传大型文件而言具有突出的优势，用户也不再需要购买价格较高的大型存储设备；用户可以在多个计算机上安装文档同步工具，该工具会自动将本地文件与云端文件相比较并更新，使得用户不再被文档版本不一致的问题所困扰。此外，其他利用群体协作方式的软件或算法，如电子邮件的垃圾邮件举报，骚扰电话的群体标记等，也均获得了用户的广泛认可。

2）企业商业模式

随着 IBM、宝洁、海尔等公司在群体协作方面获得的巨大成功，这种协作模式对于企业的吸引力越来越大。群体协作对于商业模式的作用主要有两个方面：营销创新和产品创新。在营销创新方面主要是重视意见领袖的影响。意见领袖的影响，不仅体现在对消费者的购买决策力层面，更重要的是体现在对商品供应商的影响上，其直观表现为改变了卖方的商品结构。目前，越来越多的生产商和销售商会和消费者一样甚至更加关注意见领袖的评价动态，并且根据意见领袖的推荐进行定制生产或组织进货。有影响力的意见领袖的出现极大地促进了电子商务业态的创新，如代购、意见领袖创立自己品牌网站等。卖方可以寻找有影响力的意见领袖，及时跟进他们的推荐信息及时调整产品结构，也可以通过设置意见领袖推荐区，集中销售意见领袖推荐的产品等。在产品创新方面，主要包括由外而内的创新和自内向外的创新两种。前者主要是企业从外部获得所需的资源输入以完善自身的产品，克服自身组织产品研发能力的局限，以更迅速、低成本的方式完成产品创新阶段。而后者主要是企业将自身闲置的技术创新通过授权、转让等方式提供给其他组织以换取利润，形成共赢。需要指出的是，在这种商业模式的转变过程中，企业需要建立严格的供应链质量管控制度，以防止出现单个企业无法预计的质量问题。

3）突发公共信息服务

各类突发的社会事件、自然灾害对政府的应急管理提出了越来越高的要求。如果政府的相关举措没有及时到位，突发事件所造成的后果可能会成倍放大。通过目击者（涉事者）在微博、博客、QQ 群、网站平台等新兴媒介进行的信息发布，以及网络用户的转发等行为，突发事件或需求能够迅速得以扩散，以此得到政府、公众的支持。以四川汶川地震应急救援中的寻人平台为例[1]，成功匹配的寻人记录达到 14 万条之多。但是，从另一个角度而言，目前频发的网络虚假谣言常常具有煽动性的内容，因而很容易被海量转发并产生恶劣的社会影响。由于信息量巨大，互联网监管部门的抽查式监测往往并不能达到非常全面的效果。通过建立大众举报/审核机制、传播媒介控制机制，对于恶性网络舆情的传播能够达到良好的抑制效果。

4）日常公共信息服务

群体协作的运作模式为政府的日常公共信息服务提供了一个崭新的视角。以低收入群体日常公共信息服务为例，低收入者经常被视为经济发展的负担，他们只能被动接受援助，无法主动加入财富创造过程中，使这一庞大群体对社会的依赖性日益增强，投入其中的经济资源无从发挥效率[2]。该群体消费水平和结构与其他群体差异较大，即满足基本生存需要的支出比重较高，精神生活方面的支出极低[3]。低收入者受制于较低的社会经济地位，在信息行为上常常处于非常低的水平：对生活圈之外的信息漠不关心、机遇发现的动机不高、信息渠道单一、预见能力不强；他们更加重视非正式信息交流，并对外部的信息源常常持怀疑态度，而他们对掌握信息去解决日常生活中的难题则有迫切需求。传统经济观念认为低收入群体"开发代价高昂且无利可图"，造成了该群体的信息需求长期被忽视，信息服务和保障得不到满足，是公共信息服务实现中的一个"短板"。传统观点认为，政府公共资源建设、企业社会责任援助或慈善是帮助低收入群体摆脱现状的有效措施，但是目前看来这种观点并非完全正确[4]。目前的信息保障体系主要是在国家、地方政府和社区三级部门的协调下开展对于信息弱势群体的扶助工作，但是实施过程中难以顾全方方面面。

从群体协作的角度来看，政府在构建日常信息服务体系（尤其是针对低收入者）时，应当转变思路，在最靠近公众的信息服务层面引入企业参与，适当放权。通过构建合适的运营策略（如搭建非正式交流元素更多的社区信息服务平台、构建日常信息服务知识库等），企业通过为低收入群体提供所需的服务而获利，低收入群体则通过参与市场活动提高生活水平，减轻政府负担，实现公众参与、企业主导、政府支持的多赢局面。

8.3 互联网群体协作研究的创新点

本书研究的创新之处主要体现在以下四个方面。

（1）通过对已有文献的特征抽取、概念总结和相似概念比较，采用内容分析法深入探讨了群体协作的概念和定义，对互联网群体协作这一概念给出了较为全面的描述，对于群体协作相关研究具有参考价值和规范作用。同时，还探讨了群体协作研究中各种理论的适用性问题，并基于活动理论对开放式群体协作系统的元素、结构、功能和模块进行了深入阐释。认为群体协作活动主要包含六个要素（三个核心要素：主体、客体、社群；三个媒介要素：工具、规则、角色）和四个子系统（生产、消费、交流、协作）。群体协作内容生产活动包含四个活动阶段：消费阶段、生产阶段、反馈与协作阶段、冲突与协调阶段，每个阶段有各自的特点、主导信息行为及子系统。

（2）使用基于时间序列的聚类等方法对真实数据集进行分析，并基于理论和真实数据对群体协作参与者进行细分，指出不同类型的群体协作参与者在使用目的、动机、行为表现等方面的区别。用户参与各群体协作活动阶段的深度和频度不同，会导致用户的角色分化和演变。从参与行为角度，可以分为以下四类用户角色：第一，短暂试用者，其特点是在很短的时间内贡献了很少量的内容后，就彻底停止了贡献行为。第二，中途退场者，其特点是在初期贡献了大量内容后就完全停止了贡献行为。第三，延迟退场者，其特点是在初期和中期进行持续贡献，但是在后期的贡献数量相对较少甚至停止贡献。第四，长期坚持者，是群体协作团队的核心贡献者。

（3）现有群体协作的研究成果大部分集中于针对具体群体协作平台进行描述性统计分析和用户参与动因的分析，少有研究从协作过程角度关注影响群体协作产出的各种因素。本书选取群体协作过程中的典型现象——冲突为研究对象，通过构建理论模型，分析其与协作过程中的其他相关联因素（用户参与、任务复杂性和团队绩效）之间的影响，弥补了现有研究的不足。同时针对目前没有任何群体协作平台具有能够利用冲突、将冲突转化为推动协作绩效的设计的实际情况，本书以维基百科为基础，设计了基于冲突的可视化方案，其有效性随后通过受控实验得到了验证。该设计能够非常容易地迁移到其他基于文本的群体协作平台上，如开源软件平台。

（4）通过群体协作在网络学习、网络口碑、网络舆情的具体应用分析，得出了一些有意义的研究发现。从网络协作式学习应用角度看，群体协作能够增加学生在讨论式教学中的观点交流行为，并提升教学成果的质量；通过设计增强的群体协作支持插件，讨论式教学的效果得到进一步增强。从社会关系及意见领袖个人特质在口碑交流中的作用的角度看，本书弥补了消费者网络协作中交流领域关于影响因素的识别及影响因素的交互作用的相关研究的不足，发现了消费者需求、设计动机、消费者使用行为及实际效果之间存在的差别，为将各个层次的研究进行比较和整合提供了帮助，也为企业营销部门及网站平台针对不同情境制定不同的宣传和营销策略，培养意见领袖提供了指导作用。从网络舆情中谣言传播协同演进的角度看，无监管系统中较易产生网络谣言和衍生话题，因此对这种群体协作行为进行有效管理和引导显得十分必要。

8.4 互联网群体协作研究的局限

在研究过程中，本书还存在以下研究局限。

（1）互联网群体协作的典型应用平台有许多种类，限于数据收集的便利性和可行性（如属文本内容而非多媒体内容、数据源开放），本书只是选取了有限的几种。例如，第3~5章的研究都是以百科系统（维基百科或百度百科）为研究对象的，虽然本书的研究方法、过程和成果可以较方便地移植到其他基于文本类的群体协作平台中（如开源软件平台），但是其他类型的互联网群体协作平台在研究时需要进行适当的改动，具体表现为冲突的表现形式的改变、共识的达成方式的改变等。

（2）在研究过程中，本书以实证研究为导向，无论是数据收集还是模型构建都力求规范性和完整性，但还是存在问题。在数据获取阶段表现为样本量偏少、样本的来源单一等。例如，使用实验室实验法进行基于群体协作的网络学习研究时仅使用了在校大学生为样本进行调研，忽略了其他类型的使用人群（如中学生、中老年人）。在模型构建阶段表现为过于简化、纯化，没有充分考虑真实环境的复杂性。例如，使用计算实验方法研究网络舆情演化过程时，没有深入地分析运营商政策、媒介属性的差异、用户个体行为对舆情传播的影响，对系统参与主体之间的交互行为尤其是信息交互处理较为简单。

（3）本书尽管从理论和应用层面探讨互联网群体协作行为的相关问题，但还缺乏对这些群体协作行为所带来的技术影响或社会影响进行深入分析。例如，在群体活动过程中用户是如何接受、使用这些协作平台的，如何保护用户的个人隐私，群体协作活动对现有的法律法规是否形成新的挑战等。

为此，我们将在互联网群体协作典型应用平台的比较、互联网群体协作实证研究方法的准确性和可靠性，以及互联网群体协作行为对社会的影响等方面做进一步的深入研究。

参 考 文 献

[1] Qiu L，Wu D D，Fu R，et al. Mass Collaboration in Earthquake Risk Management[J]. Human and Ecological Risk Assessment：An International Journal. 2010，16（3）：494-509.

[2] 唐方成，仝允桓，席酉民. 面向低收入群体市场的企业创新模式与可持续发展战略[C]. 厦门：中国系统工程学会第十四届学术年会，2006.

[3] 周江华，仝允桓，李纪珍. 企业面向低收入群体的创新模式研究[J]. 经济与管理研究，2010（10）：12-17.

[4] Prahalad C K. The Fortune at the Bottom of the Pyramid：Eradicating Poverty Through Profits[M]. Upper Saddle River：Wharton School Publishing，2004.

附　录

附录1　内容分析法所使用的文献

编号	文献
1	Richardson M，Domingos P. Building large knowledge bases by mass collaboration[C]//Proceedings of the 2nd International Conference on Knowledge Capture. Sanibel Island，FL：ACM，2003，129-137.
2	Qiu L，Wu D D，Fu R，et al. Mass collaboration in earthquake risk management[J]. Human and Ecological Risk Assessment：An International Journal，2010，16（3）：494-509.
3	Libert B，Spector J. We Are Smarter Than Me：How to Unleash The Power of Crowds in Your Business[M]. Upper Saddle River，NJ：Pearson Education，2010.
4	Crowston K. The motivational arc of massive virtual collaboration[C]//Proceedings of the IFIP WG 9.5 Working Conference on Virtuality and Society：Massive Virtual Communities. Lüneberg：IEEE，2008.
5	Zammuto R F，Griffith T L，Majchrzak A，et al. Information technology and the changing fabric of organization[J]. Organization Science，2007，18（5）：749-762.
6	Fathianathan M，Panchal J H，Nee A Y C. A platform for facilitating mass collaborative product realization[J]. CIRP Annals-Manufacturing Technology，2009，58（1）：127-130.
7	Moorcroft R. Leadershift reinventing leadership for the age of mass collaboration[J]. Manager：British Journal of Administrative Management，2010，（69）：33-33.
8	Ha J K，Kim Y H. An exploration on on-line mass collaboration：Focusing on its motivation structure[J]. International Journal of Social Sciences，2009，4（2）：274-279.
9	Panchal J H，Fathianathan M. Product realization in the age of mass collaboration[J]. ASME Conference Proceedings，2008，2008（43253）：219-229.
10	Wiggins A，Crowston K. Developing a conceptual model of virtual organisations for citizen science[J]. International Journal of Organisational Design and Engineering，2010，1（1）：148-162.
11	Iandoli L. Internet-based decision support systems：leveraging mass collaboration to address complex problems[J]. Journal of Information Technology Case & Application Research，2009，11（4）：1-10.

续表

编号	文献
12	Kim D, et al. Developing idea generation for the interface design process with mass collaboration system[C]// Marcus A. Edits, Design, User Experience, and Usability: Theory, Methods, Tools and Practice. Berlin: Springer, 2011: 69-76.
13	Doan A, Ramakrishnan R, Halevy AY. Mass collaboration systems on the World-Wide Web[J]. Communications of the ACM, 2010.
14	Patrichi M. Threats to using mass collaboration in education[C]. The 7th International Scientific Conference on eLearning and Software for Education Bucharest. Romania, 2011.
15	Croitoru A, Arazy O. Building location-based mass collaboration systems: Challenges and opportunities[C]// Bocher E, Neteler M. Edits, Geospatial Free and Open Source Software in the 21st Century. Berlin Heidelberg: Springer. 2012: 175-189.
16	Potter A, McClure M, Sellers K. Mass collaboration problem solving: A new approach to wicked problems[C]. 2010 International Symposium on Collaborative Technologies and Systems(CTS). Chicago, IL: IEEE, 2010.
17	Elliott M A. Stigmergic collaboration: A theoretical framework for mass collaboration[D]. Australia: Victorian College of the Arts, The University of Melbourne, 2007.
18	Tkacz N. Wikipedia and the politics of mass collaboration[J]. Journal of Media and Communication, 2010, 2 (2): 40-53.
19	Ghazawneh A. Managing mass collaboration: Toward a process framework[D]. Sweden: Department of Informatics, Lund University, 2008.
20	Ramakrishnan R, Baptist A, Ercegovac V, et al. Mass collaboration: A case study [customer support system][C]//Proceedings International Database Engineering and Application Symposium, 2004. Coimbra, Portugal: IEEE, 2004.
21	Holmström J, Främling K, Kaipia R, et al. Collaborative planning forecasting and replenishment: New solutions needed for mass collaboration[J]. Supply Chain Management: An International Journal, 2002, 7 (3): 136-145.
22	Petre M. Distance education: Learning independently together: Mass collaboration in distance education[J]. ACM Inroads, 2010, 1 (1): 24-25.
23	Santonen T. Creating the foundations for mass innovation: Implementing National Open Innovation System (NOIS) as a part of higher education[C]. The Proceedings of the 2nd ISPIM Innovation Symposium. New York: IEEE, 2009.
24	Fischer G. Cultures of participation and social computing: Rethinking and reinventing learning and education[C]. Ninth IEEE International Conference on Advanced Learning Technologies. Riga: IEEE, 2009: 1-5.
25	Yi-Yu, C. New innovation patterns? Lessons learned from digital technology industries[C]. 2011 Proceedings of Technology Management in the Energy Smart World(PICMET). Portland: IEEE, 2011.
26	Tapscott D, Williams A D. Wikinomics: How Mass Collaboration Changes Everything[M]. New York: Penguin Group, 2008.
27	Matthew R. Building the Semantic Web by mass collaboration[C]//The Twelfth International World Wide Web Conference. New York: ACM, 2003.

附录2 谣言传播控制实验调查问卷

介绍语：

各位同学，感谢您参加网络信息传播控制实验，在 2018 年 5 月 15 日~5 月 22 日您可能听到并参与以下信息的传播：a、推荐到某公司实习、就业；b、很多低价油都是转基因油，大家少吃油炸食品；c、开展自费交流生计划。

上述信息仅为实验所设计，真实性有待验证，请勿再向外扩散。为保证实验过程的准确性，本次实验未提前告知，深表歉意。为了便于分析信息传播过程，请您配合做好此份问卷，谢谢！

学号：　　　　姓名：　　　　性别：　　　　籍贯：　　　　宿舍：

A. 您的网络习惯

A1. 您会因为哪些因素而关注互联网上的信息：（直接打"√"即可，下同）

a. 朋友圈转发的信息　　　　　　　b. 迎合个人兴趣爱好的信息

c. 当前热点信息　　　　　　　　　d. 个人专业学习相关信息

e. 上网习惯浏览的信息　　　　　　f. 猎奇

A2. 以下因素对增加您对信息内容的信任度有什么影响：

　　　有决定性影响　　有一定影响　　不确定　　基本没有影响　　完全没有影响

a. 信息内容的合理性　　　　　　　b. 拥有相关的图片视频等

c. 有相关人士的证实或爆料　　　　d. 发布的人或机构比较权威

e. 所写内容和自己的想法相近　　　f. 网上出现大量相同或类似的转帖

g. 其他

A3. 您的性格属于

a. 理智型：深思熟虑，沉着冷静，善于自控

b. 疑虑型：犹豫不决，过敏多疑，易受暗示

c. 情绪型：心境多变，多愁善感，容易冲动

d. 开朗型：乐观外向，积极主动，喜新事物

e. 其他

B. 您最初的观点与态度

B1. 您是否听说过上述三则信息，是从哪个渠道获取的：

信息编号　a. 实习　b. 转基因　c. 交流生

微博/QQ 空间/朋友圈

微信/QQ

短信/邮件

口口相传

没听过

B2. 是＿＿＿＿＿＿＿＿（请填写姓名或学号）告诉您这三则信息，他/她是您的：

信息编号　a. 实习　b. 转基因　c. 交流生

班长

室友

本班同学

其他班同学

B3. 您最初是否相信这些信息：

信息编号　a. 实习　b. 转基因　c. 交流生

完全相信

相信

不确定

不相信

完全不相信

B4. 您最初听到这些信息时，是什么感觉：

信息编号　a. 实习　b. 转基因　c. 交流生

喜悦

好奇

怀疑

担心

无聊

B5. 您最初持有的观点主要受哪些因素影响：

信息编号　a. 实习　b. 转基因　c. 交流生

信息内容

个人兴趣

信息来源

信息发布媒介

其他

B6. 当首次听到这些信息后，您是如何求证这些信息的真实性的：

信息编号　a. 实习　b. 转基因　c. 交流生

没有在意

与同学交流

网络搜索

QQ 聊天

社交网络平台

C. 信息传播中您的态度与行为

C1. 对于传播信息"推荐到某公司实习"，您最关心哪方面的内容：

a. 信息的真实度　　　　　　　　b. 获得推荐的难度

c. 公司的影响力、提供的岗位待遇　d. 自己的专业与兴趣

C2. 对于传播信息"转基因食品危害巨大"，您最关心哪方面的内容：

a. 信息的真实度　　　　　　　　b. 转基因存在的危害

c. 转基因食品是否会影响我自身　d. 身边有哪些转基因食品

e. 如何辨别转基因食品

C3. 对于传播信息"自费交流生计划"，您最关心哪方面的内容：

a. 信息的真实度　　　　　　　　b. 成本收益比

c. 申请的难度　　　　　　　　　d. 有没有其他同学一同申请

C4. 对于三则信息，您是如何处理的：

信息编号　a. 实习　b. 转基因　c. 交流生

置之不理

分享给室友

分享给本班同学

分享给其他班同学

C5. 您是通过以下哪种渠道传播信息的：

信息编号　a. 实习　b. 转基因　c. 交流生

微博/QQ 空间/朋友圈

微信/QQ

短信/邮件

口口相传

C6. 您与哪些同学交流过这些信息：（请填写学号或姓名）

信息编号　a. 实习　b. 转基因　c. 交流生

同学一

同学二

同学三

其他

C7. 您传播这三则信息的动机是什么：

信息编号　a. 实习　b. 转基因　c. 交流生

从众心理，很多人都参与其中

求证心理，想知道信息的真相

信以为真，想让更多的人知道

纯属娱乐，感觉比较好玩

C8. 您在将信息转述给其他人时，是否加入了自己的观点：（具体观点也请填写）

信息编号　a. 实习　b. 转基因　c. 交流生

是，我加入了赞同的观点

是，我加入了反对的观点

否，我偏向直接转述

C9. 您周围的大多数同学对这些信息持何种态度:

信息编号　a. 实习　b. 转基因　c. 交流生

完全相信

相信

不确定

不相信

完全不相信

C10. 您的观点与周围同学一致吗:

信息编号　a. 实习　b. 转基因　c. 交流生

完全一致

基本一致

不相关

基本相反

完全相反

C11. 您期间是否一直关注这些信息,持续关注这些信息的原因是什么:

信息编号　a. 实习　b. 转基因　c. 交流生

没有继续关注

从众心理,很多人都参与其中

信以为真,对内容非常感兴趣

纯属娱乐,感觉比较好玩

C12. 当您对信息的观点发生转变时,您会怎么做:

a. 跟随大众观点,继续求证

b. 当一个旁观者,不发表意见

c. 思考辨识主流言论是否正确,引导舆论

C13. 当您看到与自己观点对立的言论时,您会怎么做:

a. 感觉无所谓,不做任何评论

b. 坚信自己是正确的,与其进行争论

c. 质疑自己的观点

d. 查阅相关资料，继续求证

D. 您最终的态度与行为

D1. 您在实验前对这三则消息持什么观点？

信息编号　a. 实习　b. 转基因　c. 交流生

完全相信

相信

不确定

不相信

完全不相信

D2. 当您发现其中一则信息的内容不实时，您会怎么做：

a. 转发提醒身边同学

b. 转发并辟谣，发表自己的观点，阻止信息传播

c. 感觉无所谓，自己知道就行了

D3. 您认为如何澄清网络上的不实信息更有说服力：

a. 媒体调查报道　　　　　　　b. 官方公开澄清

c. 专家提供解释　　　　　　　d. 非专家、非官方人士发表辟谣言论

e. 删除或屏蔽相关网络信息　　f. 其他_____